CAD 建筑行业项目实战系列丛书

TArch 2013 天正建筑设计
从入门到精通

李 波 等编著

机 械 工 业 出 版 社

全书共 13 章，第 1 章主要讲解了天正建筑软件的绘图基础；第 2～10 章主要讲解了 TArch 2013 天正建筑设计软件各功能命令的使用方法，包括轴网和柱子的创建与编辑，墙体和门窗的创建与编辑，楼梯及室内外设施的创建与编辑，房间查询与屋顶的创建，文字、尺寸和符号的标注，立面、剖面和三维模型图的创建与加粗，工程管理文件的创建与图样的布局等；第 11～13 章主要通过三套完整的实例来对前面所学的知识进行实战演练，包括别墅住宅建筑施工图的绘制，城镇街房建筑施工图的绘制和学校教学楼施工图的绘制。

本书结构合理、通俗易懂、图文并茂，特别适合具备计算机基础知识的建筑设计师、工程技术人员及其他对天正建筑软件感兴趣的读者使用，也可作为高等院校及高职高专建筑专业师生教学的参考用书。本书配套光盘除包括全书所有实例的源文件外，还提供了高清语音视频教程。

图书在版编目（CIP）数据

TArch 2013 天正建筑设计从入门到精通 / 李波等编著． —北京：机械工业出版社，2014.9（2023.1 重印）

（CAD 建筑行业项目实战系列丛书）

ISBN 978-7-111-48465-3

Ⅰ．①T… Ⅱ．①李… Ⅲ．①建筑设计－计算机辅助设计－应用软件 Ⅳ．①TU201.4

中国版本图书馆 CIP 数据核字（2014）第 260993 号

机械工业出版社（北京市百万庄大街 22 号　邮政编码 100037）
策划编辑：张淑谦
责任编辑：张淑谦
责任校对：张艳霞
责任印制：单爱军
北京虎彩文化传播有限公司印刷
2023 年 1 月第 1 版·第 2 次印刷
184mm×260mm·25.75 印张·638 千字
标准书号：ISBN 978-7-111-48465-3
　　　　　ISBN 978-7-89405-608-5（光盘）
定价：69.80 元（含 1DVD）

凡购本书，如有缺页、倒页、脱页，由本社发行部调换

电话服务　　　　　　　　　　　　　　网络服务
服务咨询热线：（010）88361066　　　机工官网：www.cmpbook.com
读者购书热线：（010）68326294　　　机工官博：weibo.com/cmp1952
　　　　　　　（010）88379203　　　教育服务网：www.cmpedu.com
封面无防伪标均为盗版　　　　　　　　金书网：www.golden-book.com

前　　言

一、学习天正软件的理由

由北京天正工程软件有限公司一些具有建筑设计行业背景的资深专家发所开发的天正建筑（又名天正CAD）采用了全新的开发技术，并利用 AutoCAD 图形平台推出了新一代建筑软件 TArch 2013。20 年来，天正公司的建筑 CAD 软件在全国范围内取得了较大的成功，全国范围内已有较大数量的设计人员使用天正建筑软件；可以说，天正建筑软件已经成为国内建筑 CAD 的行业规范。

二、本书结构大纲内容

全书以 TArch 2013 版本为基础，针对 TArch 2013 天正建筑设计软件中所涉及的命令和功能进行全方位地讲解，并精挑细选了一些具有代表性的全套实例进行综合讲解。全书共 13 章，第 1 章主要讲解了天正建筑软件的基础；第 2~10 章主要讲解了 TArch 2013 天正建筑设计软件各功能命令的使用方法；第 11~13 章主要通过三套完整的实例来对前面所学的知识来进行实战演练。

章　号	章　名	主 要 内 容
第 1 章	天正建筑软件绘图基础	讲解了天正建筑软件的操作界面和设置、AutoCAD 的基本操作等
第 2 章	天正轴网和柱子创建与编辑	讲解了创建轴网、编辑轴网、轴网标注、编辑轴号、创建柱子等
第 3 章	天正墙体的绘制与编辑	讲解了创建墙体、墙体编辑、墙体工具、墙体立面、识别内外等
第 4 章	天正门窗的创建与编辑	讲解了创建门窗、门窗编辑和工具、门窗编号和门窗表等
第 5 章	天正室内外设施的创建	讲解了创建楼梯、创建室外设施等
第 6 章	天正房间查询和屋顶创建	讲解了房间查询、房间布置、创建屋顶等
第 7 章	天正文字、尺寸和符号标注	讲解了文字的创建、表格的创建、尺寸标注的创建、尺寸标注的编辑、符号标注的创建等
第 8 章	天正立面和剖面图的创建	讲解了建筑立面图、建筑剖面图、楼梯剖面、剖面加粗填充等
第 9 章	天正建模创建与文件的转换	讲解了三维造型对象、编辑工具、文件的导出格式转换等
第 10 章	天正文件的布图和输出	讲解了文件布图、打印输出等
第 11 章	别墅住宅建筑施工图的绘制	讲解了别墅一层平面图的绘制、二至五层平面图的绘制、六层平面图的绘制、屋顶层平面图的绘制、别墅工程管理文件的建立、别墅立面图与剖面图的生成、别墅三维模型图的创建与门窗表的生成等
第 12 章	城镇街房建筑施工图的绘制	讲解了城镇街房首层平面图的绘制、二层平面图的绘制、三至七层平面图的绘制、屋顶层平面图的绘制、街房工程管理文件的建立、街房立面图与剖面图的生成、街房三维模型图的创建与门窗表的生成等
第 13 章	学校教学楼施工图的绘制	讲解了教学楼一层平面图的绘制、二至四层平面图的绘制、屋顶层平面图的绘制、教学楼卫生间布置的绘制、教学楼工程管理文件的创建、教学楼立面图与剖面图的生成、教学楼三维模型图与门窗表的生成、教学楼施工图纸的布局与打印等

三、学习本书的读者对象

1）具备计算机基础知识的建筑设计师和工程技术人员。

2）对天正建筑软件感兴趣的读者。

3）高等院校及高职高专建筑专业的师生。

四、附赠 DVD 光盘内容

本书配套光盘除包括全书所有实例的源文件外，还提供了高清语音视频教程，此外在 QQ 高级群（15310023）的共享文件中，还提供了更多与本书相关的学习资料。

五、学习 TArch 天正软件的方法

其实 TArch 天正建筑软件是很容易掌握的，如果大家对 AutoCAD 软件有一定的基础，再有一定的建筑理论基础的话，学习起来就更加轻松了。

下面就来探讨一下学习 TArch 天正建筑软件的思路与方法。

1）制定目标、克服盲目。由于每个层次（初级、中级、高级、专业级）的读者对知识的接收能力是不同的，所以要制定好切实可行的学习目标，不能盲目。

2）循序渐进、不断积累。遵循从易到难、从基础到高端、从练习到应用的原则。及时总结，并积极的探索与思考，这样方可学到真正的知识。

3）提高认识、加强应用，对所学内容的深度应做适当区分。对于初级的读者来讲，以熟练掌握 TArch 的基本操作为准；对于中级的读者来讲，可以跳过基础知识，从一些小的工程图演练开始，以达到加深巩固基础掌握的目的；对于高级的读者来讲，可以直接从绘制全套的工程图来着手学习。

4）熟能生巧、自学成才。学习任何一门新的软件技术都应该多练习，从而在练习过程中不断提高自己的领悟能力，多思考、多实践、多学习，这样就离成功不远了。

5）巧用 TArch 帮助文件。由于 TArch 天正建筑软件提供了强大完善的帮助功能，包括在线帮助、教学演示、日积月累、常见问题、资源下载等，可以为初学天正软件的用户提供有力的帮助指导。

6）活用网络解决问题。读者在学习的过程中，如碰到一些疑难问题，可一一记录下来，之后通过网络搜索引擎查找解决方法，或者将问题发布到网站、论坛、QQ 群中，等其他人的解答，可以在最短的时间内搜索资料并解决疑问。

六、本书创作团队

本书主要由李波编写，参与本书编写的人员还有师天锐、刘升婷、王利、刘冰、李友、郝德全、王洪令、汪琴、张进、徐作华、姜先菊、王敬艳、李松林、冯燕和黎铮。

感谢读者选择本书，希望作者的努力对读者的工作和学习有所帮助，也希望读者把对本书的意见和建议告诉作者（邮箱：helpkj@163.com；QQ 高级群：329924658、15310023）。书中难免有疏漏与不足之处，敬请专家和读者批评指正。

编　者

目　　　录

第1章 天正建筑软件绘图基础

本章导读

　　TArch 2013 软件是一款面向建筑节能设计、分析的专业软件，由天正公司独立研发并拥有独立知识产权。它既能进行建筑围护结构规定性指标的检查，又能进行全年 8760h 的动态能耗指标的计算，也能进行采暖地区耗煤量和耗电量的计算，并对国家标准和地方标准进行一致性判定。

　　TArch 2013 版本采用全新的架构设计，大幅调整了工程构造库、工程材料库、节能分析、工程设置、建筑信息等功能；新增了遮阳库功能，提供了常用的遮阳模板，并能够自由进行修改和扩充；删除了旧版节能中热工设置下的改外墙、改内墙等命令，采用全新的集成式设置方式，一个命令即可解决所有的热工参数的设置；模块化报告输出系统，全面支持 AutoCAD 2013 平台。多种可配置报告输出方式，可以直接生成 Word 格式的符合节能设计和施工图审查要求的节能分析报书。

主要内容

　📖 了解天正建筑 TArch 的基础
　📖 掌握天正建筑 TArch 2013 的操作界面
　📖 掌握天正建筑 TArch 软件的设置方法
　📖 掌握 AutoCAD 的基本操作

效果预览

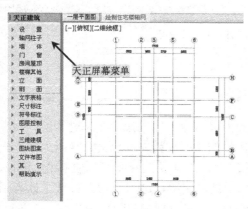

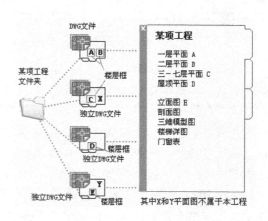

1.1 天正建筑软件简介

天正建筑 TArch 2013 采用了全新的开发技术，对软件技术核心进行了全面提升，特别在自定义对象核心技术方面取得了革命性突破。传统的以自定义对象为基础的建筑软件每次大版本的升级都会造成文件格式不兼容，TArch 2013 引入了动态数据扩展的技术解决方案，突破了这一限制。以这一开放性技术创新为基础，读者再也不需要为之后大版本升级的文件格式兼容问题而烦恼，同时，这也必将极大地推动设计行业图样交流问题的解决。

天正建筑 2013 是为 AutoCAD 2013 而量身定制的软件工具，它可以使 CAD 功能更加强大，如图 1-1 所示。

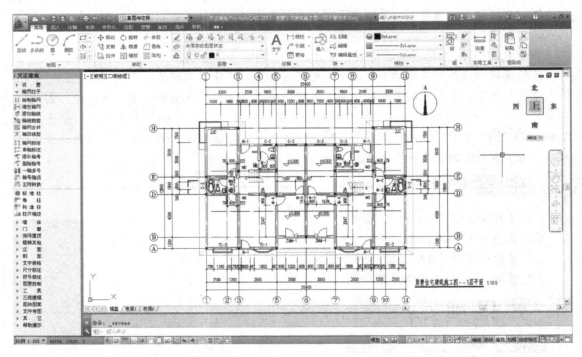

图 1-1 天正建筑 TArch 2013 的界面环境

1.1.1 天正建筑软件绘图特点

首先，在以前的 AutoCAD 中，任何的图块以及新设置的图元素都必须进行绘制，然后进行设置块的操作，这样使得读者在绘图时会花大量的时间和精力，也会常常因为操作失误出现很多的错误，而在天正建筑 TArch 2013 软件中，这些新的元素可以直接调用插入即可，TArch 2013 中提供了大量的绘图元素可供读者直接使用，这样也大大降低了读者因任务繁重而出现细小错误的概率。这里可直接绘制墙、门、窗楼梯和台阶等，如图 1-2 所示。

图1-2 天正建筑软件部分绘图元素

其次，在绘制图形时最大程度地使用天正绘制，小细节使用 AutoCAD 补充与修饰。而天正建筑软件在 AutoCAD 的平台上针对建筑专业增加了相应的运用工具和模块的编辑等工具。AutoCAD 有的天正都有，从而使读者可以通过几个简单的按钮就可以完成对相应图块的编辑和修改，省略了烦琐的修改命令及操作步骤，如图1-3 所示。

图1-3 天正建筑软件相应的编辑工具

最后，天正建筑 TArch 2013 软件中绘制二维图形时同时可以生成三维图形，无须另行建模，其中自带了快速建模工具，减少了绘图量，对绘图的规范性也大大提高，这是天正开发的重要成就。在二维与三维的保存中，不存在具体的二维和三维表现所要用到的所有空间坐标和线条，天正绘图时运用二维视口比三维视口快一些，三维视口表现的线条比二维表现的线条更多，如图1-4 所示。

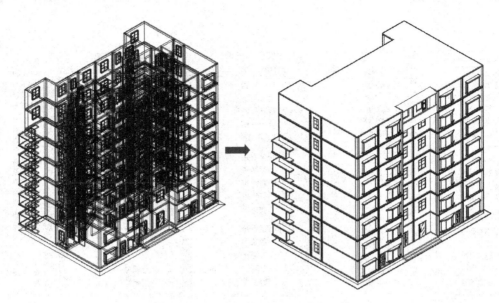

图 1-4   三维线框与消隐后效果

1.1.2   TArch 2013 软件的新增功能

在天正建筑 TArch 2013 中，其最新升级功能包括以下几个方面。

1. 墙、柱

1）解决墙体线图案填充存在的某些显示问题。

2）修改柱子的边界计算方式，以解决在某些位置无法正常插入柱子的问题。

3）解决墙柱保温在某些情况下的显示问题。

4）改进墙柱相连位置的相交处理。

5）"墙体分段"命令采用更高效的操作方式，允许在墙体外取点，可以作用于玻璃幕墙对象。

6）将原"转为幕墙"命令更名为"幕墙转换"，增加玻璃幕墙转为普通墙的功能。

7）"修墙角"命令支持批量处理墙角。

2. 门窗

1）解决带形窗在通过丁字相交的墙时，在相交处的显示问题。

2）解决删除与带形窗所在墙体相交的墙，带形窗也会被错误删除的问题。

3）转角凸窗支持在两段墙上设置不同的出挑长度。

4）普通凸窗支持修改挑板尺寸。

5）门窗对象编辑时，同编号的门窗支持选择部分编辑修改。

6）"门窗"增加了参数拾取按钮，增加了智能插入门窗的功能，当选取墙中段时自动居中插入，选取墙端头的时候按指定垛宽插入。

7）改进门窗、转角窗、带形窗按尺寸自动编号的规则，使其满足各个不同设计单位的要求。

8）改进"门窗检查"命令，支持对块参照和外部参照中的门窗定位观察、提取二三维门窗样式等。

9）解决门窗图层关闭后在打印时仍会被打印出来的问题。

10）解决门窗编号图层设为不可打印后在打印时编号仍会被打印出来的问题。

11）解决门窗编号图层在布局视口冻结后编号仍会被打印出来的问题。

3．尺寸标注

1）角度、弧长标注支持修改箭头大小。

2）弧长标注可以设置其尺寸界线是指向圆心（新国标）还是垂直于该圆弧的弦（旧国标）。

3）尺寸标注支持文字带引线的形式。

4）尺寸标注时文字显示方向根据国标按当前 UCS 确定，解决在 90°～91°范围内文字翻转方向错误的问题。

5）"逐点标注"支持通过键盘精确输入数值来指定尺寸线位置，在布局空间操作时支持根据视口比例自动换算尺寸值。

6）"角度标注"取消逆时针选取的限制，改为手工选取标注侧。

7）"连接尺寸"支持框选。

8）修改尺寸自调方式，使其更符合工程实际需要。

9）解决标注样式中"超出尺寸线值"较小时，尺寸自调不起作用的问题。

10）增加"楼梯标注"命令用于标注楼梯踏步、井宽、梯段宽等楼梯尺寸。

11）增加"尺寸等距"命令用于把多道尺寸线在垂直于尺寸线方向按等距调整位置。

4．符号标注

1）可单独控制某根轴号的起始位置，轴号文字增加隐藏特性。

2）"添补轴号"和"添加轴线"时，轴号可以选择是否重排。

3）坐标标注增加线端夹点，用于修改文字基线长度。

4）"坐标标注"命令可以增加特征点批量标注的功能。

5）坐标在动态标注状态下按当前 UCS 换算坐标值。

6）建筑标高在"楼层号/标高说明"项中支持输入"/"。

7）总图标高提供 2010 新总图制图标准中的新样式，增加三角空心总图标高的绘制，当未勾选"自动换算绝对标高"时，绝对标高处允许输入非数字字符。

8）标高符号在动态标注状态下按当前 UCS 换算标高值。

9）"标高检查"支持带说明文字的标高和多层标高，增加根据标高值修改标高符号位置的操作方式。

10）增加"标高对齐"命令用于把选中标高按新选取的标高位置或参考标高位置竖向对齐。

11）箭头引注支持通过格式刷和基本设定中"符号标注文字距基线系数"来修改"距基线系数"，解决手工修改过位置的箭头文字在某些操作时非正常移位的问题。

12）引出标注提供引出线平行的表达方式。

13）索引图名采用无模式对话框，增加对文字样式、字高等的设置，增加比例文字夹点。

14）"剖面剖切"和"断面剖切"命令合并，支持非正交剖切符号的绘制，添加剖面图号的说明。

15）折断线增加锁定角度的夹点操作模式，增加双折断线的绘制，解决切割线整体拉伸变形的问题。

16）指北针文字纳入对象内部。

17）增加"绘制云线"命令。

5. 文字表格

1）天正文字支持插入三角标高符号。

2）解决在 64 位系统下"读入 Excel"的问题。

6. 解决导出低版本的问题

1）解决带有布局转角的尺寸标注在导出成 T3 格式后文字发生翻转的问题。

2）解决尺寸标注在导出成 T3 格式后，会在源图生成多余尺寸标注的问题。

3）改善天正尺寸和文字在导出成 T3 格式后，其图面显示与导出前不一致的问题。

4）解决图形导出后，图中的 UCS 用户坐标系会出现不同程度的丢失或错误的问题。

5）解决包含隐藏对象的图样导出成低版本格式时存在的显示及导出速度问题。

6）增加选中图形"部分导出"的功能。

7）"图形导出"和"批量转旧"增加保存的 AutoCAD 版本的选择，支持拖拽修改对话框大小。

8）添加天正符号在导出时分解出来的文字是随符号所在图层，还是统一到文字图层，中英文混排的文字在导出成天正低版本时文字是否需要断开的设置。

7. 其他新增及改进功能

1）"绘制轴网"增加了通过拾取图中的尺寸标注得到轴网开间和进深尺寸的功能。

2）房间面积对象的轮廓线添加了"增加顶点"的功能，支持 AutoCAD 的"捕捉"设置。

3）解决当图中存在完全包含在柱内的短墙时，房间轮廓和查询面积命令无法正常执行的问题。

4）"查询面积"当没有勾选"生成房间对象"复选框时，生成的面积标注支持屏蔽背景，其数字精度受天正基本设定的控制。

5）增加了"踏步切换"命令用于设置台阶某边是否有踏步。

6）增加了"栏板切换"命令用于设置阳台某边是否有栏板。

7）增加了"图块改名"命令用于修改图块名称。

8）增加了"长度统计"命令用于查询多个线段的总长度。

9）增加了"布停车位"命令用于布置直线与弧形排列的车位。

10）增加了"总平图例"命令用于绘制总平面图的图例块。

11）增加了"图纸比对"和"局部比对"命令用于对比两张 dwg 图样内容的差别。

12）增加了"备档拆图"命令用于把一张 dwg 中的多张图样按图框拆分为多个 dwg 文件。

13）"图层转换"解决某些对象内部图层以及图层颜色和线型无法正常转换的问题。

14）解决打开文档时，原空白的 drawing1.dwg 文档不会自动关闭的问题。

15）支持把图样直接拖拽到天正图标处打开。

1.1.3 TArch 与 AutoCAD 的关联

天正 TArch 软件是建立在 AutoCAD 的基础之上的，不能独立存在。从本质上没什么区别，都是为了达到共同的目的，只是天正在功能上更加智能方便化。两者绘图的方式基本差不多，相比之下天正更能达到快绘图的目的，更容易规范图纸。天正中很多图形图块都能自动生成与调用，而 AutoCAD 则需要一笔一画绘制，天正能方便快捷地统计图中所数据，AutoCAD 则需人工计数等。

1. 绘图要素的变化

运用 AutoCAD 绘制图形的元素为点、线、面等几何元素，图形图块根据几何要素拼接组合而成；而天正建筑 TArch 绘制图形的元素为墙体、门、窗、楼道等建筑类元素，是根据图形需求直接调用图形图块的，可以直接绘制出具有专业含义、可反复修改的图形对象，使设计效率大大提高。

软件技能——点、线、面、体的关系

点动成线（一维），线动成面（二维），面动成体（三维），体动空间（四维）。也就是说，线由点组成，面由线组成，面组成各种物体，而空间则由体组成。

2. 尽量保证天正作图的完整性

在绘制图形时最大程度地使用天正绘制，小细节可以使用 AutoCAD 补充与修饰。天正建筑 TArch 软件在 AutoCAD 的平台上针对建筑专业增加了相应的运用工具和图库，AutoCAD 有的工具和图库，其天正建筑 TArch 都有，从而使天正满足了各种绘图的需求。

3. 天正与 AutoCAD 的文档特性

AutoCAD 不能打开天正建筑 TArch 所设计的文档，打开后会出现乱码，纯粹的 AutoCAD 不能完全显示天正建筑 TArch 所绘制的图形，如需打开并完全显示，需要对天正文件进行导出，而天正则可以打开 AutoCAD 的任何文档。

软件技能——天正文件导入 AutoCAD 中的方法

可以使用三种方法来把天正文件导入 AutoCAD 中。方法一：在天正屏幕菜单中选择"文件布图｜图形导出"命令，将图形文件保存为 t3.dwg 格式，此时就把文件转换成了天正 3；方法二：选择所绘制的全部图形，在天正屏幕菜单中选择"文件布图｜分解对象"命令，再进行保存即可；方法三：在天正屏幕菜单中选择"文件布图｜批量转旧"命令，从而把图形文件转换成-t3.dwg 格式。

4. 二维绘图三维对象

运用 AutoCAD 所绘制的图形为二维图形，天正在绘制二维图形时同时可以生成三维图形，不需另行建模，其中自带了快速建模工具，减少了绘图量，对绘图的规范性也大大提高，这是天正开发的重要成果。在二维与三维的保存中，不存在具体的二维和三维表现所要用到的所有空间坐标点和线条，天正绘图时运用二维视口比三维视口快一些，三维视口表现的线条比二维表现的线条更多。

1.1.4 TArch 建筑与室内设计流程

天正 TArch 在 AutoCAD 的基础上新增加了相应的运用工具和图库，满足了建筑设计各个阶段的需求，天正公司所开发的软件在不断更新并与社会发展接轨，所绘图形的需求都是根据设计而定的，绘制图形有一定的步骤，按正规步骤操作会让图形更为完善。下面介绍一下建筑图的设计流程，如图 1-5 所示。

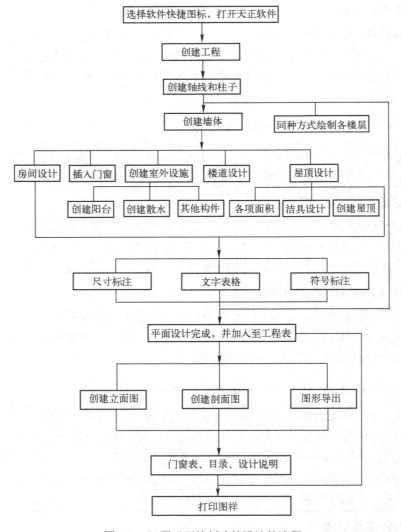

图 1-5　运用天正绘制建筑设计的流程

运用天正绘制室内设计图也是众多行业设计师的首选,室内设计虽然不对各楼层进行复制与组合,但是室内设计的内容相当广泛,室内设计泛指能够实际在室内建立的任何相关物件,包括墙、顶面、地面、窗户、窗帘、门、表面处理、材质、灯光、空调、水电、环境控制系统、视听设备、家具与装饰品的规划。下面为运用 TArch 绘制室内设计图的流程,如图 1-6 所示。

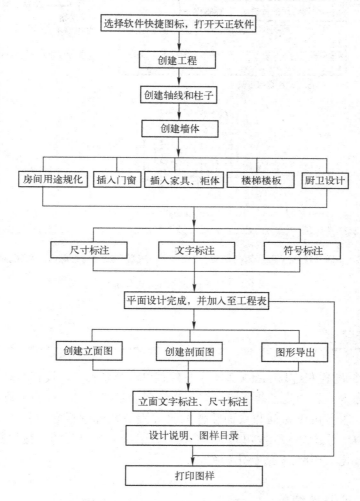

图 1-6　运用天正绘制室内设计的流程

1.2　天正建筑软件的操作界面

针对建筑设计的实际需要,本软件对 AutoCAD 的交互界面作出了必要的扩充,建立了自己的菜单系统和快捷键、新提供了可由读者自定义的折叠式屏幕菜单、新颖方便的在位编辑框、与选取对象环境关联的右键菜单和图标工具栏,保留了 AutoCAD 的所有下拉菜单和图标菜单,从而保持了 AutoCAD 的原有界面体系,便于读者同时加载其他软件，如图 1-7 所示。

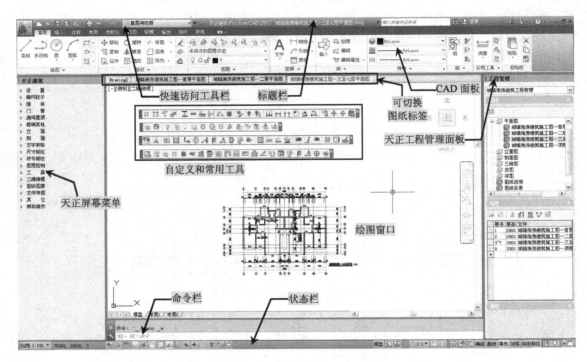

图 1-7　天正建筑 2013 操作界面

 1.2.1　标题栏

TArch 2013 标题栏左边与 AutoCAD 中文件菜单内容差不多，设有新建、打开、保存、另存为、打印等命令，正中为当前所操作图形文件名的名字，往右有天正独特的搜索按键，Autodesk OnLine 服务可以访问与桌面软件的集成服务，标题栏右边有三个按钮，分别为"最小化"按钮 ━ 、"最大化"按钮 ▢ （"还原"按钮 🗗 ）和"关闭"按钮 ✖ ，单击这些按键可以对其有最大化（还原）、最小化和关闭。

 1.2.2　天正屏幕菜单

在天正建筑 TArch 软件中，提供了一个专用的菜单，称为"天正屏幕菜单"，一般放置在屏幕绘图窗口的左侧或右侧，包括设置、轴网柱子、墙体、门窗、房间屋顶、楼梯其他、立面、剖面、文字表格、尺寸标注、符号标注、图层控制、工具、三维建模、图块图案、文件布图、其他和帮助演示等，如图 1-8 所示。

如果用户在天正屏幕菜单的顶部按住鼠标左键并拖动，可以将天正屏幕菜单以浮动方式显示出来，如图 1-9 所示。

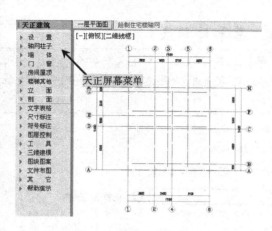

图 1-8　天正屏幕菜单

图 1-9　浮动式天正屏幕菜单

软件技能——天正屏幕菜单的显示与隐藏

有时用户发现天正屏幕菜单没有显示出来，这时用户可以按〈Ctrl++〉组合键，从而可以将天正屏幕菜单显示出来；再按"Ctrl++"组合键则可将其菜单隐藏。

 1.2.3　可切换图纸标签

在 AutoCAD 中支持打开多个 dwg 文件，为方便在几个 dwg 文件之间切换，天正 TArch 软件提供了文档标签功能，为打开的每个图形在界面上方提供了显示文件名的标签，单击标签即可将标签代表的图形切换为当前图形；右击文档标签可显示多文档专用的关闭、保存所有图形、图形导出等命令，如图 1-10 所示。

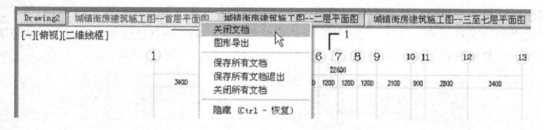

图 1-10　文字标签操作

 1.2.4　展开的折叠式屏幕菜单

此菜单有两个风格，即"折叠"和"推拉"菜单（在本书中全部采用"折叠"风格），界面图标使用了 256 色，在每个面板中有各种不同的菜单可供选择，这些菜单都支持鼠标滚动，在选择下一菜单时，被打开的上一菜单下的命令将自动隐藏。视图控件可对展开的屏幕菜单进行隐藏，把鼠标放置在隐藏条上自动显示屏幕菜单。

软件技能——"折叠"和"推拉"菜单的设置

在天正建筑 TArch 软件中，在屏幕菜单中选择"设置 | 自定义"命令，打开"天正自定义"对话框，在"屏幕菜单"选项卡中可以设置菜单的风格，即"折叠"和"推拉"风格，如图 1-11 所示。

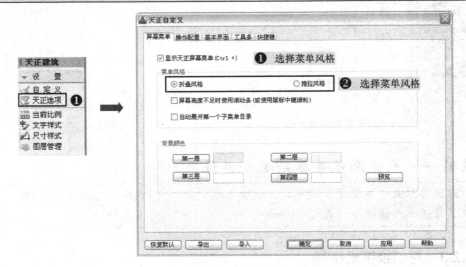

图 1-11　设置天正菜单风格

1.2.5　命令栏

命令栏位于绘图窗口的下方，用于输入命令并显示所输入命令及相关操作步骤，可以根据绘图时的要求对命令栏大小进行调节来控制所输入命令的行数，与改变一般 Windows 窗口大小的方式差不多。另外，可以将命令栏拖动到屏幕的上方或其他位置，也可以用快捷键的方式让命令栏成为文本窗口的模式，显示于操作的上方，如图 1-12 所示。

图 1-12　天正命令栏的样式

1.2.6　天正工程管理界面图纸集

天正工程管理的概念，是把用户所设计的大量图形文件按"工程"或者说"项目"区别开来，首先要求用户把同属于一个工程的文件放在同一个文件夹下进行管理，这是符合用户日常工作习惯的，只是以前在天正建筑软件中没有强调这样一个操作要求。工程管理允许用户使用一个 dwg 文件通过楼层框保存多个楼层平面，通过楼层框定义自然层与标准层关系，也可以使用一个 dwg 文件保存一个楼层平面，直接在楼层表定义楼层关系，通过对齐点把各楼层组装起来，如图 1-13 所示。

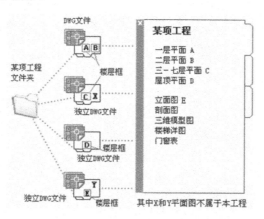

图 1-13　工程管理示意图

 1.2.7　天正工程楼层界面表

楼层界面表中的命令只对属于同一工程中的各个标准层平面图，把不同层面的标准平面图放入到一个文件夹中，通过表格的形式来对所属楼层面进行范围的区分，其地下层上面用负号作为标志。

 1.2.8　状态栏

位于天正窗口最底部的一栏为状态栏，在最左边 比例 1:100 ▼ 可以选择比例的大小，-21664, 4152 , 0 为当前十字光标所在位置的坐标，后面还设有各种模式的开关状态等。单击最左边的"比例"按钮，可对新创建对象的比例进行调整；"基线"按钮为控制墙和柱的基线显示情况；"填充"按钮确定图形是否显示墙柱的填充方式；"加粗"按钮可以对墙柱的加粗进行显示和关闭控制；"动态标注"按钮能控制移动和复制坐标或标高时是否改变原值，并自动获取新值，如图 1-14 所示。

图 1-14　状态栏的图形样式

 1.2.9　绘图窗口

绘图窗口是用于绘制图形、编辑图形和显示图形的区域，本窗口可以滚动鼠标的方式来放大缩小，按住鼠标中键来平移。在当前的绘图情况下，除了会显示所绘制的图形外，在窗口左上角还有"视图"和"视觉样式"两个控件，分别可以设置视图的显示方式和视觉效果；十字光标是显示在绘图窗口中由鼠标控制的一个十字交叉图标，如图 1-15 所示。

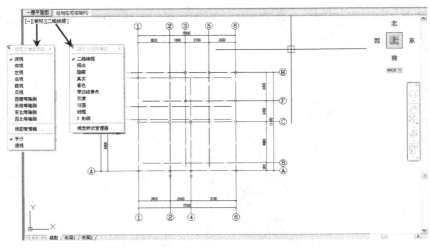

图 1-15 绘图窗口

软件
技能

1.3 天正建筑 TArch 软件的设置

在天正建筑 TArch 环境中，软件的基本设置可从天正屏幕菜单的"设置"菜单下进行，包括"自定义"和"天正选项"命令。另外，在学习天正建筑软件之前，很有必要将天正图层、视口、初始化等设置方法进行初步了解。

 ## 1.3.1 天正自定义设置

为读者提供的参数设置功能通过"天正选项""自定义"两个命令进行设置，TArch 2013 版本把以前在 AutoCAD 的"选项"命令中添加的"天正基本设定"和"天正加粗填充"两个选项页面与"高级选项"命令三者集成为新的"天正选项"命令。单独的"自定义"命令用于设置界面的默认操作，如菜单、工具栏、快捷键和在位编辑界面，如图 1-16 所示。

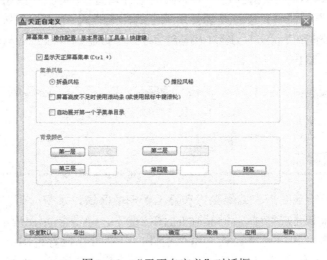

图 1-16 "天正自定义"对话框

在"天正自定义"对话框的"屏幕菜单"选项卡中，其各项含义如下。

◆ 显示天正屏幕菜单：默认勾选，启动时显示天正的屏幕菜单，也能用热键〈Ctrl+〉随时开关。

◆ 折叠风格：折叠式子菜单样式一，单击打开子菜单 A 时，A 子菜单展开全部可见，在菜单总高度大于屏幕高度时，根菜单在顶层滚动显示，动作由滚轮或滚动条控制。

◆ 推拉风格：折叠式子菜单样式二，子菜单展开时所有上级菜单项保持可见，在菜单总高度大于屏幕高度时，子菜单可在本层内推拉显示，动作由滚轮或滚动条控制。

◆ 屏幕高度不足时使用滚动条：勾选此项时，如果屏幕高度小于菜单高度，在菜单右侧将自动出现滚动条，适用笔记本触屏、指点杆等无滚轮的定位设备，用于菜单的上下移动，不管是否勾选此项，在有滚轮的定位设备中均可使用滚轮移动菜单。

◆ 自动展开第一个子菜单目录：默认打开第一个"设置"菜单，从设置自定义参数开始绘图。

◆ 第 X 层：设置菜单的背景颜色，天正屏幕菜单最大深度为四层，每一层均可独立设置背景颜色。

◆ 恢复默认：恢复菜单的默认背景颜色。

◆ 预览：单击"预览"按钮，即可临时改变屏幕菜单的背景颜色为读者设置值供预览，单击"确定"按钮后才正式生效。

在图 1-17 所示的"天正自定义"对话框的"操作配置"选项卡中，其各项含义如下。

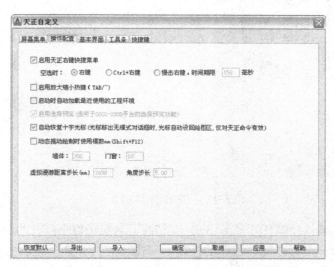

图 1-17 "屏幕菜单"选项卡

◆ 启用天正右键快捷菜单：读者可取消天正右键菜单，没有选中对象（空选）时右键菜单的弹出可有三种方式：右键、〈Ctrl+右键〉和慢击右键，即右击后超过时间期限放松右键弹出右键菜单，快击右键作为"〈Enter〉键"使用，从而解决了既希望有右键回车功能，也希望不放弃天正右键菜单命令的需求。

◆ 启用放大缩小热键：应部分读者要求，恢复在 3.0 版本提供的热键，"〈Tab〉键"和"〈~〉键"分别作为放大和缩小屏幕范围使用。

◆ 启用选择预览：光标移动到对象上方时对象即可亮显，表示执行选择时要选中的对象，同时智能感知该对象，此时右击鼠标即可激活相应的对象编辑菜单，使对象编辑更加快捷方便。当图形太大选择预览影响效率时会自动关闭，在此也可人工关闭。

◆ 自动恢复十字光标：控制在光标移出对话框时，当前控制自动设回绘图区，恢复十字光标，仅对天正命令有效。

◆ 启动时自动加载最近使用的工程环境：勾选此复选框后，启动时将自动加载最近使用的工程环境，在 2006 以上平台上还具有自动打开上次关闭软件时所打开的所有 dwg 图形功能。

◆ 动态拖动绘制时使用模数 mm：勾选此复选框后，在动态拖动构件长度与定位门窗时按照下面编辑框中输入的墙体与门窗模数定位。

◆ 虚拟漫游：分为"距离步长"和"角度步长"两项，设置虚拟漫游时按一次方向键虚拟相机所运行的距离和角度。

在图 1-18 所示"天正自定义"对话框的"基本界面"选项卡中，其各项含义如下。

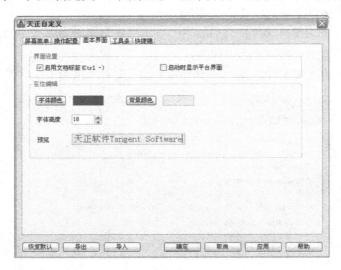

图 1-18 "基本界面"选项卡

◆ 启用文档标签：控制打开多个 dwg 文档时，对应于每个打开的图形，在图形编辑区上方各显示一个标有文档名称的按钮，单击"文档标签"可以方便把该图形文件切换为当前文件，在该区域右击显示右键菜单，方便多图档的存盘、关闭和另存，热键为〈Ctrl-〉。

◆ 启动时显示平台界面：勾选此复选框后，下次双击 TArch 2013 快捷图标时，可在软件启动界面重新选择 AutoCAD 平台启动天正建筑。

◆ 字体颜色和背景颜色：控制"在位编辑"激活后，在位编辑框中使用的字体本身的颜色和在位编辑框的背景颜色。

◆ 字体高度：控制"在位编辑"激活后，在位编辑框中的字体高度。

在图 1-19 所示"天正自定义"对话框"工具条"选项卡中，其各项含义如下。

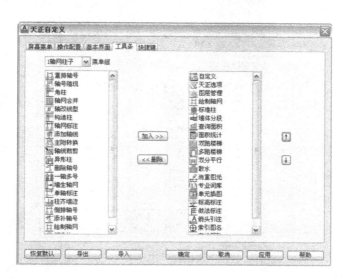

图1-19 "工具条"选项卡

◆ 加入>>：从下拉列表中选择菜单组的名称，在左侧显示该菜单组的全部图标，每次选择一个图标，单击"加入>>"按钮，即可把该图标添加到右侧读者自定义工具区。

◆ <<删除：在右侧读者自定义工具区中选择图标，单击"<<删除"按钮，可把已经加入的图标删除。

◆ 图标排序"↑""↓"：在右侧读者自定义工具区中选择图标，单击右边的箭头，即可上下移动该工具图标的位置，每次移动一格。

技巧提示——自定义工具条

除了使用自定义命令定制工具条外，还可以使用 AutoCAD 的 toolbar 命令，在"命令"页面中选择 AutoCAD 命令的图标，拖放到天正自定义工具栏，在"自定义"对话框出现时，还可以把天正的图标命令和 AutoCAD 图标命令从任意工具栏拖放到预定义的两个"常用快捷功能"工具栏中。

天正图标工具栏兼容的图标菜单由4条默认工具栏以及一条读者自定义工具栏组成，默认工具栏 1 和 2 使用时停靠于界面右侧，把分属于多个子菜单的常用天正建筑命令收纳其中，本软件提供了"常用图层快捷"工具栏，避免了反复的菜单切换，进一步提高了效率，如图 1-20 所示。

图1-20 常用工具栏

在图 1-21 所示"天正自定义"对话框的"快捷键"选项卡中，其各项含义如下。

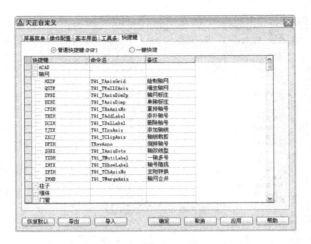

图 1-21 "快捷键"选项卡（一）

◆ 普通快捷键：选择该单选项时，在其下侧的图表中，单击左侧"快捷键"列的"+"可以依次展开相应的工具命令，从而可以看出命令名及对应的快捷键。如"绘制轴网"所对应的命令为"T91_TAxisGrid"，对应的快捷键为"HZZW"；如果用户需要修改相应的快捷键，直接在对应的"快捷键"列中进行修改即可。

技巧提示——快捷键普通快捷注意

这里请读者注意，当修改普通快捷键后，并不能马上启用该快捷键定义，请执行 Reinit 命令，在其中勾选"PGP 文件"复选框才能启用该快捷键，否则需要退出天正建筑再次启动进入。

◆ 一键快捷：选择该单选项时，在其下侧的图表中即可看到相应的工具命令，以及所对应的命令名及快捷键，而这里的快捷键一般只有一个字母或数字键，如图 1-22 所示。如"关闭图层"所对应的命令为"T91_ToffLayer"，对应的一键快捷键为"1"，这里用户只需要要在键盘上按〈1〉键，即可关闭图层对象。

图 1-22 "快捷键"选项卡（二）

技巧提示——快捷键一键快捷注意

这里请读者注意，在自定义快捷键时不要使用数字 3，避免与 3 开头的 AutoCAD 三维命令 3DXXX 冲突。

◆ 启用一键快捷：勾选该复选框，则所设置的一键快捷命令才能被启用，否则所设置的一键快捷命令将无效。

 1.3.2 天正选项设置

本命令功能分为三个页面，首先介绍的"基本设定"页面包括与天正建筑软件全局相关的参数，这些参数仅与当前图形有关，也就是说这些参数一旦修改，本图的参数设置会发生改变，但不影响新建图形中的同类参数。在对话框右上角提供了全屏显示的图标，更改高级选项内容较多，此时可选择使用。

在天正建筑 TArch 2013 软件屏幕菜单中执行"设置 | 天正选项"命令，打开"天正选项"窗口，读者可以对天正"基本设定""加粗填充"和"高级选项"进行设置，如图 1-23 所示。

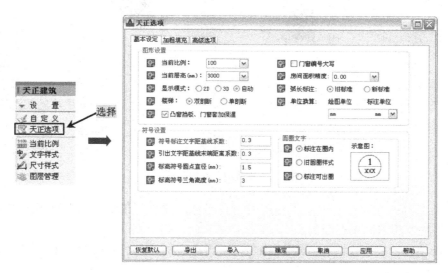

图 1-23 "天正选项"对话框

软件技能——低版本天正选项在哪里进行设置

低版本用户习惯了在 AutoCAD 的"选项"（OP）命令下的"天正选项"页面，升级后在选项命令下找不到了，这是因为现在天正选项分为"自定义"和"天正选项"两个命令，放在设置菜单下了。

在"天正选项"对话框"基本设定"选项卡中，其部分选项含义如下。

◆ 当前比例：设定此后新创建的对象所采用的出图比例，同时显示在 AutoCAD 状态栏的最左边。默认的初始比例为 1∶100。本设置对已存在的图形对象的比例没有影响，只被新创建的天正对象所采用。

◆ 当前层高：设定本图的默认层高。本设定不影响已经绘制的墙、柱子和楼梯的高度，只是作为以后生成的墙和柱子的默认高度。读者不要混淆了当前层高、楼层表的层高、构件高度三个概念。

◆ 显示模式：当选择"2D"时，在视口中始终以二维平面图显示，而不管该视口的视图方向是平面视图还是轴测、透视视图。尽管观察方向是轴测方向，仍然只是显示二维平面图；当选择"3D"时，当前图和各个视口内视图按三维投影规则进行显示；当选择"自动"时，系统自动确定显示方式，二维图或三维图。

◆ 楼梯：系统默认按照制图标准提供了单剖断线画法。这里读者可根据实际情况选择"双剖断"或是"单剖断"。

◆ 单位换算：提供了适用于在米（m）单位图形中进行尺寸标注和坐标标注以及道路绘制、倒角的单位换算设置，其他天正绘图命令在米（m）单位图形下并不适用。

在图 1-24 所示"天正选项"对话框的"加粗填充"选项卡中，其部分选项含义如下。

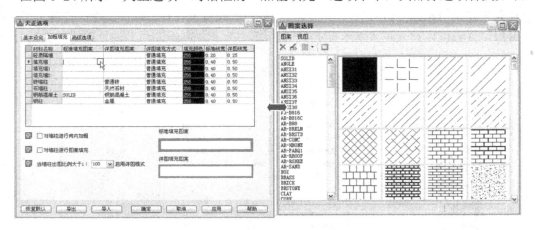

图 1-24 "加粗填充"选项卡

◆ 材料名称：在墙体和柱子中使用的材料名称，读者可根据材料名称不同选择不同的加粗宽度和国标填充图例。

◆ 标准填充图案：设置在建筑平面图和立面图下的标准比例（如 1:100 等）显示的墙柱填充图案。

◆ 详图填充图案：设置在建筑详图比例（如 1:50 等）显示的墙柱填充图案，由读者在本界面下设置比例界限，默认为 1:100。

◆ 详图填充方式：提供了"普通填充"与"线图案填充"两种方式，专用于填充沿墙体长度方向延伸的线图案。

◆ 填充颜色：提供了墙柱填充颜色的直接选择新功能，避免因设置不同颜色更改墙柱的填充图层的麻烦，默认 256 色号表示"随层"即随默认填充图层 pub_hatch 的颜色，单击此处可修改为其他颜色。

◆ 标准线宽：设置在建筑平面图和立面图下的非详图比例（如 1:100 等）显示的墙柱加粗线宽。

◆ 详图线宽：设置在建筑详图比例（如 1：50 等）显示的墙柱加粗线宽。

技巧提示——加粗填充注意事项

为了使图面清晰以方便操作，加快绘图处理速度，墙柱平时不要填充，出图前再开启填充功能，最终打印在图纸上的墙线实际宽度=加粗宽度+1/2 墙柱在天正打印样式表中设定的宽度。

针对 AutoCAD 2004 以上平台，在命令行下的状态栏添加了两个按钮，专门切换墙线加粗和详图填充图案。但由于编程接口的限制，此功能不能用于 AutoCAD 2002 及以下平台。

在图 1-25 所示"天正选项"对话框的"高级选项"选项卡中，是控制天正建筑全局变量的读者自定义参数的设置界面，除了尺寸样式需专门设置外，这里定义的参数保存在初始参数文件中，不仅用于当前图形，对新建的文件也起作用，高级选项和选项是结合使用的。

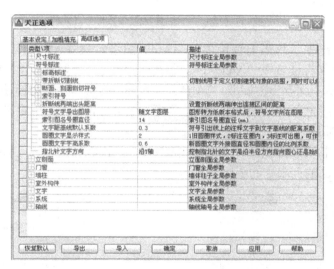

图 1-25 "高级选项"选项卡

 ## 1.3.3 天正图层设置

在天正 TArch 2013 软件屏幕菜单中执行"设置｜图层管理"命令，打开"图层管理"对话框，读者可对天正的图层进行设置，如图 1-26 所示。

其"图层管理"对话框中，各项含义如下。

◆ 图层标准：默认在此列表中保存有两个图层标准，一个是天正自己的图层标准，国标 GBT18112－2000 推荐的中文图层标准，下拉列表可以把其中的标准调出来，在界面下部的编辑区进行编辑。

◆ 置为当前标准：单击本按钮后，新的图层标准开始生效，同时弹出图 1-27 所示的"AutoCAD"提示对话框。

图 1-26 "图层管理"对话框

单击"是"按钮表示将当前使用中的 TArch 图层定义 LAYERDEF.DAT 数据覆盖到 TArch.lay 文件中,保存读者在 TArch 下做的新图层定义。如果读者没有做新的图层定义,单击"否"按钮表示不保存当前标准,TArch.lay 文件没有被覆盖,把新图层标准 GBT18112 —2000 改为当前图层定义 LAYERDEF.DAT 执行。如果没有修改图层定义,单"是"按钮和"否"按钮的结果都是一样的。

◆ 新建标准:接着会弹出图 1-28 所示的对话框,读者在其中输入新的标准名称,这个名称代表下面的列表中的图层定义。

图 1-27 "AutoCAD"提示对话框

图 1-28 "新建标准"对话框

此时,以"确定"回应表示以旧标准名称保存当前定义,以"取消"回应表示读者对图层定义的修改不保存在旧图层标准中,而仅在新建标准中出现。

◆ 图层转换:尽管单击"置为当前标准"按钮后,新对象将会按新图层标准绘制,但是已有的旧标准图层还在,已有的对象还是在旧标准图层中,单击"图层转换"按钮后,会显示图层转换对话框,如图 1-29 所示。

图 1-29 "图层转换"对话框

把已有的旧标准图层转换为新标准图层，在 TArch 2013 中提供了图层冲突的处理方法，详见图层转换命令。

◆ 颜色恢复：自动把当前打开的 dwg 中所有图层的颜色恢复为当前标准使用的图层颜色。

◆ 图层关键字：图层关键字是系统用于对图层进行识别用的，读者不能修改。

◆ 图层名：读者可以对提供的图层名称进行修改或者取当前图层名与图层关键字对应。

◆ 颜色：读者可以修改选择的图层颜色，单击此处可输入颜色号或单击按钮进入界面选取颜色。

◆ 线型：读者可以修改选择的图层线型，单击此处可输入线型名称或单击下拉列表选取当前图形已经加载的线型。

◆ 备注：读者自己输入对本图层的描述。

 1.3.4 天正视口控制

在读者绘图时，根据实际情况，为了方便读者编辑并观察视图，常常需要将图形的局部进行放大，以显示细节。当需要观察图形的整体效果时，仅使用单一的绘图视口已无法满足需要了。此时，可使用 AutoCAD 平铺视口功能，将绘图窗口划分为若干视口。

在 AutoCAD 菜单中选择"视图 | 视口"命令，或者单击"标准 | 视口"工具栏中的命令，可以在模型空间创建和管理平铺视口，如图 1-30 所示。

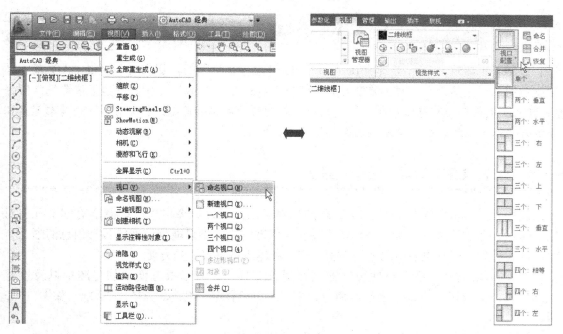

图 1-30　"视口"菜单或工具栏

1.3.5 软件初始化设置

天正建筑为读者提供了初始设置功能，在屏幕菜单中选择"设置|天正选项"命令，将打开"天正选项"对话框，单击"恢复默认"按钮将打开"导入默认设置"对话框，其中可选择需要恢复的部分保持勾选，对不需要恢复的部分去除勾选，然后单击"确定"按钮，即可对图形进行初始化设置，如图 1-31 所示。

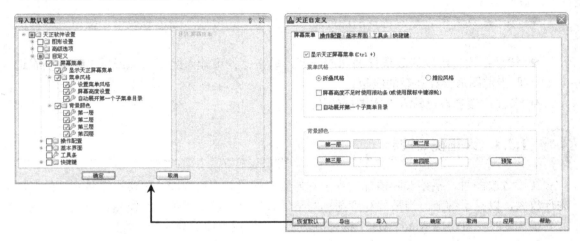

图 1-31　天正默认设置

1.4　AutoCAD 的基本操作

既然天正建筑 TArch 是建立在 AutoCAD 环境中来运行的，那么对于 AutoCAD 基本操作命令的掌握尤其重要。对于要学习天正建筑 TArch 的用户来讲，作者强烈建议要先掌握好 AutoCAD 软件的一些基础绘图及修改命令，下面就针对 AutoCAD 中绘制图形的基本工具和绘制方法作一大致讲解，从而为后面的学习奠定好基础。

1.4.1　CAD 图层、线型和线宽

图层是 AutoCAD 提供的一个管理图形对象的工具，读者可以根据图层对图形几何对象、文字、标注等进行归类处理，使用图层来管理它们，不仅能使图形的各种信息清晰、有序，便于观察，而且也会给图形的编辑、修改和输出带来很大的方便。

AutoCAD 提供了图层特性管理器，利用该工具读者可以很方便地创建图层以及设置其基本属性。选择"格式|图层"命令，即可打开"图层特性管理器"对话框，如图 1-32 所示。

在 AutoCAD 中创建图层时，用户可以通过以下的步骤来操作。

1）在"图层特性管理器"对话框中单击"新建图层"按钮 。

2）图层名字系统默认为"图层 n"，且自动添加到图层列表中。

3）在亮显的图层名上输入新图层名。

4）要更改特性，请读者单击"颜色""线型"和"线宽"等所对应的图标，此时将显示相应的对话框，以此来设置图的颜色、线型和线宽等。

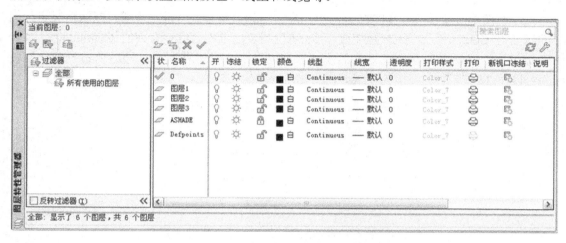

图 1-32　"图层特性管理器"对话框

5）设置好图层的特性后，单击"确定"按钮返回。

6）单击"说明"列并输入文字。（可选）

7）重复执行步骤 1）～步骤 6），依次来设置其他的图层对象。

8）所有图层对象设置好后，单击"关闭"按钮后退出即可。

1.图层颜色的设置

新建图层后，要改变图层的颜色，可在"图层特性管理器"对话框中单击图层的"颜色"列对应的图标，打开"选择颜色"对话框，如图 1-33 所示。

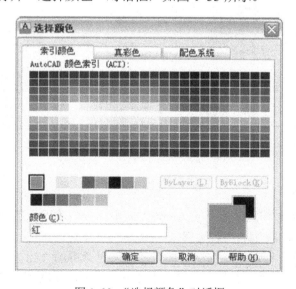

图 1-33　"选择颜色"对话框

2. 图层线型的设置

线型是指图形基本元素中线条的组成和显示方式，如虚线和实线等。在 AutoCAD 中既有简单线型，也有由一些特殊符号组成的复杂线型，以满足不同国家或行业标准的要求。

在绘制图形时要使用线型来区分图形元素，这就需要对线型进行设置。默认情况下，图层的线型为 Continuous。要改变线型，可在图层列表中单击"线型"列的 Continuous，打开"选择线型"对话框，在"已加载的线型"列表框中选择一种线型，然后单击"确定"按钮，如图 1-34 所示。

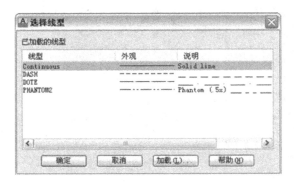

图 1-34 "选择线型"对话框

在这里单击"加载"按钮，会弹出图 1-35 所示的"加载或重载线型"对话框，选择要加载的线型名，再单击"确定"按钮，这样所选择的线型即可被加载，然后再单击"确定"按钮结束加载线型的操作。

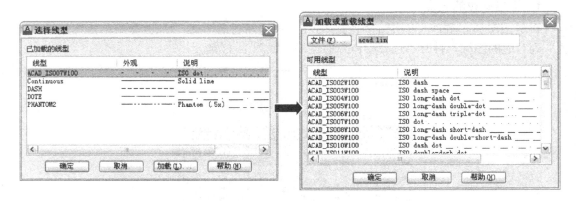

图 1-35 加载线型

3. 图层线宽的设置

线宽设置就是改变线条的宽度。在 AutoCAD 中，使用不同宽度的线条表现对象的大小或类型，可以提高图形的表达能力和可读性。

要设置图层的线宽，可以在"图层特性管理器"对话框的"线宽"列中单击该图层对应的线宽"——默认"，打开"线宽"对话框，有 20 多种线宽可供选择。也可以选择"格式 | 线宽"命令，打开"线宽设置"对话框，通过调整线宽比例，使图形中的线宽显示得更宽或

更窄，如图 1-36 所示。

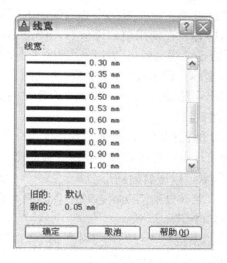

图 1-36 设置线宽

1.4.2 视图的缩放和平移

缩放视图可以增加或减少图形对象的屏幕显示尺寸，同时对象的真实尺寸保持不变。通过改变显示区域和图形对象的大小，读者可以更准确、更详细地绘图。

在 AutoCAD 2013 菜单中选择"视图 | 缩放"命令，或者使用"缩放"工具栏，会弹出图 1-37 所示的对话框，选择对话框内任意命令可以将视图缩放。常用的缩放命令或工具有"实时""窗口""动态""比例缩放"和"中心点"命令等。

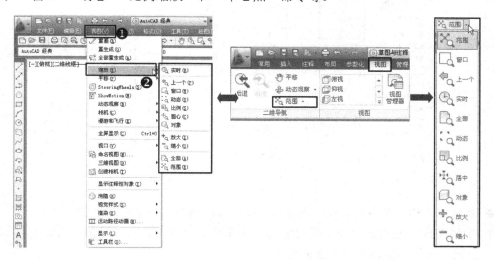

图 1-37 缩放工具

◆ 实时缩放：可以通过向上或向下移动定点设备进行动态缩放。单击鼠标右键可以显示包含其他视图选项的快捷菜单。

◆ 窗口缩放：是指通过指定要查看区域的两个对角，可以快速缩放图形中的某个矩形区域。确定要查看的区域后，该区域的中心成为新的屏幕显示中心，该区域内的图形被放大到整个显示屏幕。在使用窗口缩放后，图形中所有对象均以尽可能大的尺寸显示，同时又能适应当前视口或当前绘图区域的大小。

◆ 动态缩放：可以缩放显示在读者设定的视图框中的图形。视图框表示视口，可以改变它的大小，或在图形中移动。移动视图框或调整它的大小，将其中的图像平移或缩放，以充满整个绘图窗口。

◆ 比例缩放：以读者指定的比例因子缩放显示图形。

◆ 中心缩放：可以缩放显示由中心点和放大比例（或高度）所定义的窗口。

平移视图可以重新定位图形，以便看清图形的其他部分，此时不会改变图中对象的位置或比例，只改变视图。"平移"工具处于活动状态时，会显示"平移"光标"四向箭头"。拖动定点设备可以沿拖动方向移动模型。

在 AutoCAD 2013 的菜单中选择"视图 | 平移"命令，或者单击"标准"工具栏中的"实时平移"按钮 🖐，即可以多种方式对视图进行平移操作，如图 1-38 所示。

实质上用户也可以通过多种方式来进行平移操作。

◆ 选择功能区中的"视图"选项卡，单击"平移"按钮 🖐 启动平移功能。平移功能启动后，光标会变成手状，如图 1-39 所示。

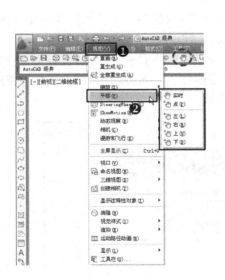

图 1-38　平移工具

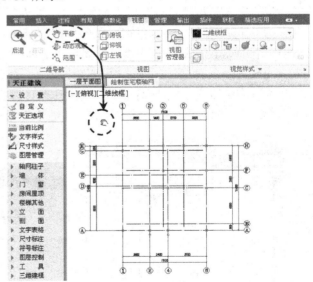

图 1-39　平移操作

◆ 执行"平移"命令后，在绘图区域中按鼠标左键并拖动来移动视图。

◆ 平移操作一般与缩放操作配合使用，在平移的过程中，可以随时松开鼠标左键，然后滚动鼠标中键以缩小或放大视图。

◆ 在命令行输入"PAN"或直接输入"P"并按〈Enter〉键，可以快速启动平移功能。

◆ 直接按住鼠标中键并拖动，可快速移动视图。推荐初学者适应这种操作，因为直接按住鼠标中键比调用功能区上的命令更方便。

◆ 在操作的过程中，可随时配合鼠标中键的滚动来实现视图的缩放。

 1.4.3 常用绘图命令

AutoCAD 的绘图工具主要由一些图形元素组成，是 AutoCAD 中最基础、最简单的命令，同样也是最常用的命令。根据物体组成几何体和元素的不同，如直线、矩形、圆和多段线等元素，运用的命令也不同，其绘制图形方法也都各不一样。

在 AutoCAD 2013 的"常用"选项卡的"绘图"面板中，或者在 AutoCAD 经典模式下的"绘图"菜单中，或者在"绘图"工具栏中均提供了一些常用的绘图命令，如图 1-40 所示。

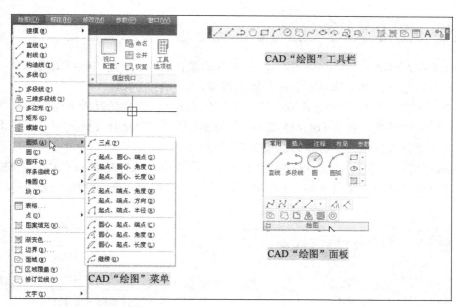

图 1-40　AutoCAD 的绘图命令

AutoCAD 的常用绘图命令使用很简单，如要执行"直线"命令，用户可以通过以下几种方式来执行。

◆ 菜单栏：选择"绘图 | 直线"菜单命令。
◆ 面　板：在"面板"选项板中单击"直线"按钮。
◆ 工具栏：在"绘图"工具栏中单击"直线"按钮。
◆ 命令行：在命令行中输入"LINE"命令，快捷键为"L"。

下面以绘制一个 100×50 的矩形为例，来讲解 AutoCAD 常用绘图命令的合作方法。

在"面板"选项板中单击"矩形"按钮□（快捷键为"REC"），然后按照如下命令行提示来进行操作，即可绘制图 1-41 所示的矩形。

```
命令:_rectang                                          \\ 单击的"矩形"按钮□
指定第一个角点或 [倒角(C)/标高(E)/圆角(F)/厚度(T)/宽度(W)]:    \\ 确定矩形角点 1
指定另一个角点或 [面积(A)/尺寸(D)/旋转(R)]: @100,50            \\ 确定矩形对角点 2
```

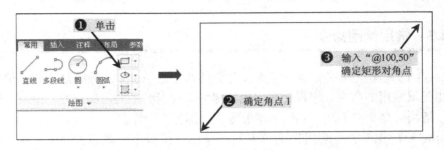

图 1-41　绘制矩形的方法

 1.4.4　常用编辑命令

在 AutoCAD 2013 中，系统提供了两种编辑图像的途径，一是先执行编辑命令，后选择需要被编辑的对象；二是先选择需要被编辑的对象，后执行编辑命令。

在以上两种方法执行后的结果都是相同的，都是在选取文件的基础上进行的，所以选取文件是进行编辑的前提，在 AutoCAD 2013 中系统提供了多种选择文件的方法，还可以将多个选取的对象组合成整体，进行整体的编辑和修改。

在 AutoCAD 2013 "常用" 选项卡的 "修改" 面板中，或者在 AutoCAD 经典模式下的 "修改" 菜单或 "修改" 工具栏中，均提供了一些常用的修改命令，如图 1-42 所示。

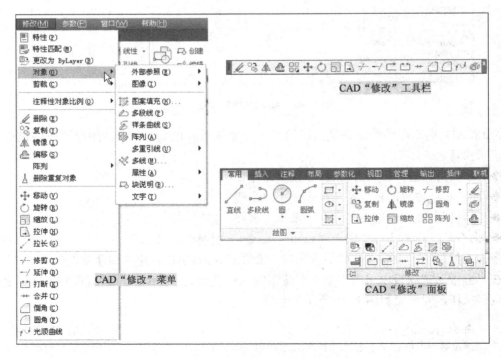

图 1-42　AutoCAD 的修改命令

1.5 实战演练——绘制楼梯间标准层平面图

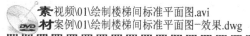
素 视频\01绘制楼梯间标准平面图.avi
材 案例\01绘制楼梯间标准平面图-效果.dwg

该案例是利用天正建筑 TArch 2013 软件绘制某楼梯间的标准平面图，这里也是让读者对天正建筑软件有个初步了解，通过这些命令的使用，让读者初步了解天正软件功能的强大，绘制该平面图的所有命令将在后面的章节作详细介绍，能让读者很快掌握这些命令的使用和运用方法，也希望给读者的学习带来帮助，其绘制完成后的效果如图 1-43 所示。

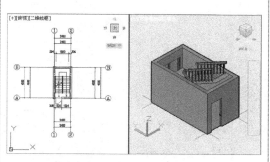

图 1-43 绘制楼梯间标准平面图

1）正常启动天正建筑 TArch 2013 软件，系统将自动创建一个 dwg 空白文档。

2）单击 AutoCAD 左上角的菜单浏览器按钮，从弹出的菜单中选择"另存为"命令，将当前空白文件另存为"案例\01绘制楼梯间标准平面图—效果.dwg"文件，如图 1-44 所示。

图 1-44 另存为文件

3）在 TArch 2013 屏幕菜单中选择"轴网柱子 | 绘制轴网"命令，将弹出"绘制轴网"对话框，选择"上开"单选项，并在"输入"文本框中输入 2400；再选择"左进"单选项，再在"输入"文本框中输入 4500，然后单击"确定"按钮，根据提示在视图的空白位置单击一点确定，从而绘制楼梯间的轴网尺寸，其效果为如图 1-45 所示。

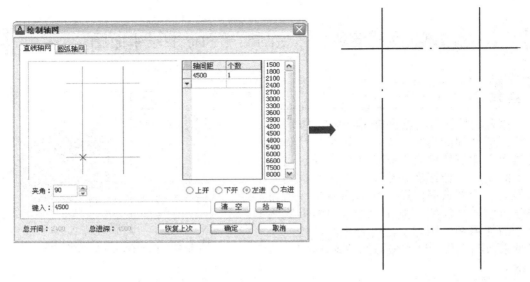

图 1-45　绘制轴网

4）在 TArch 2013 屏幕菜单中选择"轴网柱子 | 轴网标注"命令，弹出"轴网标注"对话框，选择"双侧标注"单选项，然后分别单击纵向的左右侧轴线，即可进行纵向轴网标注。

5）使用鼠标分别单击横向的上下侧轴线，即可进行横向轴网标注，其效果如图 1-46 所示。

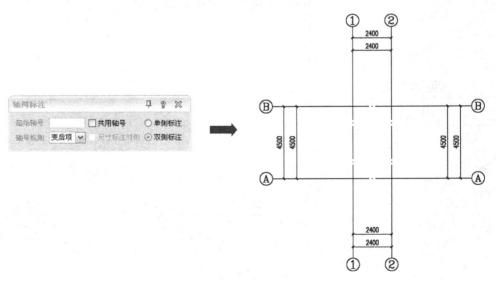

图 1-46　轴网标注

6）在 TArch 2013 屏幕菜单中选择"墙体 | 绘制墙体"命令，弹出"绘制墙体"对话框，设置左宽、右宽均为 120，其他设置项不变，再选择"绘制直墙"项 ▤，然后使用鼠标分别捕捉前面所绘制轴网的交点，从而绘制好 240 外墙，其效果如图 1-47 所示。

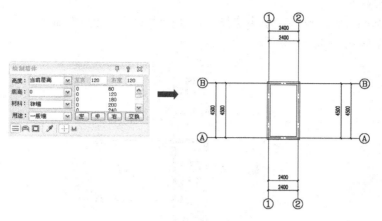

图 1-47　绘制墙体

7）在 TArch 2013 屏幕菜单中选择"门窗｜门窗"命令，从弹出的对话框中选择"插门" 项，并分别设置好门宽、门高等参数，然后在图形的左下侧墙体插入门。

8）选择"插窗"项，设置好窗宽、窗高、窗台高等参数，然后在图形的上侧墙体上插入窗，如图 1-48 所示。

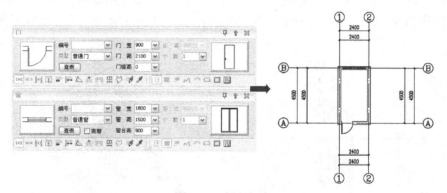

图 1-48　插入门窗

9）在 TArch 2013 屏幕菜单中选择"楼梯其他｜双跑楼梯"命令，弹出"双跑楼梯"对话框，设置好相应的参数，在相应位置插入楼梯，其效果如图 1-49 所示。

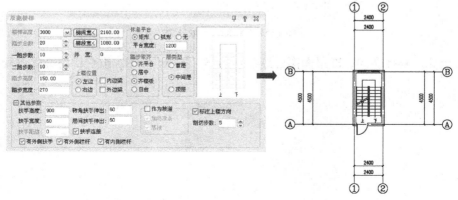

图 1-49　插入楼梯

10）在 TArch 2013 屏幕菜单中选择"尺寸标注｜门窗标注"命令，将平面图中门窗进行标注，其效果如图 1-50 所示。

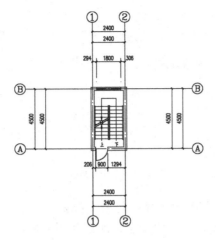

图 1-50　门窗标注

11）用户可在绘图窗口左上角的"视图"控件中选择"西南等轴测"视图，并在"视觉样式"控件中选择"概念视觉"样式，从而显示出三维楼梯间效果，其三维效果如图 1-51 所示。

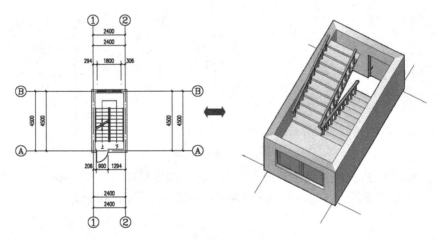

图 1-51　平面转三维效果

12）至此，其楼梯间标准平面图已经绘制完毕，按〈Ctrl+S〉组合键将文件进行保存。

第2章 天正轴网和柱子的创建与编辑

本章导读

　　轴网是建筑物单体平面布置和墙柱构件定位的依据。轴网是由两组到多组轴线与轴号、尺寸标注组成的平面网格，完整的轴网由轴线、轴号和尺寸标注三个相对独立的系统构成。

　　柱子在建筑设计中主要起到结构支撑作用，有些时候柱子也用于纯粹的装饰。本软件以自定义对象来表示柱子，但各种柱子对象定义不同，标准柱用底标高、柱高和柱截面参数描述其在三维空间的位置和形状，构造柱用于砖混结构，只有截面形状而没有三维数据描述，只服务于施工图。

　　本章首先讲解了轴网的绘制，并对轴网的一些编辑方法作了介绍，紧接着详解了柱子的创建与柱子的编辑方法，让读者能轻松掌握轴网和柱子的创建方法。

主要内容

- 📖 掌握不同类型轴网的绘制方法
- 📖 掌握轴网的标注与轴网结构的编辑
- 📖 掌握柱子的创建与编辑方法

效果预览

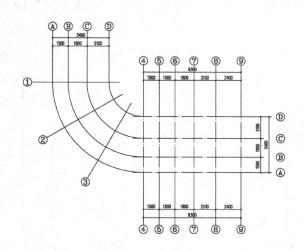

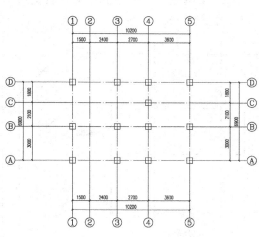

2.1 创 建 轴 网

轴网是由两组到多组轴线与轴号、尺寸标注组成的平面网格，是建筑物单体平面布置和墙柱构件定位的依据。完整的轴网由轴线、轴号和尺寸标注三个相对独立的系统构成。

轴网由定位轴线（建筑结构中的墙或柱的中心线）、标注尺寸（用于标注建筑物定位轴线之间的距离大小）和轴号组成。轴网是建筑制图的主体框架，建筑物的主要支承构件按照轴网定位排列，如图 2-1 所示。

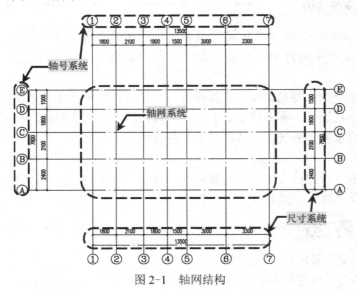

图 2-1　轴网结构

 2.1.1　直线轴网

直线轴网主要用于生成正交、斜交或单向轴网，如图 2-2 所示，是由 "绘制轴网" 命令来操作完成的。

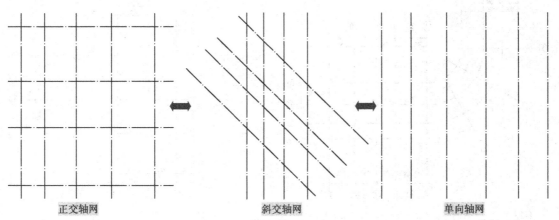

正交轴网　　　　　　　　　斜交轴网　　　　　　　　　单向轴网

图 2-2　直线轴网结构

在屏幕菜单中选择"轴网柱子｜绘制轴网"命令，在弹出的"绘制轴网"对话框中选择"直线轴网"选项，然后在区间输入相应的尺寸即可，如图 2-3 所示。

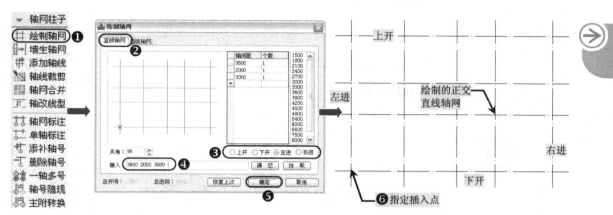

图 2-3　正交轴网创建

当绘制"斜轴网"时，只要在"绘制轴网"对话框中的"夹角"下拉列表框中输入需要的角度值即可。

技巧提示——绘制轴网技巧应用

读者在输入轴网数据时，可以采用以下两种方法。

1）直接在"输入"栏内输入轴网数据，每个数据之间用空格或英文逗号（,）隔开，输入完毕后按〈Enter〉键生效。

2）在电子表格中选择"轴间距"和"个数"，常用值可直接选取右方数据栏或下拉列表的预设数据。

在"直线轴网"选项卡中，各功能选项的含义如下。

◆ 轴间距：表示开间或进深的尺寸数据，单击右方数值栏或下拉列表获得，也可以直接输入。

◆ 个数/尺寸：表示栏中数据的重复次数，单击右方数值栏或下拉列表获得，也可以直接输入。

◆ 夹角：表示输入开间与进深轴线之间的夹角数据，默认为夹角 90°的正交轴网，根据实际情况，如果轴线与轴线间出现一定的角度，单击"夹角"微调按钮 夹角：90　调节出相应的角度即可，如图 2-4 所示。

◆ 上开：在轴网上方进行轴网标注的房间开间尺寸，如图 2-5 所示，上开尺寸为 2100、3300、4200。

◆ 下开：在轴网下方进行轴网标注的房间开间尺寸，下开尺寸为 2100、3300、4200。

◆ 左进：表示在轴网左侧进行轴网标注的房间进深尺寸，左进尺寸为 1500、3000、3900。

◆ 右进：表示在轴网右侧进行轴网标注的房间进深尺寸，右进尺寸为 1500、3000、3900。

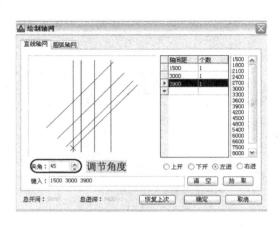

图 2-4 轴网角度调节   图 2-5 直线轴网

◆ 输入：输入一组尺寸数据，用空格或英文逗点隔开，按〈Enter〉键则数据输入到电子表格中。

◆ 拾取：单击"拾取"按钮可以将以有的轴线尺寸显示到"绘制轴网"对话框的电子表格中。

◆ 清空：表示把某一组开间或者某一组进深数据栏清空，保留其他组的数据。

◆ 恢复上次：把上次绘制直线轴网的参数恢复到对话框中。

◆ 确定/取消：单击后开始绘制直线轴网并保存数据，取消绘制轴网并放弃输入数据。

技巧提示——绘制直线轴网应用

　　读者在操作"绘制轴网"对话框时，右击电子表格中行首按钮，可以执行插入、删除、新建、复制和剪切数据行的操作，如图 2-6 所示。

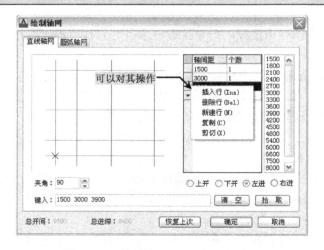

图 2-6 "绘制轴网"对话框下拉菜单

在对话框中输入所有尺寸数据后，单击"确定"按钮后命令行将有如下显示。

　　　点取任意位置或[转 90 度（A）/左右翻（S）/上下翻（D）/对齐（F）/改转角（R）/改基点
　　　（T）]<退出>：

此时可拖动基点插入轴网，直接选取轴网目标位置或按选项提示回应，如图 2-7 所示。

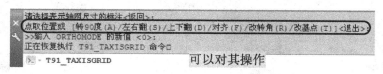

图 2-7　直线轴网命令栏的相应操作

专业技能———轴网开间不同提示

　　如果第一开间（进深）与第二开间（进深）的数据相同，不必输入另一开间（进深）。
输入的尺寸定位以轴网的左下角轴线交点为基点，多层建筑各平面同号轴线交点（基
点）位置应一致，如图 2-8 所示。

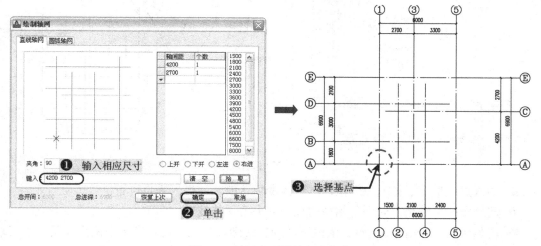

图 2-8　轴网命令栏的相应操作

 2.1.2　圆弧轴网

　　圆弧轴网由一组同心弧线和不过圆心的径向直线组成，常组合其他轴网，端径向轴线由
两轴网共用，由命令"绘制轴网"命令中的"圆弧轴网"标签执行。
　　在屏幕菜单中选择"轴网柱子｜绘制轴网"命令，然后在弹出的"绘制轴网"对话框中
选择"圆弧轴网"标签，再按图 2-9 所示操作即可。
　　在"圆弧轴网"选项卡中，各功能选项的含义如下。
　　◆　圆心角：由起始角起算，按旋转方向排列的轴线开间序列，单位为角度。
　　◆　进深：在轴网径向，由圆心起算到外圆的轴线尺寸序列，单位为毫米。
　　◆　逆时针/顺时针：径向轴线的旋转方向。

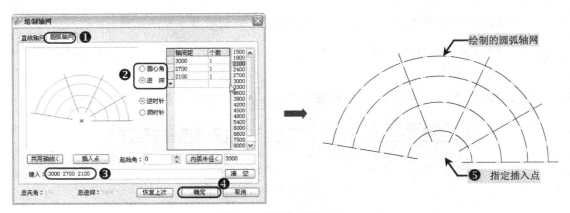

图 2-9　圆弧轴网的创建

◆ 共用轴线<：在与其他轴网共用一根径向轴线时，从图上指定该径向轴线不再重复绘出，选取时通过拖动圆轴网确定与其他轴网连接的方向，如图 2-10 所示。

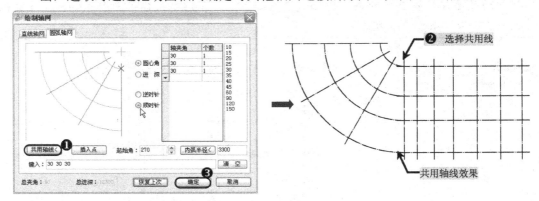

图 2-10　共用轴线效果

◆ 插入点：单击"插入点"按钮，可改变默认的轴网插入基点位置。

◆ 起始角：X 轴正方向到起始径向轴线的夹角（按旋转方向定）。

◆ 内弧半径<：从圆心起算的最内侧环向轴线圆弧半径，可从图上取两点获得，也可以为 0，如图 2-11 所示。

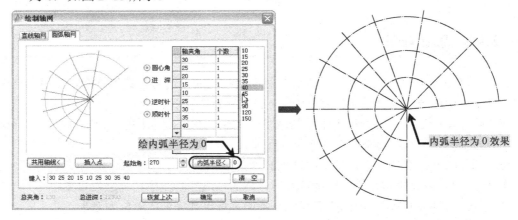

图 2-11　内弧半径为 0

◆ 输入：输入一组尺寸数据，用空格或英文逗号（,）隔开，按〈Enter〉键使数据输入到电子表格中。

◆ 清空：把某一组圆心角或者某一组进深数据栏清空，保留其他数据。

◆ 轴间距：进深的尺寸数据，单击右方数值栏或下拉列表获得，也可以直接输入。

◆ 个数：栏中数据的重复次数，单击右方数值栏或下拉列表获得，也可以直接输入。

◆ 恢复上次：把上次绘制圆弧轴网的参数恢复到对话框中。

◆ 确定/取消：单击后开始绘制圆弧轴网并保存数据，取消绘制轴网并放弃输入数据。

技巧提示——输入圆弧轴网数据

直接在"输入"栏内输入轴网数据，每个数据之间用空格或英文逗号（,）隔开，输入完毕后按〈Enter〉键生效。

在电子表格中输入"轴间距"／"轴夹角"和"个数"时，常用值可直接选取右方数据栏或下拉列表的预设数据。

在对话框中输入所有尺寸数据后，单击"确定"按钮后命令行将有如下显示。

点取位置或[转90度（A）/左右翻（S）/上下翻（D）/对齐（F）/改转角（R）/改基点（T）]<退出>：

此时可拖动基点插入轴网，直接点取轴网目标位置或按选项提示回应，如图2-12所示。

图2-12 圆弧轴网命令栏的相应操作

技巧提示——圆弧轴网特殊角度

当"输入"特殊的圆心角总夹角为360°时，生成弧线轴网的特例"圆轴网"。

 ### 2.1.3 墙生轴网

墙生轴网是依据现有的墙体通过"轴网柱子｜墙生轴网"命令来自动生成墙轴线的。

在屏幕菜单中选择"轴网柱子｜墙生轴网"命令，在根据命令栏中所提示"请选取要从中生成轴网的墙体："，选择需要生成轴网的墙体，然后按〈Enter〉键即可，如图2-13所示。

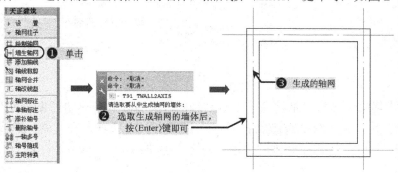

图2-13 墙生轴网步骤

（提示：读者可以打开事先准备好的"案例\02\墙生轴线-平面图.dwg"文件来进行操作）。

 2.1.4 即学即用——绘制轴网

素 视频\02\轴网的绘制.avi
材 案例\02\轴网的绘制.dwg

本实例旨在指导读者如何来创建一个轴网对象，首先新建一个文件，再执行"绘制轴网"命令，从而输入轴间距和圆心角和进深数值来创建轴网对象，其效果如图 2-14 所示。

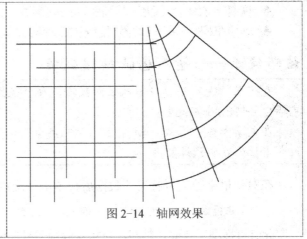

图 2-14 轴网效果

1）正常启动天正 TArch 2013 软件，系统将自动创建一个 dwg 空白文档，选择"文件 | 另存为"菜单命令，将该文档另存为"案例\02\轴网绘制.dwg"文件，如图 2-15所示。

图 2-15 "图形另存为"对话框

2）在屏幕菜单中选择"轴网柱子 | 绘制轴网"命令，将弹出"绘制轴网"对话框，然后参照表 2-1 所示的轴网参数绘制轴网，选择"上开"选项，在"输入"文本框中输入"2700、3600、2100"等来绘制轴网结构，如图 2-16 所示。

表 **2-1**　所示轴网参数

上开间	2700　3600　2100
下开间	1800　3000　3600
左进深	1800　4500　2700
右进深	1500　4800　2100

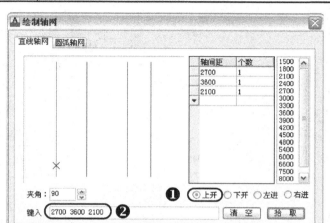

图 2-16　设置开间尺寸

3）依次选择"下开""左进""右进"并按表 2-1 所示的参数进行输入，然后单击"确定"按钮即可插入到绘图区空白位置，如图 2-17 所示。

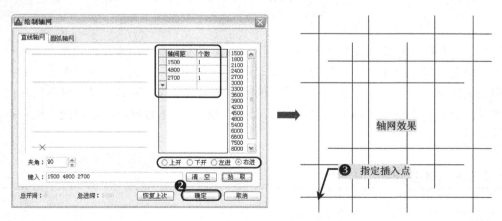

图 2-17　生成的轴网结构

4）在屏幕菜单中选择"轴网柱子｜绘制轴网"命令，将弹出"绘制轴网"对话框，选择"圆弧轴网"选项卡，然后再设置相应圆心角度与进深尺寸，并且选定时针方向，最后选定好与直线轴网共用的轴线即可创建圆弧轴网结构，从而完成读者要求的绘制轴网任务，详细操作如图 2-18 所示。

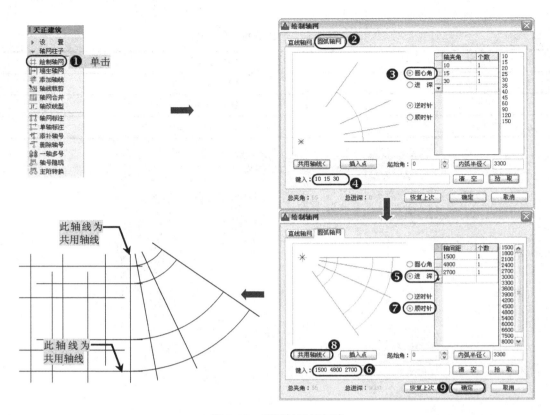

图 2-18　圆弧轴网的创建

软件技能

2.2　编　辑　轴　网

在建筑工程图中运用 TArch 2013，凡是主要承重构件，都要用定位轴线来表示构件与构件之间的位置，如承重墙、柱子等。而对于非承重的填充墙、分隔墙、次要的承重构件等，则用附加轴线来进行表示。前面向读者介绍的直线轴网和弧线轴网等工具，只能绘制出一些有规律性的轴网，而使用"轴网编辑"命令可对其进行相应的轴网编辑与修改，使之符合施工图的需求。

 ### 2.2.1　添加轴线

"添加轴线"命令应在"轴网标注"命令完成后执行，其功能是针对某一根已经存在的轴线，根据实际情况在其任意一侧添加一根新轴线，同时根据读者的选择决定是否将新添加的轴线赋予新的轴号，再把新轴线和轴号一起融入到存在的参考轴号系统中。

具体操作为在屏幕菜单中选择"轴网柱子 | 添加轴线"命令，对于直线轴网，根据命令栏中提示，进行如下命令交互。

1）选择参考轴线<退出>：选取要添加轴线相邻，并在已知距离的轴线作为参考轴线。

2）新增轴线是否为附加轴线？（Y/N）[N]：若输入"Y"，则添加的轴线作为参考轴线的附加轴线，从而标出规范的附加轴号，如 1/1、2/1 等；若输入"N"，则添加的轴线作为一根主轴线插入到指定的位置，标出主轴号，其后轴号重新排列，如图 2-19 所示。

图 2-19　直线轴网添加的命令栏提示

3）偏移方向<退出>：在参考轴线两侧中，单击添加轴线的一侧。

4）距参考轴线的距离<退出>：输入相应参考轴线的距离值。

5）最后按〈Enter〉键即可，其具体操作步骤如图 2-20 所示。

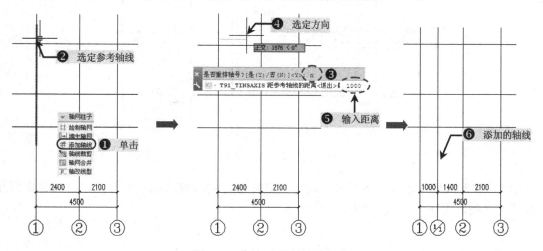

图 2-20　添加直线轴网的操作

专业技能——弧形轴网添加轴线

单击"添加轴线"菜单命令后，对于圆弧轴网，与直线轴网添加轴线相似，命令交互如下。

选择参考轴线<退出>：　　\\ 选取圆弧轴网上一根径向轴线。

新增轴线是否为附加轴线？（Y/N）[N]：　\\ 输入 Y 或 N，解释与直线轴网相同。

输入转角<退出>：　　\\ 输入转角度数或在图中点取。

在选取转角时，程序会实时显示，可以随时拖动预览添加轴线的情况，选取后就会在指定位置处新增加一条轴线，如图 2-21 所示。

图 2-21　弧线添加轴线输入为角度

 2.2.2　轴线剪裁

"轴线剪裁"命令可根据选定的多边形与两条直线的范围内，来裁剪多边形内的轴线或者选定两条直线内侧的所有轴线。

在屏幕菜单中选择"轴网柱子丨轴线裁剪"命令，根据命令栏中提示，进行如下命令交互。

矩形的第一个角点或[多边形裁剪（P）/轴线取齐（F）]<退出>:

这时，输入"P"将显示多边形裁剪功能的命令，选择多边形的第一个点拖拽圈出要剪裁的轴线，之后多边形区域内部所有的轴线将被裁剪掉，具体如图 2-22 所示。

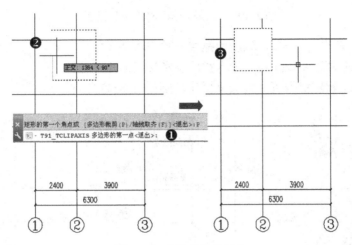

图 2-22　多边形裁剪操作

输入"F"将显示轴线取齐功能的命令，选定取齐的裁剪线起点与终点，然后单击直线被裁剪的一侧即可完成剪裁，如图 2-23 所示。

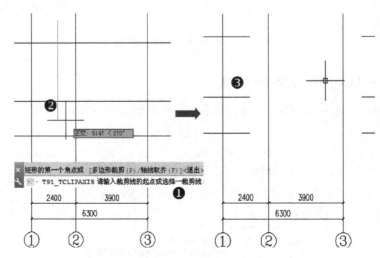

图 2-23　直线裁剪操作

技巧提示——多边形剪裁操作技巧

单击"轴线裁剪"命令后，可直接拖拽出正多边形，则正多边形内部的轴线将被剪裁。

2.2.3 轴网合并

"轴网合并"命令是将绘制好的轴网中不对齐的轴线进行对齐，从而更方便对其整个平面图观察与对照。

在屏幕菜单中选择"轴网柱子 | 轴网合并"命令，根据命令栏中提示进行如下命令交互。

请选择需要合并对齐的轴线<退出>： \\ 选定好的多条轴线
请选择对齐的边界<退出>： \\ 选择所需对齐的边界即可，具体如图 2-24 所示。

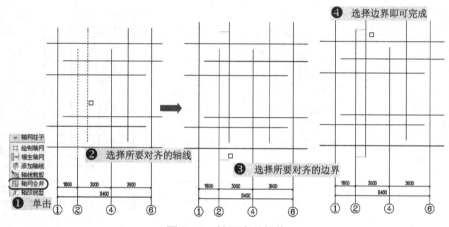

图 2-24 轴网合并操作

2.2.4 轴改线型

"轴改线型"命令可以在点画线和连续线两种线型之间切换。

在屏幕菜单中选择"轴网柱子 | 轴改线型"命令，即可完成轴网线型的修改，具体如图 2-25 所示。

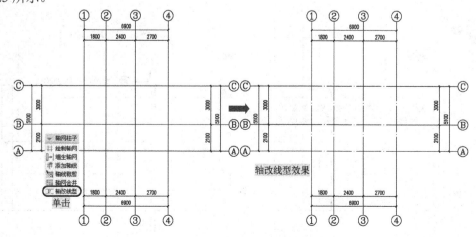

图 2-25 轴改线型操作

专业技能——建筑制图线型规定

建筑制图要求轴线必须使用点画线，但由于点画线不便于对象捕捉，则常在绘图过程中使用连续线，在输出的时候切换为点画线。如果使用模型空间出图，则线型比例用 10X 当前比例决定，当出图比例为 1∶100 时，默认线型比例为 100。如果使用图纸空间出图，天正建筑软件内部已经考虑了自动缩放。

2.2.5 即学即用——编辑轴网

素 视频\02\编辑轴网.avi
材 案例\02\编辑轴网.dwg

本实例旨在指导读者如何对已有的轴网对象进行相应编辑。首先打开事先准备好的文件，再依次执行"轴网柱子"命令中添加轴线、轴线剪裁、轴线合并、轴改线型操作，从而实现对轴网对象的编辑。其效果为如图 2-26 所示。

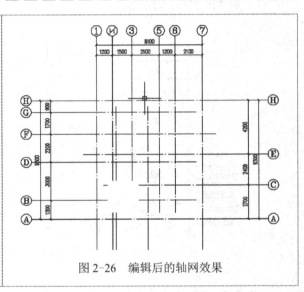

图 2-26 编辑后的轴网效果

1）正常启动天正 TArch 2013 软件，选择"文件 | 打开"菜单命令，将事先提供好的"案例\02\编辑轴网.dwg"文件打开，对其进行轴网编辑。

2）在屏幕菜单中选择"轴网柱子 | 添加轴线"命令，然后在 1 轴与 3 轴之间添加一条附加轴线并且不重排轴号，具体操作如图 2-27 所示。

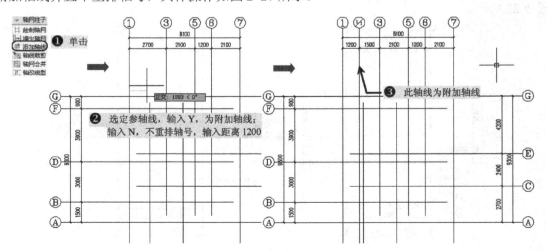

图 2-27 添加附加轴线

3）在 D 轴与 F 轴之间添加一条轴线并且重排轴号，具体操作如图 2-28 所示。

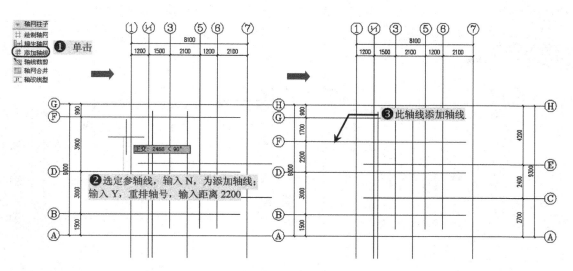

图 2-28　添加轴线

4）在屏幕菜单中选择"轴网柱子 | 轴线剪裁"命令，对 DB 轴与 AC 轴相交处进行剪裁，根据命令提示圈出正多边形即可，具体操作如图 2-29 所示。

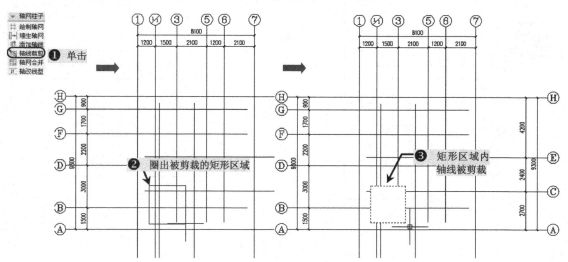

图 2-29　轴线剪裁

5）在屏幕菜单中选择"轴网柱子 | 轴网合并"命令，根据命令提示选定被合并的轴线 E、F，再根据命令提示选定边界，单击边界即可完成，从而将 F 轴与 E 轴进行合并，具体操作如图 2-30 所示。

6）在屏幕菜单中选择"轴网柱子 | 轴改线型"命令，系统会自动将绘制好的直线轴网改变为标准的点画线轴网，具体如图 2-31 所示。

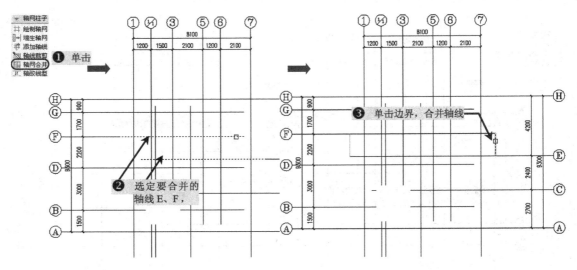

图 2-30　合并轴线

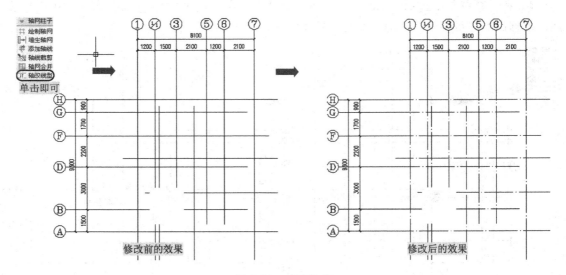

图 2-31　修改轴线

2.3　轴　网　标　注

　　TArch 2013 轴网的标注包括轴号标注和尺寸标注，轴号可按规范要求用数字、大写字母等方式标注，可适应各种复杂分区轴网的编号规则，系统按照《房屋建筑制图统一标准》的规定，字母I、O、Z不用于轴号，在排序时会自动跳过这些字母。

　　轴网标注可通过"轴网柱子"屏幕菜单命令来进行操作，如图2-32所示。

图 2-32 "轴网柱子"命令

 2.3.1 轴网标注

"轴网标注"命令是指对始末轴线间的一组平行轴线（直线轴网与圆弧轴网的进深）或者径向轴线（圆弧轴线的圆心角）进行轴号和尺寸标注，自动删除重叠的轴线。

在屏幕菜单中选择"轴网柱子 | 轴网标注"命令，再选择对话框内的各选项即可进行标注，如图 2-33 所示。

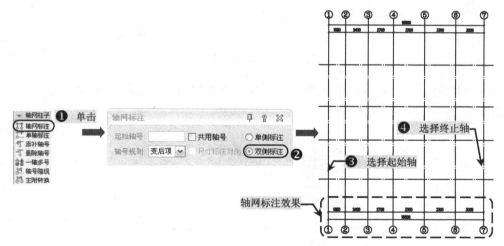

图 2-33 轴网标注

在"轴网标注"对话框中，各选项的含义如下。

◆ 起始轴号：希望起始轴号不是默认值 1 或者 A 时，可在此处输入自定义的起始轴号，可以使用字母和数字组合轴号。

◆ 共用轴号：勾选后表示起始轴号由所选择的已有轴号后继数字或字母决定。

◆ 轴号规则：使用字母和数字的组合表示分区轴号，共有两种情况"变前项"和"变后项"，一般默认"变后项"。

◆ 尺寸标注对侧：用于单侧标注，勾选此复选框后，尺寸标注不在轴线选取一侧标注，而在另一侧标注。

◆ 单侧标注：表示在当前选择一侧的开间（进深）标注轴号和尺寸。

◆ 双侧标注：表示在两侧的开间（进深）均标注轴号和尺寸。

技巧提示——轴网标注应注意

尽管轴网标注命令能一次完成轴号和尺寸的标注，但轴号和尺寸标注二者属独立存在的不同对象，不能联动编辑，读者修改轴网时应注意自行处理。

2.3.2 单轴标注

"单轴标注"命令是只对单根轴线进行轴号的标注，且轴号独立生成，不与已经存在的轴号系统和尺寸系统发生关联。

在屏幕菜单中选择"轴网柱子｜单轴标注"命令，再选择对话框内的各选项即可进行标注，如图 2-34 所示。

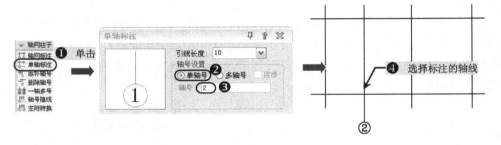

图 2-34　单轴依次标注

当在"单轴标注"对话框中选择"多轴号"单选项后，进行标注的轴号有以下几种效果，如图 2-35 所示。

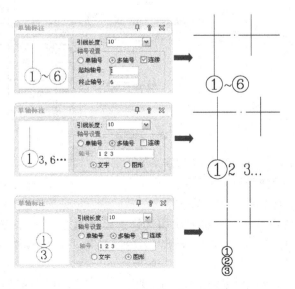

图 2-35　"多轴号"标注效果

专业技能——单轴标注提示

　　单轴标注不适用于一般的平面图轴网，常用于立面与剖面、详图等个别单独的轴线标注，按照制图规范的要求，可以选择几种图例进行表示，如果轴号编辑框内不填写轴号，则创建空轴号；本命令创建的对象编号是独立的，其编号与其他轴号没有关联，如需要与其他轴号对象有编号关联，请使用"添补轴号"命令。

 2.3.3　即学即用——轴网标注

素材　视频\02\轴网的标注.avi
案例\02\标注的轴网.dwg

　　本实例旨在指导读者进行轴网和单轴的标注。首先打开事先准备好的"轴网"文件，以此作为标注的对象，再根据轴网标注和单轴标注命令对其进行标注操作，其效果如图 2-36 所示。

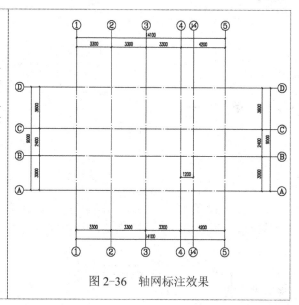

图 2-36　轴网标注效果

　　1）正常启动天正 TArch 2013 软件，选择"文件 | 打开"菜单命令，将事先提供好的"案例\02\轴网.dwg"文件打开，如图 2-37 所示。

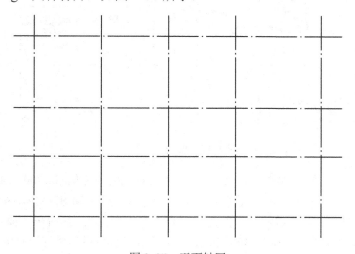

图 2-37　平面轴网

2）在屏幕菜单中选择"轴网柱子 | 轴网标注"命令，将弹出"轴网标注"对话框，选择"双侧标注"单选项，然后在打开的图形中选择左、右两侧的垂直轴线，并按〈Enter〉键确认，从而对其进行纵向标注，如图 2-38 所示。

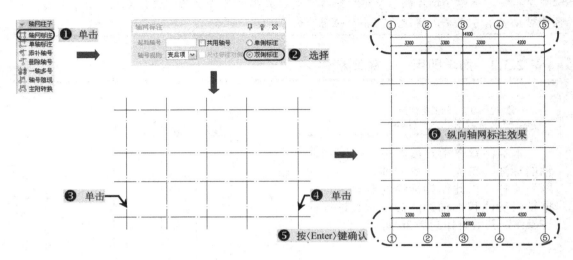

图 2-38　纵向轴网标注

3）在屏幕菜单中选择"轴网柱子 | 轴网标注"命令，选择图形最下侧和最上侧的两条水平轴线，并按〈Enter〉键确认，从而对其进行横向标注，如图 2-39 所示。

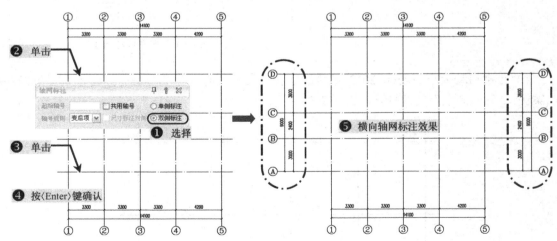

图 2-39　横向轴网标注

4）执行 AutoCAD 的"偏移"命令（O）将 4 号轴线向右侧偏移 1200，如图 2-40 所示。

5）在屏幕菜单中选择"轴网柱子 | 单轴编号"命令，将弹出"单轴标注"对话框，在"引线长度"下拉列表框中选择 40，再选择"单轴号"单选项，然后在"轴号"文本框中输入"1/4"，再使用鼠标选择上一步偏移轴线的上、下两端，从而对其进行单轴的标注，如图 2-41 所示。

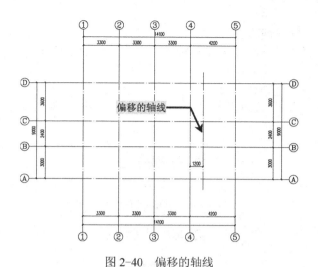

图 2-40　偏移的轴线

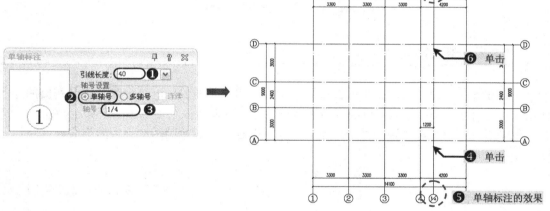

图 2-41　单轴标注

6）至此，其轴网的标注已经完成，按〈Ctrl+Shift+S〉组合键将该文件保存为"案例\02\标注的轴网.dwg"

 2.4　编 辑 轴 号

在制图中有时为了满足一些特殊的标注要求（如对轴号进行重新编号，新加了墙体要对墙体添加轴线，或是删除多余没有意义的轴号），需要对一些指定的轴号进行编辑等。本节将介绍与此相关的（如添补轴号、删除轴号、重排轴号等）几个命令的使用。

 2.4.1　添补轴号

"添补轴号"命令可在矩形、弧形、圆形轴网中对新增轴线添加轴号，新添轴号将成为原有轴网轴号对象的一部分，但不会生成轴线，也不会更新尺寸标注，适合为以其他方式增添或修改轴线后进行的轴号标注。

在屏幕菜单中选择"轴网柱子｜添补轴号"命令，然后按照图 2-42 所示操作来添加轴号即可。

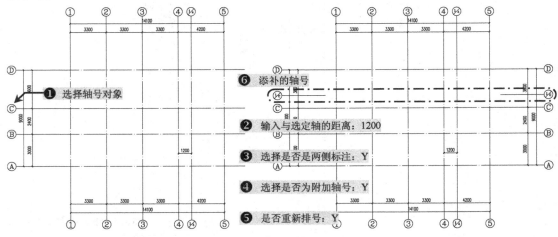

图 2-42　添补轴号操作步骤

 2.4.2　删除轴号

"删除轴号"命令用于在平面图中删除个别不需要轴号的情况，被删除轴号两侧的尺寸应并为一个尺寸，并可根据需要决定是否调整轴号，可框选多个轴号一次删除。

在屏幕菜单中选择"轴网柱子｜删除轴号"命令，然后按照图 2-43 所示来操作添加轴号即可。

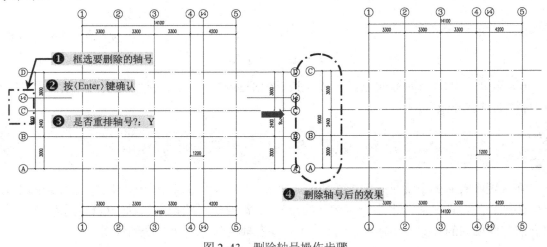

图 2-43　删除轴号操作步骤

 2.4.3　一轴多号

"一轴多号"命令用于平面图中同一部分有多个分区公用的情况，利用多个轴号共用一根轴线可以节省图面和工作量，本命令将已有轴号作为源轴号进行多排复制，读者可进一步对各排轴号编辑获得新轴号系列。

在屏幕菜单中选择"轴网柱子｜一轴多号"命令，然后按照命令栏提示来操作添加轴号即可，如图2-44所示。

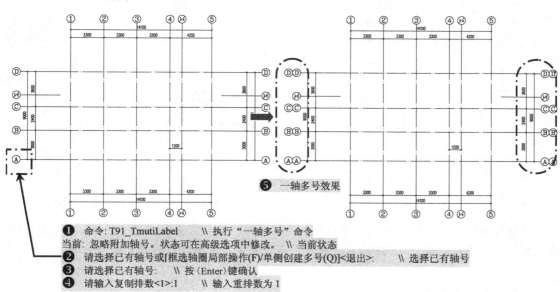

图2-44　一轴多号标注（一）

如果选择"框选轴圈局部操作（F）"项，则只针对框选的轴圈进行一轴多号标注，如图2-45所示。

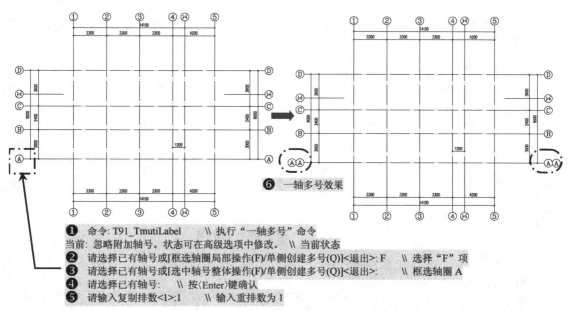

图2-45　一轴多号标注（二）

技巧提示——一轴多号的应用

默认不复制附加轴号，需要复制附加轴号时请先将"高级选项->轴线->轴号->一轴多号忽略附加轴号"改为"否"即可，如图2-46所示。

图2-46 一轴多号操作步骤

复制得到的各排新轴号和源轴号的编号是相同的，接着需使用"重排轴号"命令分别修改为新的轴号系列；若输入选项"Q"时，会在源轴号对象两侧或单侧生成新的轴号。

 2.4.4 轴号隐现

"轴号隐现"命令用于在平面轴网中控制单个或多个轴号的隐藏与显示，功能相当于轴号的对象编辑操作中的"变标注侧"和"单轴变标注侧"，为了方便读者使用，改为独立命令。

在屏幕菜单中选择"轴网柱子 | 轴号隐现"命令，然后按照命令提示输入相应命令即可，具体如图2-47所示。

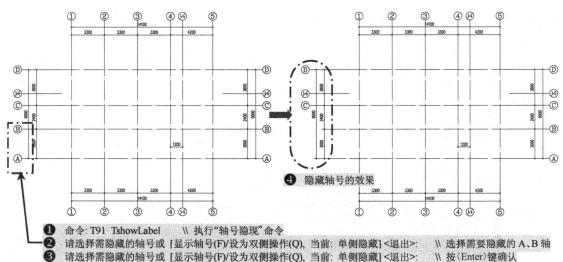

❹ 隐藏轴号的效果

❶ 命令: T91 TshowLabel   \\ 执行"轴号隐现"命令
❷ 请选择需隐藏的轴号或 [显示轴号(F)/设为双侧操作(Q), 当前: 单侧隐藏]<退出>:   \\ 选择需要隐藏的A、B轴
❸ 请选择需隐藏的轴号或 [显示轴号(F)/设为双侧操作(Q), 当前: 单侧隐藏]<退出>:   \\ 按〈Enter〉键确认

图2-47 隐藏轴号（一）

如果需要设置双侧隐藏或显示，则需要选择"双侧操作（Q）"项，如图2-48所示。

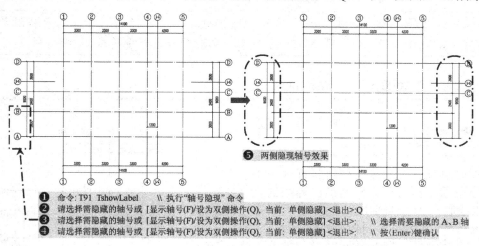

图2-48 隐藏轴号（二）

相反，如果想重新显示出被隐藏的轴号，可选择"显示轴号（F）"项，再框选出想要被显示的轴号即可。

技巧提示——轴线的隐藏

要注意，轴线和轴号不是同一个对象，轴线的显示可用"局部隐藏"命令来单独处理。

 2.4.5 主附转换

"主附转换"命令用于在平面轴网中将主轴号转换为附加轴号或者反过来将附加轴号转换回主轴号。本命令的重排模式对轴号编排方向的所有轴号进行重排。

在屏幕菜单中选择"轴网柱子｜主附转换"命令，然后按照命令提示，输入相应命令即可，具体如图2-49所示。

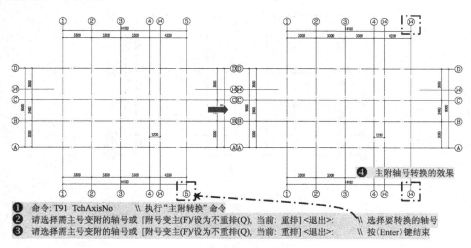

图2-49 主附转换

专业技能——轴号转换及重排的应用

如果用户选择"附号变主（F）"项时，则提示选择要转换的附号，从而将附号变为主号；同时，如果选择"Q"项，即可将变换的主附轴号进行重排或不重排。

⬇ 2.4.6 即学即用——编辑轴号

素 视频\02\编辑轴号.avi
材 案例\02\编辑轴号.dwg

本实例旨在指导读者如何将标注中的轴号进行编辑。首先根据前面介绍的知识来绘制一个平面轴网，然后对平面轴网进行标注。执行"轴网柱子"命令中的"添补轴号""删除轴号""一轴多号""轴号隐现""主附转换"等命令对轴号进行编辑，其效果如图 2-50 所示。

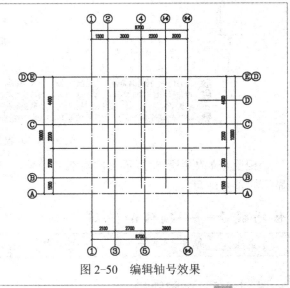

图 2-50　编辑轴号效果

1）启动天正 TArch 2013 软件，在"快捷访问"工具栏中单击"打开"按钮 ，将事先准备好的"案例\02\轴号.dwg"文件打开，如图 2-51 所示。

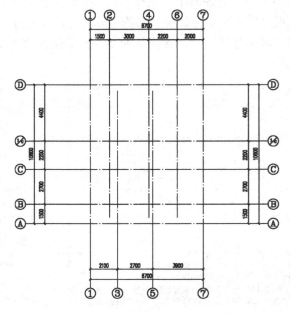

图 2-51　打开的文件

2）在"快捷访问"工具栏中单击"另存为"按钮🖫，将当前打开的文件另存为"案例\02\编辑轴号.dwg"文件。

3）在屏幕菜单中选择"轴网柱子|添加轴号"命令，然后按照图 2-52 所示在 D 轴号下方 2200 处添补一个轴号，并且不重排轴号。

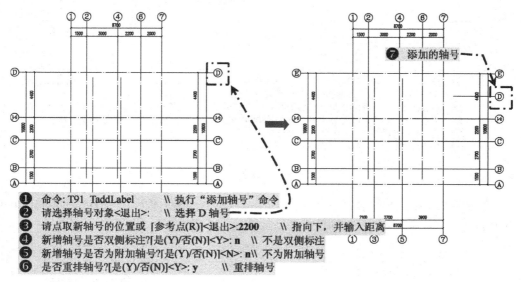

❶ 命令: T91 TaddLabel　　　\\ 执行"添加轴号"命令
❷ 请选择轴号对象<退出>:　　\\ 选择 D 轴号
❸ 请点取新轴号的位置或 [参考点(R)]<退出>:2200　　\\ 指向下，并输入距离
❹ 新增轴号是否双侧标注?[是(Y)/否(N)]<Y>: n　　不是双侧标注
❺ 新增轴号是否为附加轴号?[是(Y)/否(N)]<N>: n\\ 不为附加轴号
❻ 是否重排轴号?[是(Y)/否(N)]<Y>: y　　\\ 重排轴号

图 2-52　添加的轴号

4）在屏幕菜单中选择"轴网柱子|删除轴号"命令，然后按照图 2-53 所示将 C 轴号删除，并且重排轴号。

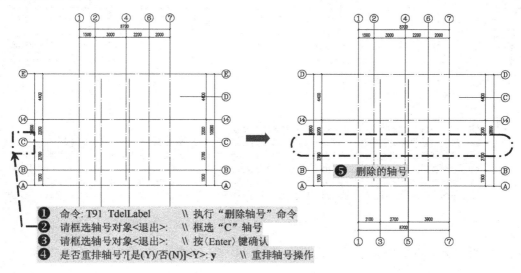

❶ 命令: T91 TdelLabel　　　\\ 执行"删除轴号"命令
❷ 请框选轴号对象<退出>:　　\\ 框选"C"轴号
❸ 请框选轴号对象<退出>:　　\\ 按〈Enter〉键确认
❹ 是否重排轴号?[是(Y)/否(N)]<Y>: y　　\\ 重排轴号操作

图 2-53　删除的轴号

5）在屏幕菜单中选择"轴网柱子|一轴多号"命令，然后按照图 2-54 所示在 D 轴执行一轴多号操作。

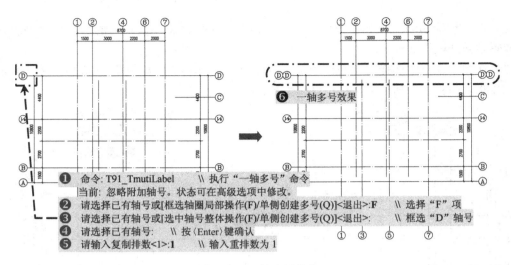

图 2-54　一轴多号操作

6）在屏幕菜单中选择"轴网柱子｜主附转换"命令，然后按照图 2-55 所示将"1/B"附加轴转换为主轴，将"6"号主轴转换为附加轴。

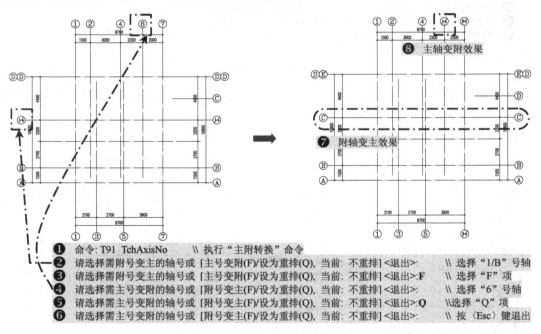

图 2-55　一轴多号操作

7）至此，其轴网的编辑已经完成，按〈Ctrl+S〉组合键进行保存。

2.5　创建柱子

柱子在建筑设计中主要起结构支撑的作用，有时柱子也用于纯粹的装饰。本软件以自定义对象来表示柱子，但各种柱子对象定义不同，标准柱用底标高、柱高和柱截面参数描述其在三维空间的位置和形状，构造柱用于砖混结构，只有截面形状而没有三维数据描述，只服务于施工图。

柱与墙相交时按墙柱之间的材料等级关系决定柱自动打断墙或者墙穿过柱，如果柱与墙体同材料，墙体被打断的同时与柱连成一体。

柱子的填充方式与柱子和墙的当前比例有关，当前比例大于预设的详图模式比例，柱子和墙的填充图案按详图填充图案填充，否则按标准填充图案填充。

而天正建筑 TArch 2013 软件中绘制的柱子，新增的特性有以下几点：

1）自动裁剪特性。楼梯、坡道、台阶、阳台、散水和屋顶等对象都可以被柱子所裁剪。

2）矮柱在平面图假定水平剖切线以下的可见柱，在平面图中这种柱不被加粗和填充，此特性在柱特性表中设置。

3）柱子填充颜色是新增的柱子填充特性，柱子的填充不再单独受各对象的填充图层控制，而是优先由选项中材料颜色控制，更加合理与方便。

 2.5.1 标准柱

"标准柱"命令是指在轴线的交点或任何位置插入矩形柱、圆柱或正多边形柱。

在屏幕菜单中选择"轴网柱子｜标准柱"命令，再选择对话框内的各选项即可创建标准柱，如图 2-56 所示。

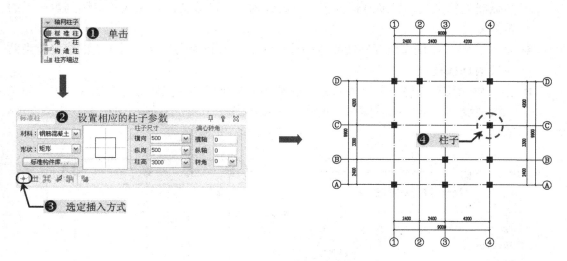

图 2-56　创建标准柱

在"标准柱"对话框中，各选项的含义如下。

◆ 材料：在该下拉列表框中可选择柱子的材料，其中包括"砖""石材""钢筋混凝土"和"金属"4 种材质，可以根据实际情况进行选择。

◆ 形状：在该下拉列表框中可选择需创建柱子的形状，可在"矩形""圆形"等图形中任意选择一种。

◆ 标准构件库：单击该按钮后将弹出"天正构件库"对话框，在该对话框中可根据实际情况在该对话框中双击某一截面形状返回到"标准柱"对话框中，同时在"形状"下拉列表框中将自动显示"异形柱"选项，如图 2-57 所示。

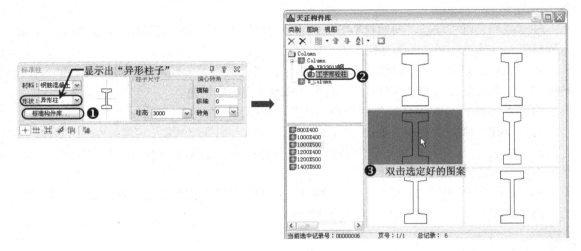

图 2-57　选择异形柱

◆ 柱子尺寸：该区域有"横向""纵向"和"柱高"3 个参数。可根据实际情况对这 3 个参数进行修改从而达到要求。

◆ 偏心转角：其中旋转角度在矩形轴网中以 X 轴为基准线；在弧形、圆形轴网中以环向弧线为基准线，以逆时针为正，顺时针为负自动设置。可输入数值达到对柱子的转角设置。

◆ 插入柱子⊞：优先捕捉轴线交点插柱，如未捕捉到轴线交点，则在选取位置按当前 UCS 方向插柱。

◆ 沿一根轴线布置柱子⊞：在选定的轴线与其他轴线的交点处插柱，在轴网中的任意一根轴线上单击，此时即可在所选的轴线的各个节点上分别创建柱子，如图 2-58 所示。

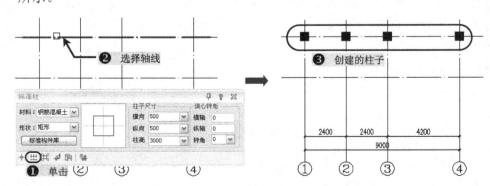

图 2-58　沿轴线创建柱子

◆ 指定区域内交点创建柱子⊞：在指定矩形区域内的所有轴线交点处插柱。

◆ 替换图中已插入柱子◢：对当前参数的柱子替换图上的已有柱，可以单个替换或者以窗选成批替换，如图 2-59 所示。

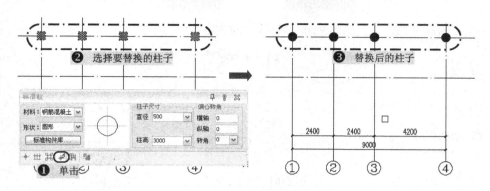

图 2-59　替换现有柱子

◆ 选择 Pline 创建异形柱 ⚏：将绘制好的闭合 Pline 线或者已有柱子作为当前标准柱读入界面，接着创建成柱子，如图 2-60 所示。

图 2-60　多段线绘制柱子

◆ 在图中拾取柱子形状或已有柱子 ⚏：在图中选取要插入柱子的形状或图中已存在的柱子，从而直接绘制成柱子。

专业技能——绘制的多段线柱子

使用直线、圆弧、修剪等命令绘制出异形样子的形状，然后选择"修改|对象|多段线"命令，将绘制好的图形转换为多段线，并选择"合并（J）"选项进行合并操作。

 ### 2.5.2　角柱

在墙角插入轴线与形状与墙一致的角柱，在建筑角部与柱正交的两个方向各只有一根框架梁与之相连接的框架柱。

角柱可改各支长度以及各分支的宽度，宽度默认居中，高度为当前层高。生成的角柱与标准柱类似，每一边都有可调整长度和宽度的夹点，可以方便地按要求修改。

在屏幕菜单中选择"轴网柱子|角柱"命令，再选择对话框内的各选项即可创建角柱，如图 2-61 所示。

在"转角柱参数"对话框中，各选项的含义如下。

◆ 材料：在下拉列表框中选择材料，柱子与墙之间的连接形式由两者的材料决定，目前包括"砖""石材""钢筋混凝土"和"金属"，默认为"钢筋混凝土"。

◆ 长度：这其中旋转角度在矩形轴网中以 X 轴为基准线；在弧形、圆形轴网中以环向弧线为基准线，以逆时针为正，顺时针为负自动设置。

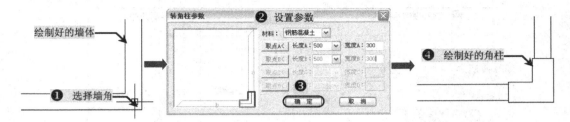

图 2-61　角柱创建步骤

◆ 取点 A<：单击"取点 A<"按钮，可通过墙上取点得到真实长度。
◆ 宽度：各分支宽度默认等于墙宽，改变柱宽后默认对中变化，可根据实际情况设置柱宽，要求偏心变化在完成后以夹点进行修改，如图 2-62 所示。

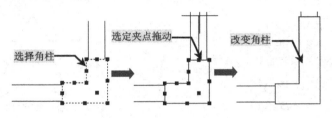

图 2-62　角柱夹点操作

专业技能——角柱"取点 A<"问题

注意依照"取点 X<"按钮的颜色从对应的墙上给出角柱端点。

 2.5.3　构造柱

构造柱是多层砌体房屋墙体的规定部位，是按构造配筋，并按先砌墙后浇灌混凝土柱的施工顺序制成的混凝土柱。

本命令在墙角交点处或墙体内插入构造柱，依照所选择的墙角形状为基准，输入构造柱的具体尺寸，指出对齐方向，默认为"钢筋混凝土"材质，仅生成二维对象。目前本命令还不支持在弧墙交点处插入构造柱。

在屏幕菜单中选择"轴网柱子 | 构造柱"命令，再选择对话框内的各选项即可创建构造柱，如图 2-63 所示。

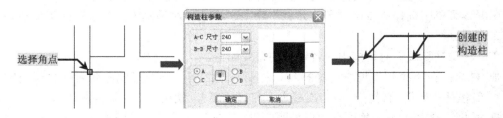

图 2-63　构造柱的创建

在"构造柱参数"对话框中，各选项的含义如下。

◆ A-C 尺寸：沿着 A-C 方向的构造柱尺寸，在本软件中尺寸数据可超过墙厚。

◆ B-D 尺寸：沿着 B-D 方向的构造柱尺寸。

◆ A/C 与 B/D：对齐边的互锁按钮，用于对齐柱子到墙的两边。

技巧提示——构造柱夹点操作

如果构造柱超出墙边，请使用夹点拉伸或移动，拖动夹点到预期位置即可。

 ### 2.5.4 柱齐墙边

"柱齐墙边"命令将柱子边与指定墙边对齐，可一次选多个柱子一起完成墙边对齐，条件是各柱都在同一墙段，且对齐方向的柱子尺寸相同。

在屏幕菜单中可执行"轴网柱子 | 柱齐墙边"命令，然后按照图 2-64 所示即可进行柱齐墙边操作。

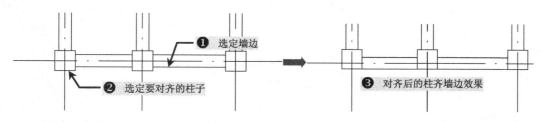

图 2-64　柱齐墙边操作

 ### 2.5.5 即学即用——创建柱子

素材　视频\02\创建柱子.avi
DVD　案例\02\创建柱子.dwg

　　本实例旨在指导读者如何在现有的墙体中创建几种柱子，执行"轴网柱子"命令中的"标准柱""角柱"和"构造柱"命令来对墙体插入相应的柱子，其效果为如图 2-65 所示。

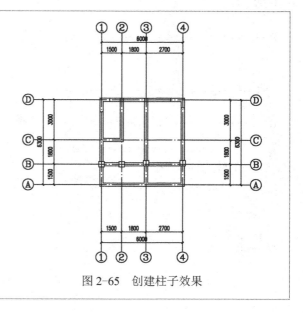

图 2-65　创建柱子效果

1）启动天正 TArch 2013 软件，在"快捷访问"工具栏中单击"打开"按钮，将事先准备好的"案例\02\轴网墙体.dwg"文件打开，如图 2-66 所示。

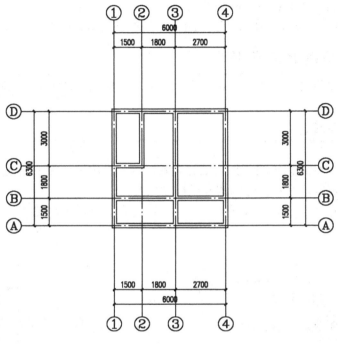

图 2-66　打开的文件

2）在"快捷访问"工具栏中单击"另存为"按钮，将当前打开的文件另存为"案例\02\创建柱子.dwg"文件。

3）在屏幕菜单中选择"轴网柱子 | 标准柱"命令，然后按照图 2-67 所示在 B 轴线的交点位置创建矩形柱子。

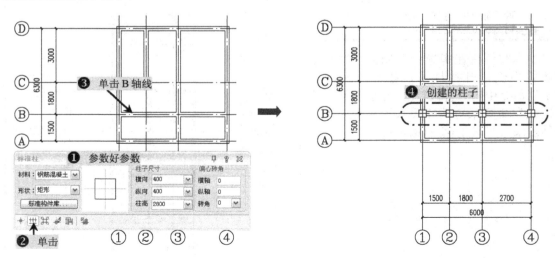

图 2-67　创建的标准柱

4）在屏幕菜单中选择"轴网柱子 | 角柱"命令，然后按照图 2-68 所示在 D 轴线两端的角点位置来创建转角柱对象。

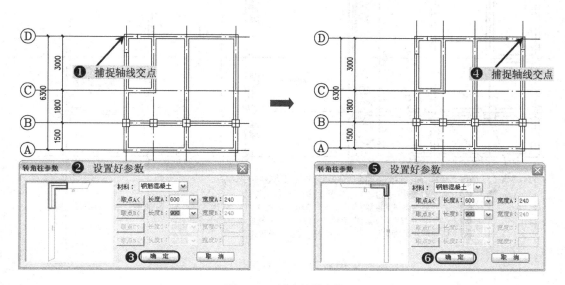

图 2-68 创建的转角柱

5）在屏幕菜单中选择"轴网柱子 | 构造柱"命令，然后按照图 2-69 所示在 D 轴线的 2、3 号轴线交点位置来创建构造柱。

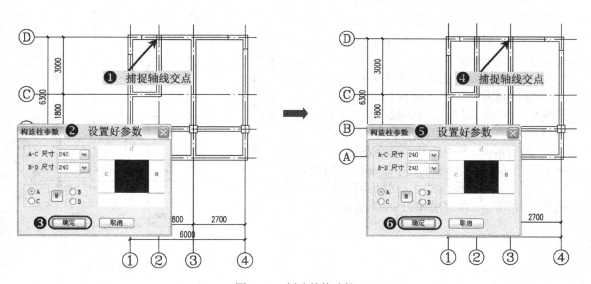

图 2-69 创建的构造柱

6）在屏幕菜单中选择"轴网柱子 | 柱齐墙边"命令，然后按照图 2-70 所示将 B 轴线上最右侧的两个矩形柱子靠下侧墙边对齐。

7）至此，其柱子对象已经创建完毕，按〈Ctrl+S〉组合键进行保存。

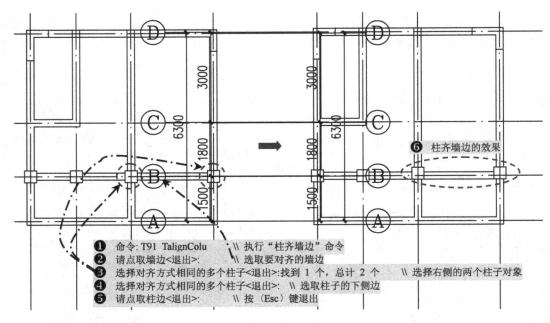

① 命令: T91 TalignColu   \\ 执行"柱齐墙边"命令
② 请点取墙边<退出>:   \\ 选取要对齐的墙边
③ 选择对齐方式相同的多个柱子<退出>:找到 1 个, 总计 2 个   \\ 选择右侧的两个柱子对象
④ 选择对齐方式相同的多个柱子<退出>:   \\ 选取柱子的下侧边
⑤ 请点取柱边<退出>:   \\ 按〈Esc〉键退出

图 2-70　柱边对齐操作

2.6　经典实例——住宅楼轴网和柱子的绘制

素视频\02 住宅楼轴网柱子的绘制.avi
材案例\02\住宅楼轴网柱子.dwg

　　该案例为某住宅的一层平面图，本节主要讲解案例中的轴网和柱子的创建方法。首先用"绘制轴网"命令对各个开间的轴线进行绘制与编辑，再用"轴网标注"命令对所绘制的轴网进行尺寸、轴号标注，接着使用"标准柱"命令在相应的交点位置插入柱子，然后使用"添加轴网"命令在 A 轴下侧 600 位置添加一条轴网，再在该轴线的指定交点处插入两个圆形柱子，最后将该轴线两端的轴号删除，其效果如图 2-71 所示。

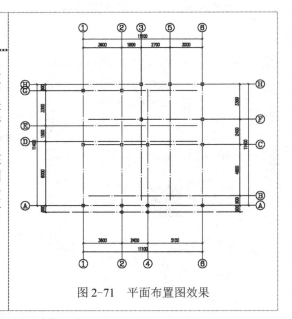

图 2-71　平面布置图效果

　　1）正常启动天正 TArch 2013 软件，在"快捷访问"工具栏中单击"另存为"按钮，将当前空白文件另存为"案例\02\住宅楼轴网柱子.dwg"文件。

　　2）在屏幕菜单中选择"轴网柱子 | 绘制轴网"命令，将弹出"绘制轴网"对话框，然后参照表 2-2 所示的轴网参数来绘制轴网，如图 2-72 所示。

表 2-2 所示轴网参数

上开间	3600 1800 2700 3000
下开间	3600 2400 5100
左进深	6000 1500 3300 600
右进深	900 4800 2400 3300

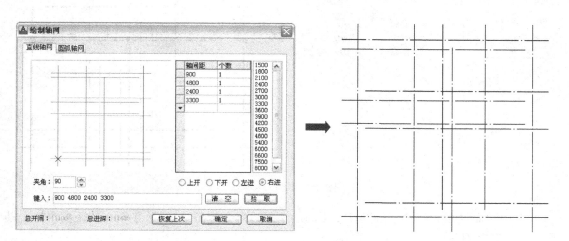

图 2-72 生成的轴网结构

3）在屏幕菜单中选择"轴网柱子｜轴网标注"命令，在弹出的"轴网标注"对话框中选择"双侧标注"单选项，对轴网结构进行标注，如图 2-73 所示。

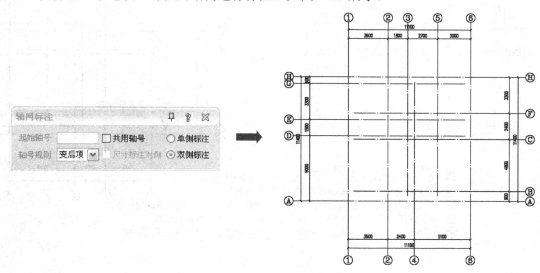

图 2-73 轴网标注

4）在屏幕菜单中选择"轴网柱子｜标准柱"命令，弹出"标准柱"对话框，设置柱子的横向和纵向尺寸为 240，其他为默认参数值，然后按要求在指定的轴网交点位置依次单击鼠标，从而完成柱子的创建，如图 2-74 所示。

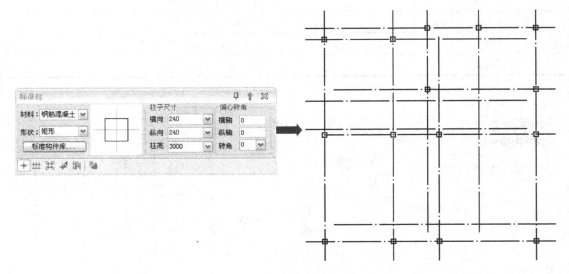

图 2-74　插入矩形柱

5）在屏幕菜单中选择"轴网柱子｜添加轴线"命令，在 A 轴下方 600 的距离添加一轴线，如图 2-75 所示。

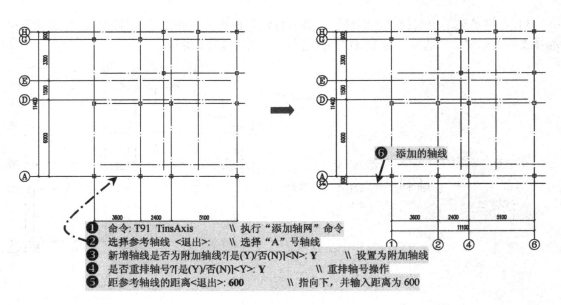

图 2-75　添加的轴线

6）在屏幕菜单中选择"轴网柱子｜标准柱"命令，弹出"标准柱"对话框，设置柱子的形状为"圆形"，直径为 240，然后在添加轴网的相应交点位置插入两个圆形柱子，如图 2-76 所示。

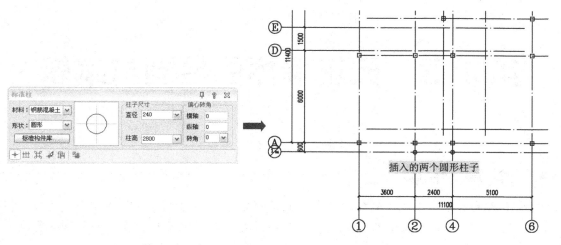

图 2-76 插入圆形柱子

7）在屏幕菜单中选择"轴网柱子 | 删除轴号"命令，将前面添加的"1/0A"轴号对象删除，如图 2-77 所示。

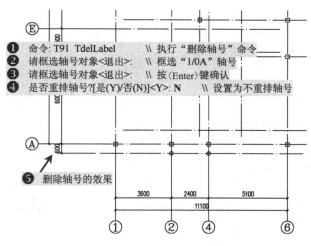

❶ 命令: T91 TdelLabel   \\ 执行"删除轴号"命令
❷ 请框选轴号对象<退出>:   \\ 框选"1/0A"轴号
❸ 请框选轴号对象<退出>:   \\ 按〈Enter〉键确认
❹ 是否重排轴号?[是(Y)/否(N)]<Y>: N   \\ 设置为不重排轴号

❺ 删除轴号的效果

图 2-77 添加的轴线

8）至此，其住宅楼的轴网和柱子对象已经创建完成，按〈Ctrl+S〉组合键进行保存。

第3章 天正墙体的绘制与编辑

本章导读

　　墙体是天正建筑软件中的核心对象，它通过模拟实际墙体的专业特性构建而成，因此可实现墙角的自动修剪、墙体之间按材料特性连接、与柱子和门窗互相关联等智能特性，并且墙体是建筑房间的划分依据，因此理解墙对象的概念非常重要。

　　墙对象是指柱间或墙角间具有相同特性的一段直墙或弧墙单元，墙对象与柱子围合而成的区域就是房间，墙对象中的"虚墙"作为逻辑构件，围合建筑中挑空的楼板边界与功能划分的边界（如同一空间内餐厅与客厅的划分），可以查询得到各自的房间面积数据。

　　本章首先讲解了墙体的绘制，并对墙体的一些编辑方法作了介绍，紧接着介绍了墙体的编辑与墙体立面的绘制方法。

主要内容

　　📖 掌握不同类型墙体的绘制方法
　　📖 掌握墙体编辑命令的运用
　　📖 掌握墙体立面和内外墙体识别工具

效果预览

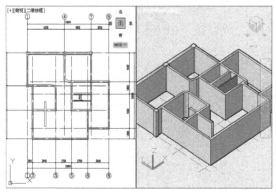
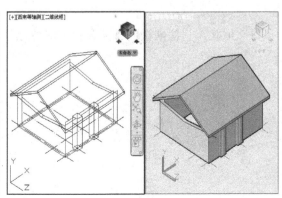

3.1 创 建 墙 体

墙体是建筑物中的重要组成部分，它既是建筑的围护结构，又是建筑主要的竖向承重构件。在天正 TArch 2013 中，墙体可用"绘制墙体"命令来创建，或由"单线变墙"命令直接从直线、圆弧或轴线中进行转换。

墙对象不仅包含位置、高度、厚度这样的几何信息，还包括墙类型、材料和内外墙这样的内在属性，如图 3-1 所示。

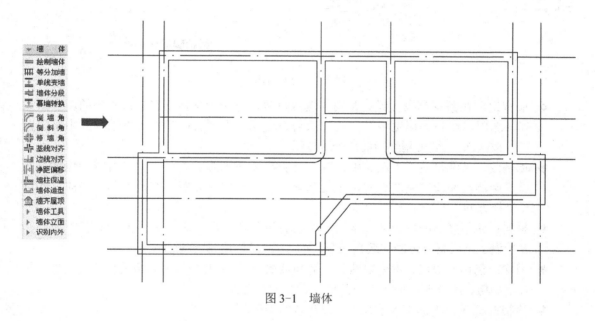

图 3-1　墙体

3.1.1　绘制墙体

"绘制墙体"命令可启动名为"绘制墙体"的非模式对话框，其中可以设定墙体参数，不必关闭对话框即可直接使用"直墙""弧墙"和"矩形布置"3 种方式绘制墙体对象，进行墙线相交处自动处理、墙宽随时定义、墙高随时改变等操作，在绘制过程中墙端点可以回退，用户使用过的墙厚参数在数据文件中按不同材料分别保存。

在天正 TArch 2013 中选择"墙体 | 绘制墙体"命令，在弹出的对话框中设置要绘制墙体的左墙和右墙宽度数据，选择一个合适的墙基线方向，然后单击工具图标，在"绘制直墙""绘制弧墙"和"矩形绘墙"3 种绘制方式中选择一种，将正交模式打开，则可以在绘图区绘制墙，如图 3-2 所示。

在"绘制墙体"对话框中，各功能选项的含义如下。

◆ 高度/底高：高度是墙高，指从墙底到墙顶计算的高度；底高是墙底标高，指从本图零标高（Z=0）到墙底的高度。

◆ 墙宽参数：包括左宽、右宽两个参数，其中墙体的左、右宽度指沿墙体定位点顺序，基线左侧和右侧部分的宽度，对话框相应提示改为内宽、外宽。其中左宽（内宽）、右宽（外宽）既可以是正数，也可以是负数，还可以为0。

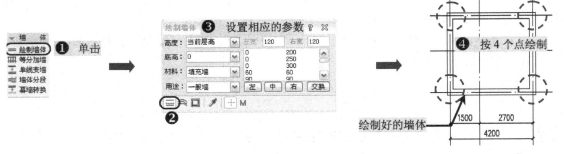

图 3-2　绘制墙体

◆ 墙宽组：在数据列表预设有常用的墙宽参数，每一种材料都有各自常用的墙宽组系列供选用，在新的墙宽组定义使用后会自动添加进列表中，也可以选择其中某组数据，按〈Del〉键可删除当前这个墙宽组。

◆ 墙基线：基线位置设有左、中、右、交换共 4 种控制，左、右是计算当前墙体总宽后，全部左偏或右偏的设置，中是当前墙体总宽居中设置，交换就是把当前左右墙厚交换方向。

◆ 材料：包括轻质隔墙、玻璃幕墙、填充墙和钢筋混凝土等共 8 种材质，按材质的密度预设了不同材质之间的遮挡关系，通过设置材料绘制玻璃幕墙。

◆ 用途：包括一般墙、卫生隔断、虚墙和矮墙 4 种类型，其中矮墙是新添的类型，具有不加粗、不填充、墙端不与其他墙融合的新特性。

◆ 绘制直墙▤：沿选定点绘制水平或竖直的墙体。

◆ 绘制弧墙◠：按指定的点绘制弧形墙体，如图 3-3 所示。

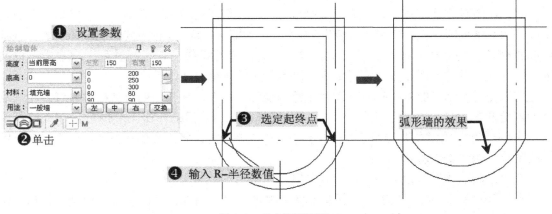

图 3-3　绘制弧形墙体

◆ 矩形绘墙▣：在指定的矩形区域内来绘制墙体，如图 3-4 所示。

◆ 拾取墙体参数✐：用于从已经绘制的墙中提取其中的参数到本对话框，按与已有墙一致的参数继续绘制。

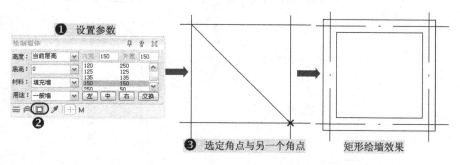

图 3-4 矩形绘墙

◆ 自动捕捉⊞：用于自动捕捉墙体基线和交点绘制新墙体，不按该按钮时执行 AutoCAD 默认捕捉模式，此时可捕捉墙体边线和保温层线。

◆ 模数开关Ⓜ：在工具栏提供模数开关，打开模数开关后墙的拖动长度按"自定义 | 操作配置"页面中的模数变化。

技巧提示——绘制墙体的功能辅助

为了准确地定位墙体端点位置，天正软件内部提供了对已有墙基线、轴线和柱子的自动捕捉功能。必要时也可以按下〈F3〉键打开 AutoCAD 的捕捉功能或正交模式（F8）。

本软件为用户提供了动态墙体绘制功能，按下状态行"DYN"按钮，可启动动态距离和角度提示，按〈Tab〉键可切换参数栏，在位输入距离和角度数据。

 ### 3.1.2 等分加墙

"等分加墙"命令用于在已有的大房间按等分的原则划分出多个小房间。将一段墙在纵向等分，垂直方向加入新墙体，同时新墙体延伸到给定边界。本命令有 3 种相关墙体参与操作过程，有参照墙体、边界墙体和生成的新墙体。

在天正 TArch 2013 中选择"墙体 | 等分加墙"命令，在弹出的对话框中选取要绘制墙体的左右墙宽数据，根据命令栏提示操作选择一个合适的墙基线方向，然后单击工具图标，在"直墙""弧墙"和"矩形布置"3 种绘制方式中选择其中之一，切换正交模式（F8）进入绘图墙体即可，如图 3-5 所示。

专业技能——打印是否显示基线

在绘制墙体时，会出现一个虚拟的墙基线，在打印出图时，墙基线不会打在图样上，在绘制墙体时基线边同墙体一起出现，绘制完后不会显示，如需显示墙基线，可单击状态栏右下角的"基线"按扭。

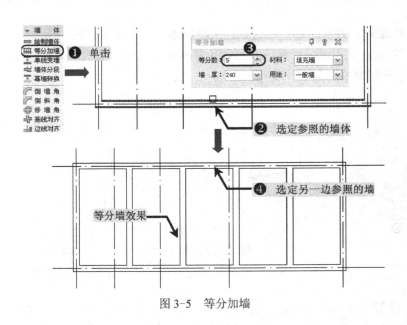

图 3-5　等分加墙

3.1.3　单线变墙

　　"单线变墙"命令有两个功能：一是将 LINE、ARC、PLINE 绘制的单线转为墙体对象，其中墙体的基线与单线相重合；二是在基于设计好的轴网内创建墙体，然后进行编辑，创建墙体后仍保留轴线，智能判断清除轴线的伸出部分。

　　在天正 TArch 2013 中选择"墙体｜单线变墙"命令，在弹出的对话框中设置参考数据，根据命令栏提示操作，选取变墙体的轴线，按〈Enter〉键即可，具体如图 3-6 所示。

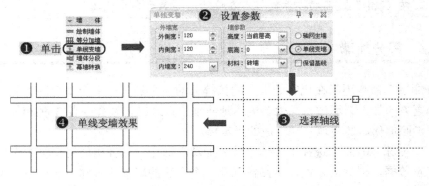

图 3-6　单线变墙

 专业技能——单线变墙线的图层

　　如果将直线、圆弧和多段线绘制的单线转为墙体，这样读者必须保证所有绘制出的单线对象必须与读者所绘制好的轴线 DOTE 在同一图层上，否则系统不会将其单线变为墙体对象，如图 3-7 所示。

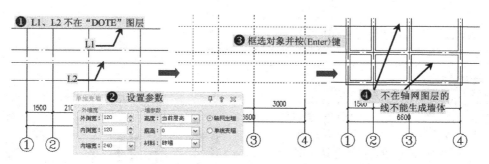

图 3-7　不同 DOTE 图层不能生成墙体

3.1.4　墙体分段

墙体分段就是将原来的墙按给定的点分为成若干段，"墙体分段"命令可将原来的一段墙按给定的两点分为两段或者三段，两点间的墙段按新给定的材料、保温层厚度和左右墙宽重新设置。

在天正 TArch 2013 中选择"墙体｜墙体分段"命令，在弹出的"墙体分段设置"对话框设置参数，再选择墙体，以及墙体的起点和终点，如图 3-8 所示。

图 3-8　墙体分段加新墙

技巧提示——墙体分段的新增功能

本命令在 TArch 2013 版本中得到了新的改进，它采用更高效果的操作方式，允许在墙体外取点，并且同时也可以作用于玻璃幕墙对象。

3.1.5　幕墙转换

"幕墙转换"命令可以把包括示意幕墙在内的墙对象转换为玻璃幕墙对象，同时也可以将转换后的幕墙在转换回墙体，转换后可以根据命令栏提示选择墙体的材质。

在天正 TArch 2013 中选择"墙体｜幕墙转换"命令，选定要转换为幕墙的墙体即可，同时根据命令栏提示选择"Q"项，可将幕墙与墙体互转，材质后选，具体如图 3-9 所示。

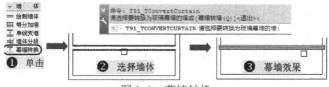

图 3-9　幕墙转换

3.1.6　即学即用——创建墙体

　　本实例旨在指导读者如何创建墙体。首先打开"创建墙体-平面"文件，然后在此基础上来绘制 270 的钢筋混凝土外墙，再绘制 240 的内墙；接着绘制两条轴线，并将该轴线转换为墙体；然后绘制玻璃幕墙，以及将指定的内墙转换为幕墙，再将指定的外墙进行分段处理，其效果如图 3-10 所示。

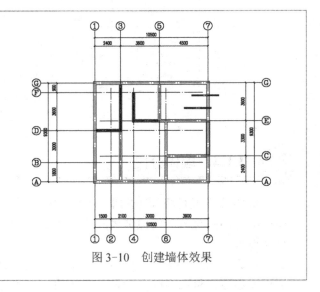

图 3-10　创建墙体效果

　　1）正常启动天正 TArch 2013 软件，选择"文件 | 打开"菜单命令，将"案例\03\创建墙体-平面.dwg"文件打开，如图 3-11 所示。

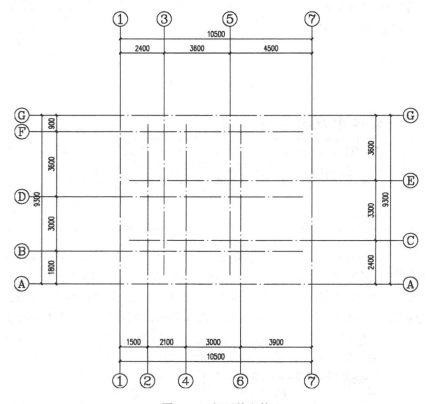

图 3-11　打开的文件

2）执行"文件 | 另存为"菜单命令，将该文件另存为"案例\03\创建墙体-效果.dwg"文件。

3）在屏幕菜单中选择"墙体 | 绘制墙体"命令，在弹出的"绘制墙体"对话框中设置外墙承重墙的左、右宽均为 135，并设置"钢筋混凝土"材料，然后在平面图的各侧绘制墙体，如图 3-12 所示。

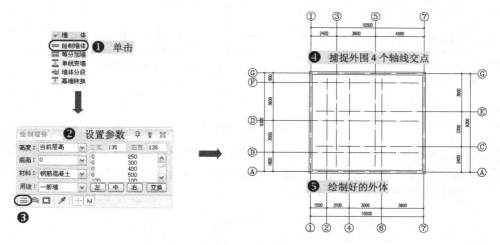

图 3-12　绘制的外墙

4）在屏幕菜单中选择"墙体 | 绘制墙体"命令，在弹出的"绘制墙体"对话框中设置"填充墙"的左、右宽度均为 120，并选择创建方式为"绘制直墙"，然后捕捉相应的轴线交点来绘制 240 的填充墙作为内墙，如图 3-13 所示。

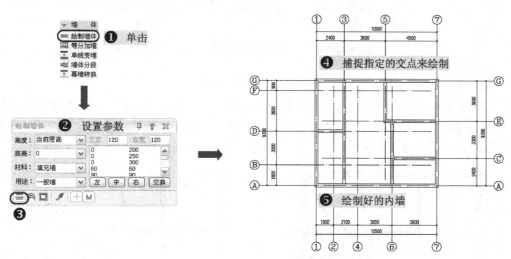

图 3-13　绘制的内墙

5）在屏幕菜单中选择"墙体 | 绘制墙体"命令，在弹出的"绘制墙体"对话框中设置"玻璃幕墙"的左、右宽度均为 120，并选择创建方式为"绘制直墙"，然后捕捉相应的轴线交点来绘制 240 的玻璃幕墙，如图 3-14 所示。

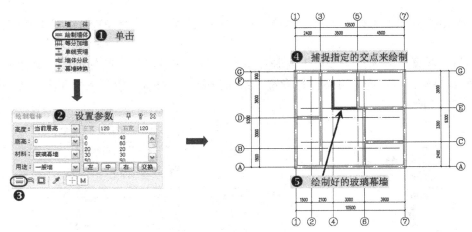

图 3-14　绘制的玻璃幕墙

6）执行"偏移"命令，将E号轴线向上偏移 1200 两次；再执行"修剪"命令，将偏移的两条轴线进行修剪，使之修剪后的轴线长度为 2500，以及将下侧的轴线向左侧进行偏移，使之与 7 号轴线相距 300，如图 3-15 所示。

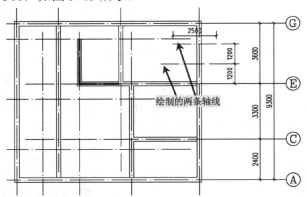

图 3-15　绘制的两条轴线

7）在屏幕菜单中选择"墙体｜单线变墙"命令，在弹出的"绘制墙体"对话框中设置墙内外宽均为 120，材料选择"砖墙"，最后选择"单线变墙"单选项，并勾选下侧的"保留基线"复选框，然后选择上一步所绘制的两条轴线，并按〈Enter〉键即可，如图 3-16 所示。

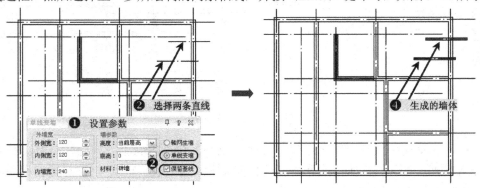

图 3-16　单线变墙抢操作

8）将 E 轴与 C 轴之间的钢筋混凝土材质墙进行分段，并设置保温厚度。选择"墙体｜墙体分段"命令，在弹出的"墙体分段"对话框中设置，然后选择墙体，框选出添加保温墙的区域即可，具体如图 3-17 所示。

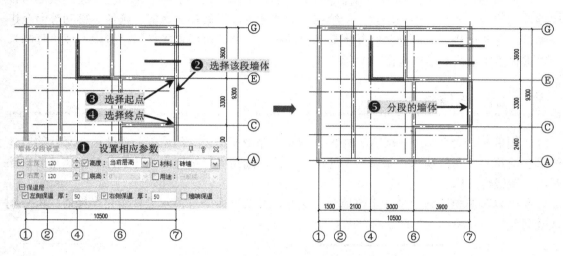

图 3-17 墙体分段

9）在屏幕菜单中选择"墙体｜绘制墙体"命令，在弹出的"绘制墙体"对话框中设置"玻璃幕墙"的左、右宽度均为 120，并选择创建方式为"绘制直墙"，然后捕捉相应的轴线交点来绘制 240 的玻璃幕墙，如图 3-18 所示。

10）在屏幕菜单中选择"墙体｜幕墙转换"命令，将指定的内墙转换为玻璃幕墙，如图 3-19 所示。

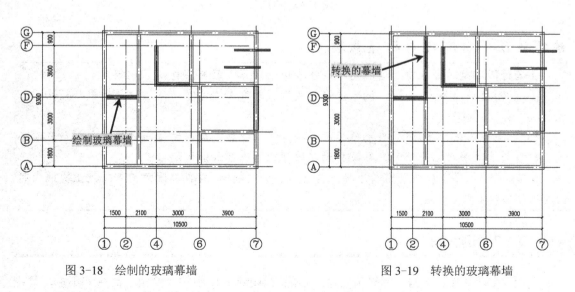

图 3-18 绘制的玻璃幕墙   图 3-19 转换的玻璃幕墙

11）至此，所图形已经创建好相应的墙体对象，然后按〈Ctrl+S〉组合键进行保存。

3.2　墙　体　编　辑

在 TArch 2013 中提供了专用命令对墙体进行编辑。在建筑图形中，墙体绘制后还可以对墙体倒墙角、倒斜角和修墙角，所绘制好的墙体可以用偏移、修剪、延伸、移动等命令进行编辑，对墙体执行以上操作时并不显示墙基线。另外还可以直接使用"删除"或"复制"命令进行多个墙段的编辑操作。

3.2.1　倒墙角

"倒墙角"命令与 AutoCAD 中的"圆角"命令相似，专门用于处理两段不平行的墙体的端头交角，使两段墙以指定圆角半径进行连接，圆角半径按墙中线计算，在倒墙角后自动对内外墙线进行修剪。

在屏幕菜单中选择"墙体｜倒墙角"命令，并根据命令行提示设置圆角半径值，再分别选择圆角的两段墙体，如图 3-20 所示。

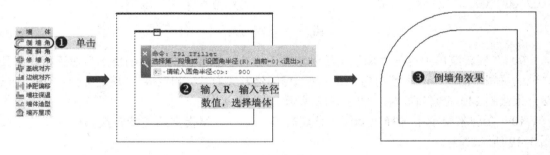

图 3-20　倒墙角

技巧提示——倒墙角的注意要点

在进行倒墙角的过程中，其圆角半径按墙中线计算，且要注意以下几点。

1）当圆角半径不为 0 时，两段墙体的类型、总宽和左右宽（两段墙偏心）必须相同，否则不进行倒角操作。

2）当圆角半径为 0 时，自动延长两段墙体进行连接，此时两墙段的厚度和材料可以不同，当参与倒角两段墙平行时，系统自动以墙间距为直径加弧墙连接。

3）在同一位置不应反复进行半径不为 0 的圆角操作，在再次圆角前应先把上次圆角时创建的圆弧墙删除。

3.2.2　倒斜角

天正 TArch 2013 中的"倒斜角"命令功能与 AutoCAD 中的"倒角"命令差不多，是指处理两段不平行的墙体的端头倒角，使两段墙以指定的倒角长度进行连接，起倒角距离按墙中线计算。

在屏幕菜单中选择"墙体|倒斜角"命令，根据命令行提示可以设置倒角的距离，然后选择第一段墙，再选择另一段墙即可，如图 3-21 所示。

图 3-21　倒斜角

3.2.3　修墙角

"修墙角"命令提供对属性完全相同的墙体相交处的清理功能，当使用 AutoCAD 的某些编辑命令，或者拖动夹点对墙体进行操作后，墙体相交处有时会出现未按要求打断的情况，采用本命令框选墙角可以轻松处理。

"修墙角"命令也可以更新墙体、墙体造型和柱子以及维护各种自动裁剪关系，如柱子裁剪楼梯，凸窗一侧撞墙情况。

当读者将某一段墙体对象进行改动后，出现其墙体交叉时，则墙角就不会自动修剪了。此时，读者可在 TArch 2013 屏幕菜单中选择"墙体|修墙角"命令，再根据命令栏提示框选墙体即可，如图 3-22 所示。

图 3-22　修墙角

技巧提示——修墙角应注意问题

在使用"修墙角"命令前，应先确定被修剪的墙体是同一材质，如果是不同材质墙体，则不可执行"修墙角"命令。

3.2.4　基线对齐

"基线对齐"命令用于纠正两种情况的墙线错误：1）由于基线不对齐或不精确对齐而导致墙体显示或搜索房间出错；2）由于短墙存在而造成墙体显示不正确情况下去

除短墙并连接剩余墙体。

可在 TArch 2013 屏幕菜单中选择"墙体 | 基线对齐"命令，再根据命令栏提示框选墙体即可，具体如图 3-23 所示。

图 3-23　基线对齐

技巧提示——基线对齐要点

在执行"基线对齐"命令时，应把墙体显示模式改为"单双线"，也可以在状态栏的右边打开"墙基线"选项进行修改。

另外，进行墙体基线对齐后，其墙体的位置和总宽度都不会发生变化，但由于基线的位置发生了变化，所以墙体的左右宽将发生变化。

 3.2.5　边线对齐

"边线对齐"命令用于纠正由于基线不对齐或不精确对齐而导致的墙体显示或搜索房间出错的问题，可以对齐墙边并维持基线不变，边线偏移到给定的位置，特别是和柱子的边线对齐。墙体与柱子的关系并非不考虑对齐，而是快速沿轴线绘制墙体，待绘制完毕后用本命令处理，后者可以把同一延长线方向上的多个墙段一次取齐。

可在 TArch 2013 屏幕菜单中选择"墙体 | 边线对齐"命令，根据命令栏提示选取墙边通过的点，再选择墙体的一边，如图 3-24 所示。

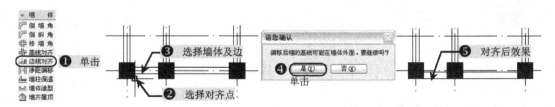

图 3-24　边线对齐

技巧提示——边线对齐墙基线问题

墙体移动后，墙端与其他构件的连接在命令结束后自动处理，上图中的左右两个图形分别为墙体执行"边线对齐"命令前后的示意，图中光标停留位置是指定的墙边线通过点，图中墙体外皮可以移到与柱边齐平位置。但事实上本命令并没有改变墙体的位置（即基线的位置），而是改变了基线到两边线的距离（即左、右墙宽）。

3.2.6 净距偏移

"净距偏移"命令可将已有的墙体按照指定的尺寸距离进行定向偏移，同时生成另一段墙体。这时，生成的另一段墙体的材质、尺寸和用途与指定的墙体参数是一致的。

在 TArch 2013 屏幕菜单中选择"墙体 | 净距偏移"命令，再根据命令栏提示输入偏移的距离，以及选取墙体偏移的一侧，如图 3-25 所示。

图 3-25　净距偏移

技巧提示——净距偏移距离问题

执行"净距偏移"命令时，其偏移的距离是指源墙体与偏移墙体的内侧距离，并不是两墙体的基线距离，读者应该注意这一点。

 3.2.7 墙柱保温

"墙柱保温"命令是指根据实际情况出发，因某些因素需要将某段墙或柱子将其变成保温墙或保温柱，在遇到门时该线将自动打段，遇到窗对象时则自动把窗厚度增加。

在屏幕菜单中选择"墙体 | 墙柱保温"命令，根据命令行提示选择相应的选项，并设置保温层厚度及参数，然后选择外墙即可，如图 3-26 所示。

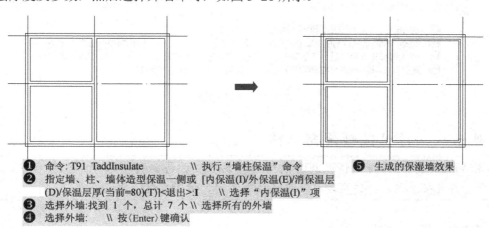

图 3-26　墙体保温

命令栏中其他各项命令的含义如下。

◆ 内保温（I）/外保温（E）：表示墙、柱的保温方向。

◆ 消保温层（D）：对已存在的保温层对象进行删除，直接框选即可。

◆ 保温层厚（T）：当执行该命令后，系统保温层的厚度值默认值为 80，读者也根据实际需要输入其他的数值。

技巧提示——墙柱保温内外墙问题

执行"墙柱保温"命令前，为了方便选择墙体和柱子，读者可以先将墙体进行"识别内外"命令，这样系统将会自动区分内墙和外墙，之后在执行"墙柱保温"命令时直接框选需要加保温的墙体即可。

 3.2.8　墙体造型

使用"墙体造型"命令可以根据指定多段线形状生成与墙体关联的造型，常见的墙体造型是墙垛、壁炉、烟道一类与墙砌筑在一起，在平面图中与墙连通的建筑构造。

墙体造型不能在墙体与墙体、墙体与柱子的连接处使用，必须在墙柱连接处使用时先将柱子分解。

在屏幕菜单"墙体｜墙体造型"命令，根据命令行提示选择相应的选项，并绘制或选取曲线对象，从而进行墙体造型操作，如图 3-27 所示。

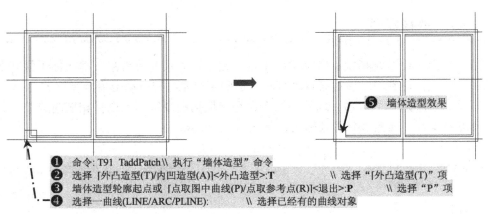

❶ 命令: T91 TaddPatch\\ 执行"墙体造型"命令
❷ 选择 [外凸造型(T)/内凹造型(A)]<外凸造型>:**T** 　　\\ 选择"[外凸造型(T)]"项
❸ 墙体造型轮廓起点或 [点取图中曲线(P)/点取参考点(R)]<退出>:**P** 　\\ 选择"P"项
❹ 选择一曲线(LINE/ARC/PLINE): 　\\ 选择已经有的曲线对象

图 3-27　墙体造型

技巧提示——墙体造型绘制曲线

绘制的曲线必须将曲线移放到与墙体合并的位置，再执行"墙体造型"命令，选择"P"项，再直接选取曲线造型即可，这与放样不同，读者应该注意这一点。

 3.2.9　墙齐屋顶

"墙齐屋顶"命令用来向上延伸墙体和柱子，使原来水平的墙顶成为与天正屋顶一致的斜面（柱顶还是平的）。使用本命令前，屋顶对象应在墙平面对应的位置绘制完成，屋顶与山墙的竖向关系应经过合理调整。

注意，本命令暂时不支持圆弧墙。除了天正屋顶外，也可以使用三维面和三维网格面作为墙体的延伸边界。

在操作前，读者首先打开"案例\03\墙齐屋顶.dwg"文件，再在屏幕菜单中选择"墙体 | 墙齐屋顶"命令，然后按照图3-28所示来进行墙齐屋顶操作。

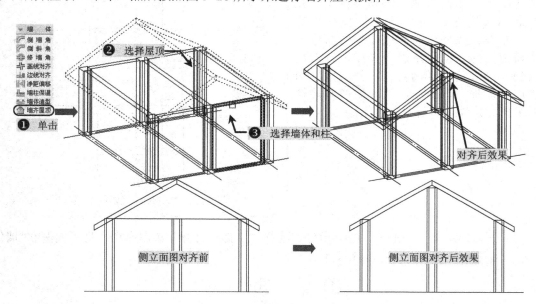

图3-28　墙齐屋顶

技巧提示——墙齐屋顶观察视图调整

读者在操作"墙齐屋顶"命令时，在视图中单击鼠标右键，从弹出的快捷菜单中将当前视图切换至"东南等轴测"视图 东南轴测 来进行操作，或者切换至"正立面"视图 正立面 观察墙齐屋顶的效果，如图3-29所示。

图3-29　调整观察视图

3.2.10 即学即用——墙体的综合编辑

> **素** 视频\03\墙体的编辑.avi
> **材** 案例\03\墙体编辑-效果.dwg

　　本实例旨在指导读者如何对创建的墙体执行"墙体编辑"命令，首先打开读者事先准备好的文件，再执行"墙体"命令，选择相应的墙体编辑命令，从而根据命令栏提示进行操作，读者会用到"倒墙角""倒斜角""修墙角"和"墙齐屋顶"等命令，从而完成对墙体的编辑，其效果如图 3-30 所示。

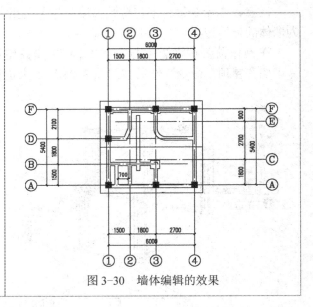

图 3-30　墙体编辑的效果

　　1）正常启动天正 TArch 2013 软件，选择"文件|打开"菜单命令，将"案例\03\墙体编辑-平面.dwg"文件打开，如图 3-31 所示。

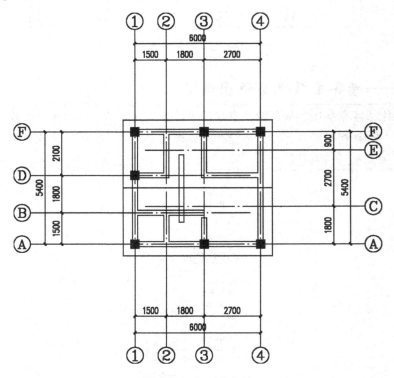

图 3-31　打开的文件

2）执行"文件｜另存为"菜单命令，将该文件另存为"案例\03\墙体编辑-效果.dwg"文件。

3）在屏幕菜单中选择"墙体｜倒墙角"命令，按照图 3-32 所示对指定的墙体按照半径为 700 进行圆角处理。

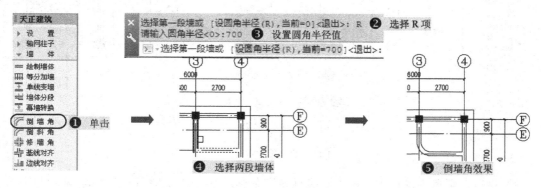

图 3-32　倒墙角操作

4）在屏幕菜单中选择"墙体｜倒斜角"命令，按照图 3-33 所示对 D 轴与 2 轴交点位置处的墙体分别按照 300 和 700 进行倒斜角处理。

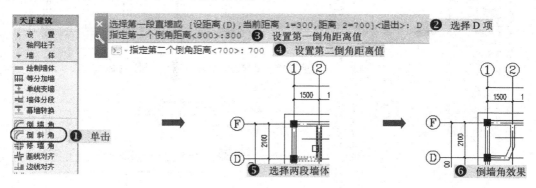

图 3-33　倒斜角操作

5）在屏幕菜单中选择"墙体｜修墙角"命令，按照图 3-34 所示对 B 轴上相交的墙体进行修墙角处理。

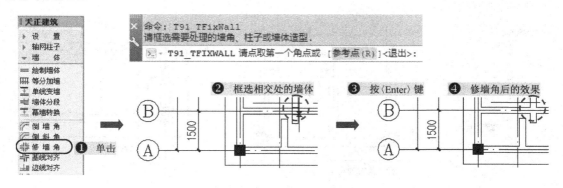

图 3-34　修墙角操作

6）在屏幕菜单中选择"墙体 | 基线对齐"命令，按照图 3-35 所示将 B 轴与 3 轴线上的两段墙体进行基线对齐操作。

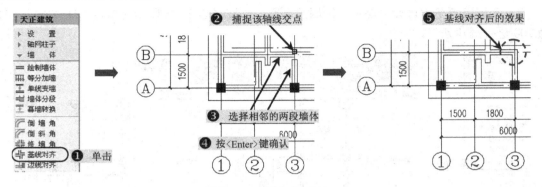

图 3-35　基线对齐操作

7）在屏幕菜单中选择"墙体 | 边线对齐"命令，按照图 3-36 所示将 A 轴线的墙体按照柱子下侧边缘对齐操作。

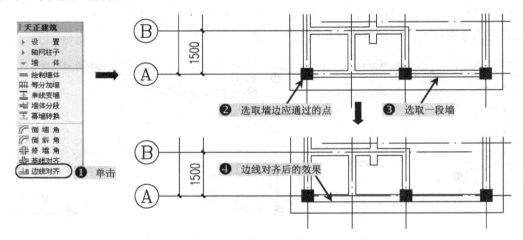

图 3-36　边线对齐操作

8）在屏幕菜单中选择"墙体 | 净距偏移"命令，按照图 3-37 所示将 2 号轴线上的墙体向左偏移 700 的距离。

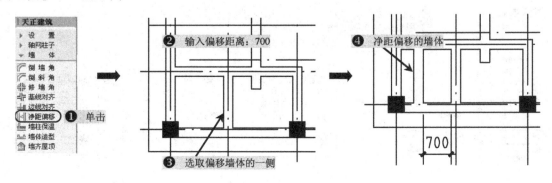

图 3-37　净距偏移操作

9）在屏幕菜单中选择"墙体｜墙柱保温"命令，按照图 3-38 所示将 F 轴线上的墙体和柱子进行"墙柱保温"操作，且设置内保温层的厚度为 80。

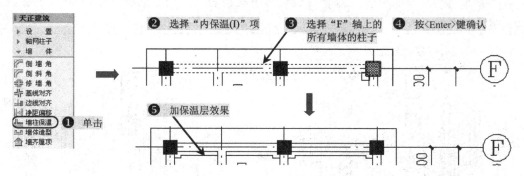

图 3-38　墙柱保温操作

10）执行 AutoCAD 的"矩形"命令，绘制 500×600 的矩形对象，然后将其矩形对象与 B 和 3 轴线交点中心位置对齐，如图 3-39 所示。

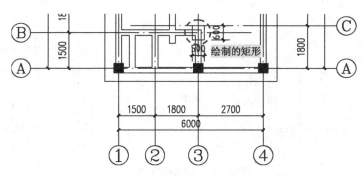

图 3-39　绘制的矩形

11）在屏幕单击"墙体｜墙体造型"命令，按照图 3-40 所示以步骤 10）所绘制的矩形对象来进行墙体造型操作。

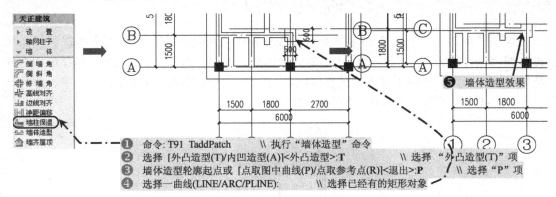

图 3-40　墙体造型操作

12）在屏幕菜单"墙体｜墙齐屋顶"命令，根据命令栏提示选择屋顶并按〈Enter〉键，再选择相应的墙体和柱子并按〈Enter〉键即可，如图 3-41 所示。

技巧提示——视图方向的调整

由于前面操作步骤比较多，读者操作完可将视图转换为"东南轴侧图"，这样会方便读者观察效果。

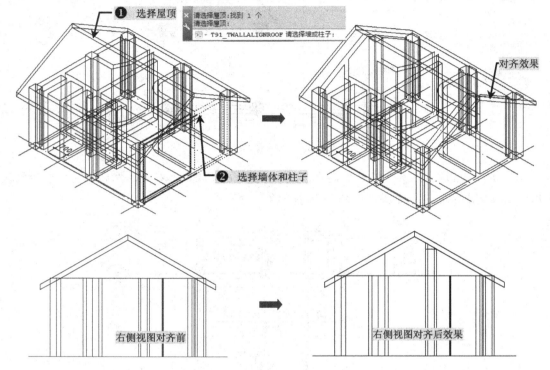

图 3-41　墙齐屋顶效果

13）至此，该墙体的编辑已经完成，用户按〈Ctrl+S〉组合键进行保存即可。

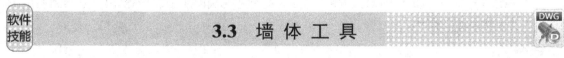

3.3　墙 体 工 具

当绘制完墙体后，可以双击墙体对象，在弹出的"墙体编辑"对话框中再次编辑墙体（再次编辑墙体的方式，对同时选择了多个墙体进行的编辑是无效的）。在屏幕菜单中选择"墙体 | 墙体工具"下的子菜单，读者可以对墙体进行改外墙厚、改墙厚、改高度、改外墙高、平行生线和墙端封口等操作，如图 3-42 所示。

图 3-42　墙体工具

在"墙体工具"菜单下的命令是很简单易懂的，只需要根据实际选择相应的命令，再选择对应的墙体即可，最后输入相应的数据。其"墙体工具"下各功能选项的含义如下。

◆ 改墙厚：如只需将单独一段墙进行修改，则执行对象编辑命令即可，本命令按照墙基线居中的规则批量修改多段墙的厚度（也适用于单段墙），但不适合修改偏心墙。根据所输入的新厚度，系统会对墙段和其他构件的连接处进行自动处理。

◆ 改外墙厚：用于整体修改外墙厚度，执行本命令前应事先识别外墙，否则无法找到外墙进行处理。执行此命令后，输入内侧和外侧的宽度，同时系统还会对外墙与其他构件的连接进行自动处理。

◆ 改墙高：本命令可对选定的柱和墙体及其他造型的高度和底标高成批进行修改，是调整这些造型构件竖向位置的主要手段。执行此命令后，选择需要修改的对象，输入新的高度和标高，最后确定是否维持窗墙底部间距不变。

◆ 改外墙厚：用于整体修改外墙厚度，执行本命令前应事先识别外墙，否则无法找到外墙进行处理。执行此命令后，输入内侧和外侧的宽度，同时系统还会对外墙与其他构件的连接进行自动处理。

◆ 平行生线：本命令是指按指定的方向和距离生成一条与此墙平行的线。

◆ 墙端封口：改变墙体对象自由边的显示形式，使用本命令可以使其在封闭和开口两种形式间相互转换。本命令不影响墙体的三维效果，对已经与其他墙相接的墙端不起作用。

3.4　墙　体　立　面

墙体立面工具不是在立面施工图上执行的命令，而是在绘制平面图时为立面图或三维建模做铺垫和准备，而编制的几个墙体立面设计命令。

在屏幕菜单中选择"墙体｜墙体立面"下拉菜单中，即可使用墙面 UCS、异形立面和举行立面等，如图 3-43 所示。

图 3-43　墙体立面工具

 3.4.1　墙面 UCS

为了构造异型洞口或构造异型墙立面，必须在墙体立面上定位和绘制图元，需要把 UCS 设置到墙面上，"墙面 UCS"命令临时定义一个基于所选墙面（分侧）的 UCS 坐标系，再指定视口转为立面显示。运用此命令在立面上构造异型门洞或对墙立面构造异形墙就方便了。

在屏幕上菜单中选择"墙体｜墙体立面｜墙面 UCS"命令，再根据提示选取墙体的一侧，即可以当前选择的一侧来显示出当前的立面效果，如图 3-44 所示。

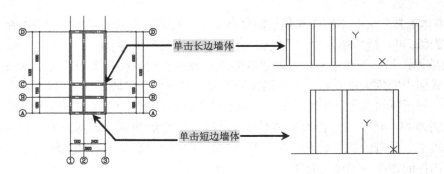

图 3-44 墙面 UCS

 3.4.2 异形立面

"异形立面"命令是指通过对矩形立面墙的适当剪裁，构造不规则立面形状的特殊墙体，在执行"异形立面"命令前，读者应该使用 AutoCAD 的"多段线"命令绘制异形裁切线，异形立面功能将沿着该裁切线对相应的墙体进行裁切，然后系统自动会将不需要的墙体删掉。

在屏幕上菜单中选择"墙体｜墙体立面｜异形立面"命令，然后根据命令栏提示选择多段线对象，再选取被裁切的墙体对象，按〈Enter〉键即可，具体如图 3-45 所示。（用户可以打开"案例\03\异形立面文件.dwg"文件来进行"异形立面"的操作）

图 3-45 异形立面

技巧提示——异形立面操作的注意要点

在执行"异形立面"命令时应该注意以下几个方面。

1）异形立面的剪裁边界依据墙面上绘制的多段线（PL）而定，如果构造后保留矩形墙体的下部，多段线只需从墙两端一边入一边出即可，如果想构造后保留左部或右部，则在墙顶端的多段线端头指向保留部分的方向即可。

2）墙体变为异形立面后，夹点拖动等编辑功能将不能再使用。异形立面墙体生成后如果接续墙端延续化新墙，异形墙体能够保持原状，如果新墙与异形墙有交角，则异形墙体恢复原来的形状。

3）执行该命令前，应该先用"墙面 UCS"命令临时定义一个基于所选墙面的 UCS，以方便在墙体立面上绘制异形立面墙边界线，为方便于操作，可将屏幕置为多视口配置，在立面视口中用"多段线"命令绘制异形力面墙剪裁边界线，其中，多段线的首段和末段不能是弧段。

3.4.3 矩形立面

"矩形立面"命令是异形立面的相反命令,可将异形立面后的墙体恢复为标准的矩形立面墙。

在屏幕上菜单中选择"墙体|墙体立面|矩形立面"命令,根据命令栏提示选择要恢复的墙体,并按〈Enter〉键即可,如图 3-46 所示。(用户可以打开"案例\03\矩形立面文件.dwg"文件来进行"矩形立面"的操作)

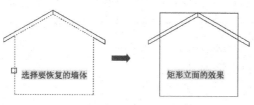

图 3-46 矩形立面

3.4.4 即学即用——墙体立面的操作

素 视频\03\墙体立面的操作.avi
材 案例\03\墙体立面-效果.dwg

本实例旨在指导读者如何对现有的墙体执行"墙体立面"命令。首先打开事先准备好的文件,再执行"墙体"命令,选择相应的墙体立面命令,读者会用到"墙面 UCS""异形立面"和"矩形立面"命令,从而完成对墙体的编辑,其效果如图 3-47 所示。

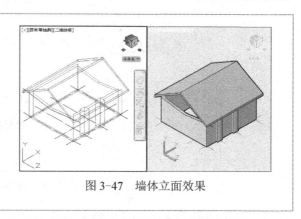

图 3-47 墙体立面效果

1)正常启动天正 TArch 2013 软件,选择"文件|打开"菜单命令,将"案例\03\墙体立面-平面.dwg"文件打开,如图 3-48 所示。

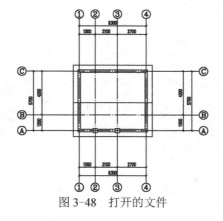

图 3-48 打开的文件

2）执行"文件 | 另存为"菜单命令，将该文件另存为"案例\03\墙体立面-效果.dwg"文件。

3）在屏幕菜单中选择"墙体 | 墙体立面 | 墙面 UCS"命令，选择 4 轴线的墙体来执行"墙面 UCS"命令，使其这面墙生成立面，如图 3-49 所示。

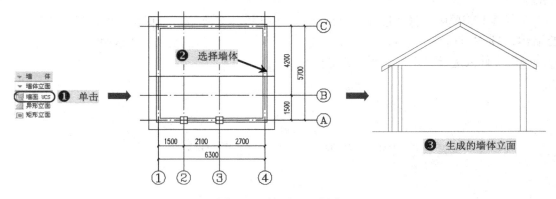

图 3-49　墙面 UCS 操作

4）使用 AutoCAD 的"多段线"命令，沿屋顶内轮廓来绘制一条多段线，如图 3-50 所示。

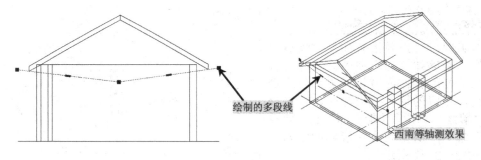

图 3-50　绘制的多段线

5）在屏幕菜单中选择"墙体 | 墙体立面 | 异形立面"命令，根据提示选择上一步所绘制的多段线，再选择两段墙体，从而对选择的墙体进行异形立面处理，如图 3-51 所示。

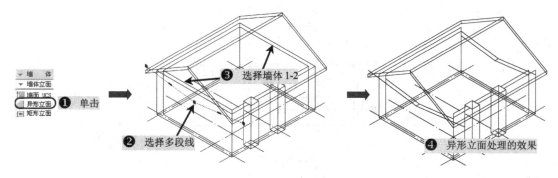

图 3-51　异形立面操作

6）至此，则墙体立面处理完成，用户按〈Ctrl+S〉组合键进行保存即可。

3.5 识别内外

在天正 TArch 2013 中"墙体｜识别内外"子菜单下的命令主要用于对墙的内外进行区别，在执行这些命令后，系统会自动判断内、外墙，展开"墙体｜识别内外"子菜单，在子菜单包括"识别内外""指定内墙""指定外墙"和"加亮外墙"命令，如图 3-52 所示。

图 3-52　识别内外墙命令

下面分别介绍这几项命令以及具体操作。

◆ 识别内外：该命令可以自动识别内、外墙，同时可设置墙体内外特征，在节能设计中要使用外墙的内外特征。在屏幕菜单中选择"墙体｜识别内外｜识别内外"命令，此时根据命令栏提示操作，选择建筑物的所有墙体，并按〈Enter〉键，这时系统会自动判断读者选定的墙体的内和外特征，并用红的虚线亮显外墙的外边线，这时可以用"重画"命令消除亮显虚线。

技巧提示——天井或庭院的内外墙处理

如果平面图中须设置天井或庭院，且外墙的包线是多个封闭区域时，要结合"指定外墙"命令进行处理。

◆ 指定内墙：该命令是读者以自行选取方式将选定的墙体置为内墙，内墙在三维组合时不参与建模，可以减少三维渲染模型的大小与内存值。在屏幕菜单中选择"墙体｜识别内外｜识别内墙"命令，这时根据命令栏提示操作，由读者自己选取属于内墙的墙体，然后按〈Enter〉键结束选取即可。

◆ 指定外墙：该命令是将选中的普通墙体内外特性置为外墙，除了把墙指定为外墙外，还能指定墙体的内外特性用于节能计算，也可以把选中的玻璃幕墙两侧翻转，适用于设置隐框（或框撩尺寸不对称）的幕墙，调整幕墙本身的内外朝向。在屏幕菜单中选择"墙体｜识别内外｜指定外墙"命令，此时根据命令栏提示操作，分别选取外墙的外皮一侧或者幕墙框料边线，选中墙体的外边线亮显。

◆ 加亮外墙：该命令可将当前图中所有外墙的外边线用红色虚线亮显，以便读者清楚分辨哪些墙是外墙，哪一侧是外侧，用"重画"命令可消除亮显虚线。在屏幕菜单中选择"墙体｜识别内外｜加亮外墙"命令即可。

3.6 经典实例——住宅楼墙体平面图的绘制

> **素** 视频\03\住宅楼墙体平面图的绘制.avi
> **材** 案例\03\住宅楼墙体-平面图.dwg

　　该案例为某住宅的一层平面图，主要讲解墙体的创建和编辑操作。首先用"绘制轴网"命令对各个开间的轴线进行轴网绘制，再用"绘制墙体"命令进行墙体的绘制，然后对绘制好的墙体进行编辑，如"倒墙角""倒斜角""修墙角"和"净距偏移"等命令，其效果如图 3-53 所示。

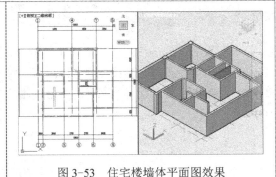

图 3-53 住宅楼墙体平面图效果

　　1）正常启动 TArch 2013 软件，选择"文件 | 另存为"菜单命令，将该空白文件另存为"案例\03\住宅楼墙体-平面图.dwg"文件。

　　2）在屏幕菜单中选择"轴网柱子 | 绘制轴网"命令，将弹出"绘制轴网"对话框，然后按照表 3-1 所示的参数来绘制轴网对象，如图 3-54 所示。

表 3-1 所示轴网参数

上开间	6300　4500　3000
下开间	900　3900　2700　2700　3600
左进深	4200　3600　4800
右进深	1500　5100　1800　4200

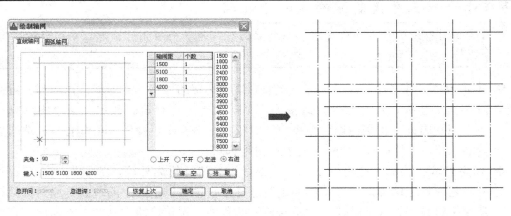

图 3-54 绘制的轴网

　　3）在屏幕菜单中选择"轴网柱子 | 轴网标注"命令，对步骤 2）所绘制好的轴网对象进行轴网标注，如图 3-55 所示。

　　4）在屏幕菜单中选择"墙体 | 绘制墙体"命令，然后按照图 3-56 所示来绘制 240 的钢筋混凝土外墙。

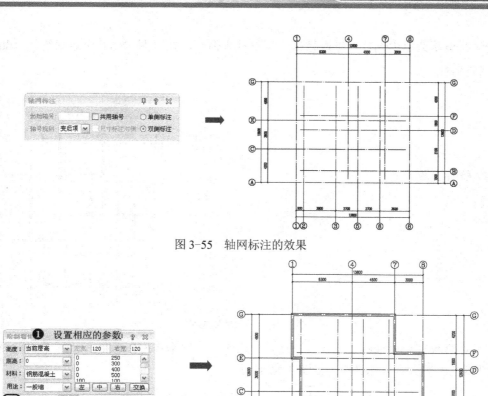

图 3-55 轴网标注的效果

图 3-56 绘制的外墙

5）在屏幕菜单中选择"墙体｜绘制墙体"命令，在弹出的"绘制墙体"对话框中设置高度为 3000，材料为"砖墙"，左右宽均为 120，再选择"绘制直墙"选项，然后捕捉相应的轴网交点，绘制图内墙即可，具体如图 3-57 所示。

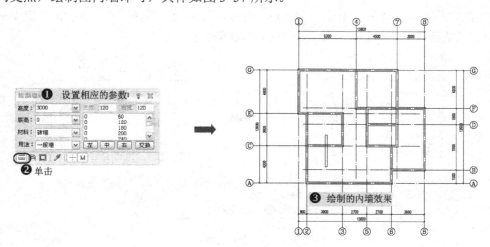

图 3-57 绘制的内墙

6）在屏幕菜单中选择"轴网柱子｜标准柱"命令，按照图 3-58 所示来绘制 400×400 的矩形石材柱子。

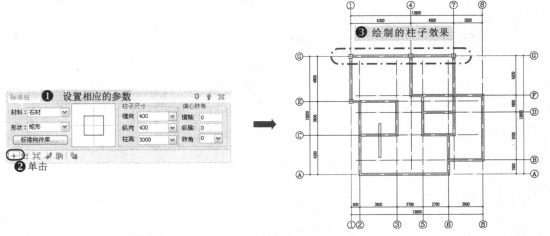

图 3-58　插入的矩形柱子

7）在屏幕菜单中选择"墙体｜倒墙角"命令，设置半径值为 500，对 E 轴和 3 轴线相交的墙体进行"倒墙角"操作，如图 3-59 所示。

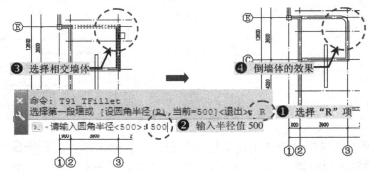

图 3-59　倒墙角操作

8）在屏幕菜单中选择"墙体｜倒斜角"命令，设置斜角距离为 300 和 700，对 F 轴和 4 轴线相交的墙体进行"倒斜角"操作，如图 3-60 所示。

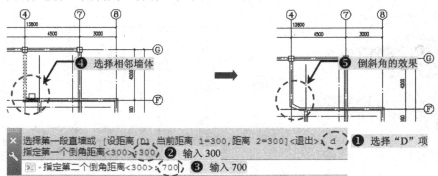

图 3-60　倒斜角操作

9）在屏幕菜单中选择"墙体｜修墙角"命令，按照图 3-61 所示框选相交的墙体，以此进行修墙角操作。

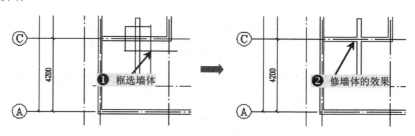

图 3-61   修墙角操作

10）在屏幕菜单中选择"墙体｜净距偏移"命令，将 5、D～7、D 这段墙体向下偏移 800 距离，选定墙体和方向即可，然后双击偏移后的墙体，在弹出的对话框中对这段墙参数进行修改，设置墙体厚度的左右宽度均为 60，材料选择"轻质隔墙"项，最后单击"确定"按钮，如图 3-62 所示。

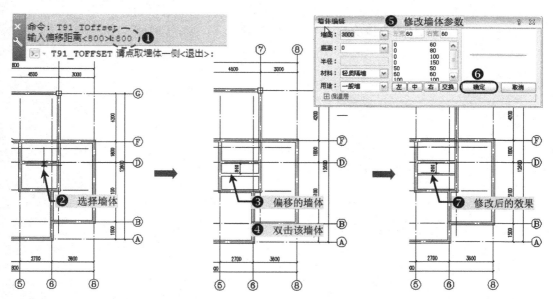

图 3-62   净距偏移和修改墙体操作

11）在屏幕菜单中选择"墙体｜墙柱保温"命令，将 G 轴线上这段墙体和柱子加保温层，且设置的保温墙厚度为 120，如图 3-63 所示。

技巧提示——墙柱保温命令的提前

在进行"墙柱保温"命令时，只能对外墙进行墙柱保温操作，那么读者应该将全部墙体与柱子执行"识别内外"命令，从而系统会自动区分墙体哪些是内墙和外墙。

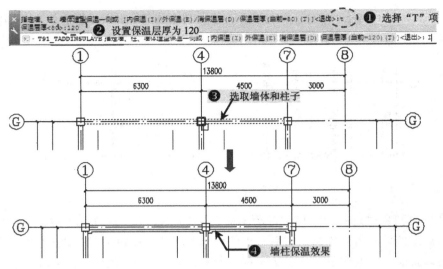

图 3-63 墙柱保温操作

12）至此，其住宅楼的墙体绘制和编辑已经处理完毕，按〈Ctrl+S〉组合键进行保存。

第4章 天正门窗的创建与编辑

本章导读

　　TArch 2013 中门窗和墙体建立了智能联动关系，将门窗插入墙体后，墙体的外观几何尺寸不变，但墙体对象的粉刷面积、开洞面积会立刻更新以备查询。门窗和其他自定义对象一样可以用 AutoCAD 的命令和夹点编辑修改。

　　门窗创建对话框中提供输入门窗所需的所有参数，包括编号、几何尺寸和定位参考距离，如果把门窗高参数改为 0，系统在三维下不创建该门窗。在新推出的 TArch 2013 中，门窗模块增加了比较实用的多项功能，如连续插入门窗、同一洞口插入多个门窗等，前者用于幕墙和入口门等连续门窗的绘制，后者满足了多年来防火门和户门等的需要。

　　在本章中首先讲解了门窗的绘制，以及门窗的一些编辑方法，紧接着详解了门窗表和门窗总表的创建方法；在每节后面通过设计的实例，使读者牢固掌握所学要点，并进行实战训练。

主要内容

📖 掌握不同类型门窗的创建方法
📖 掌握门窗的各种编辑工具及命令
📖 掌握门窗表与门窗总表的创建方法

效果预览

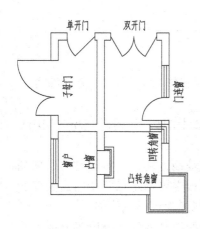

门窗表

类型	设计编号	洞口尺寸(mm)	数量	图集名称	页次	选用型号	备注
普通门	单开门	900X2100	1				
	双开门	1500X2100	1				
门连窗	门连窗	1800X2400	1				
子母门	子母门	1800X2100	1				
普通窗	窗户	1500X1500	1				
凸窗	凸窗	800X1500	1				
转角窗	凸转角窗	(500+500)X1500	1				
	凹转角窗	(500+500)X1500	1				

4.1 创 建 门 窗

门窗是 TArch 建筑软件中的核心对象之一，是围护结构中非常重要的两个构件。

门窗的类型和形式非常丰富，大部分门窗都使用矩形的标准洞口，并且在一段墙或多段相邻墙内连续插入，规律十分明显。创建这类门窗，实际上是在墙上确定门窗的位置。

门窗对象附属在墙对象之上，离开墙体的门窗将失去意义。按照和墙的附属关系，软件中定义了两类门窗对象：一类只附属于一段墙体，即不能跨越墙角；另一类附属于多段墙体，即跨越一个或多个转角。前者和墙之间的关系非常严谨，因此系统根据门窗和墙体的位置，能够可靠地在设计编辑过程中自动维护和墙体的包含关系。

在 TArch 2013 中提供了许多不同的窗户造型。不同类型的门窗，其门窗参数也是有差别的，读者可从实际情况出发根据需要选择并创建。

 4.1.1 普通门窗

普通门在二维视图和三维视图都用图块来表示，可以从门窗图库中分别挑选门窗的二维形式和三维形式，其合理性由读者自己来掌握。

在屏幕菜单中选择"门窗｜门窗"命令，单击"插门"按钮，然后进行门的参数设置，最后插入门，如图 4-1 所示。

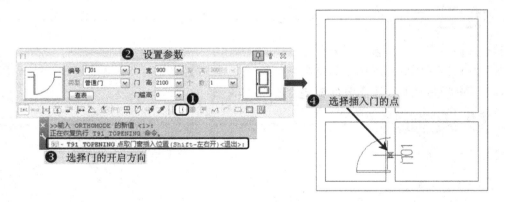

图 4-1　创建普通门

在"门窗"对话框中，按工具栏的门窗定位方式从左到右依次介绍，各选项的含义如下。

◆ 自由插入：使用鼠标左键单击，获取门窗插入墙体中的位置，按〈Shift〉键改变开向。

◆ 沿墙顺序插入：单击获取位置比较近的墙边端点或基线为起点，按给定的距离插入选定的门窗，此后顺着前进方向连续插入，插入过程中可以随意改变门窗类型和参数。在弧墙对象顺序插入门窗时，门窗是按照墙基线弧长进行定位的。

◆ 选取位置按轴线等分插入：可将一个或多个门窗按两根基线间的墙段等分插入，

如果该墙段没有轴线，则会按墙段基线等分插入。

◆ 选取位置按墙段等分插入 ：该选项与轴线等分插入相似，是按照某一墙段上较短的一侧边线插入一个或多个门窗，使各个门窗之间墙垛的间距相等。

◆ 垛宽定距插入 ：选择该选项后，可以在对话框中的"距离"文本框输入一个数值，该值就是垛宽，指定垛宽后，再在靠近该距离的墙垛的墙体上单击即可插入门窗。

◆ 轴线定距插入 ：选择该选项后，可以在对话框中的"距离"文本框输入一个数值，该值就是门窗左侧距离基线的距离，再在墙体上单击即可插入门窗。

◆ 按角度插入弧墙上的门窗 ：本命令专用于弧墙插入门窗，按给定角度在弧墙上插入直线型门窗。

◆ 根据鼠标位置居中或定距插入门窗 ：选择该方式，命令栏会提示"输入 Q"，选择按墙体或轴线定距离插入门窗，同时，系统会给出标识，大概为居中位置，供读者自行选择插入门窗的位置，如图4-2所示。

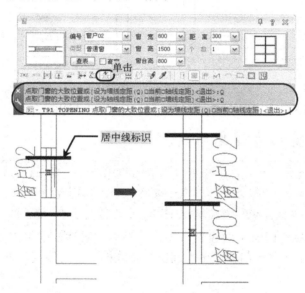

图4-2　鼠标位置居中或定距插入门窗

◆ 充满整个墙段插入门窗 ：表示门窗在宽度方向上完全充满一段墙，使用这种方式时，门窗宽度参数由系统自动确定。

◆ 插入上层门窗 ：在墙段上现有的门窗上方再加一个宽度相同、高度不同的门或窗，这种情况常常出现在高大的厂房外墙中。

◆ 在已有洞口插入多个门窗 ：在同一段墙体已有的门窗洞口内再插入其他样式的门窗，常用于防火门、密闭门、户门和车库门中。

◆ 替换门窗 ：此功能可批量修改门窗类型，用对话框内的当前参数作为目标参数，替换图中已经插入的门窗。在对话框右侧会出现参数过滤开关，如果不打算改变这一参数，可去除该参数开关，对话框中该参数按原图保持不变。读者可根据参数开关自行选择控制，如图4-3所示。

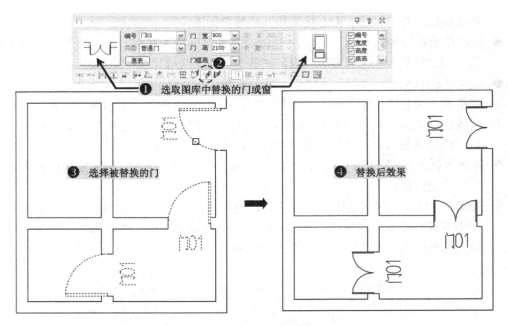

图 4-3 替换门窗操作

◆ 拾取门窗参数✐：单击该选项后，单击门或窗，会弹出对话框。

技巧提示——创建门窗常见问题

当出现门窗创建失败时，应从以下两方面分析原因。
1）门窗高度和门槛高或窗台高的和高于要插入的墙体高度。
2）插入门窗的墙体位置坐标数值超过 1E5，导致精度溢出。

在屏幕菜单中选择"门窗|门窗"命令，在弹出的对话框中单击"插窗"按钮▦，并设置参数，该参数比创建普通门多一个"高窗"复选框，勾选该复选框后按规定图例以虚线表示高窗，如图 4-4 所示。

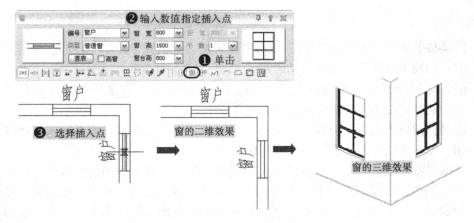

图 4-4 插入窗操作

子母门是两个开门的组合，其中两个开门的参数可相同也可不同，在门窗表中作为单个门窗进行统计。其缺点是门的平面图例固定为单扇平开门。需要选择其他图例时，可以使用"组合门窗"命令。

在屏幕菜单中选择"门窗｜门窗"命令后，在弹出的对话框中单击"子母门"按钮，然后设置相应的参数，如图4-5所示。

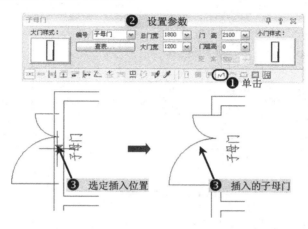

图4-5 插入子母门操作

门连窗是由一个门和一个窗组合而成的，在门窗表中作为单个门窗进行统计。其平面图例为单扇平开门。

选择"门窗｜门窗"命令，在弹出的"门窗参数表"对话框中单击"插门联窗"按钮，如图4-6所示。

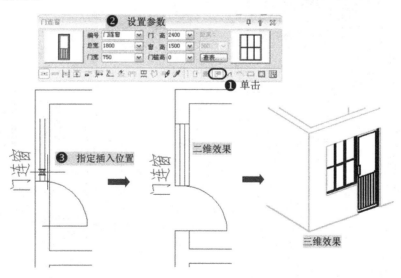

图4-6 插入门连窗操作

弧窗位于弧墙上，安装有与弧墙具有相同曲率半径的弧形玻璃。

在"门窗"对话框中单击"插弧窗"按钮，设置好参数后，在弧墙上单击即可，如图4-7所示。

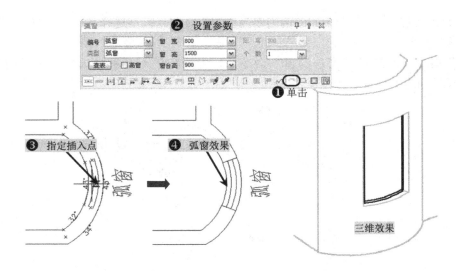

图 4-7　插入弧窗操作

凸窗是凸出于墙体的窗体，即外飘窗。二维视图依据读者的选定参数确定，默认的三维视图包括窗楣与窗台板、窗框和玻璃。对于楼板挑出的落地凸窗和封闭阳台，平面图应该使用带形窗来实现。

在"门窗"对话框中单击"插凸窗"按钮▣，然后按图 4-8 所示进行操作。

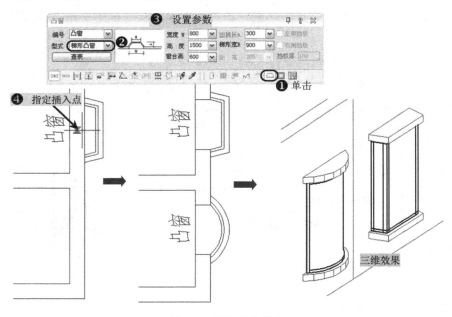

图 4-8　插入凸窗操作

矩形洞口窗即墙上的矩形空洞，可以穿透墙体也可以不穿透，有多种二维形式可选。TArch 2013 版本提供了绘制不穿透墙体洞口的选项。

在"门窗"对话框中单击"插矩形洞"按钮▣，设置好相关的参数，然后在指定的墙体位置单击，如图 4-9 所示。

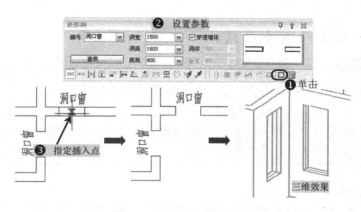

图 4-9　插入矩形洞口操作

在标准构件库中可以选取相应的门窗样式。在"门窗"中单击"标准构件库"按钮，将会打开"TArch 构件库"对话框，可以在该构件库中选取相应的门窗样式。

技巧提示——TArch 2013 新功能

在 TArch 以前的软件版本中，存在着门窗图层关闭后，在打印时仍会被打印出来的问题，在新版本 TArch 2013 版本中这个问题已经得到了很好地解决；另外，解决了门窗编号图层在布局视口冻结后编号仍会被打印出来的问题。

 4.1.2　组合门窗

"组合门窗"命令不是直接插入一个组合的门窗，而是将使用"门窗"命令插入的多个门窗组合为一个整体的"组合门窗"，组合后的门窗按一个门窗编号进行统计，在三维显示时子门窗之间不再有多余的面片，还可以使用"构件入库"命令把创建好的常用组合门窗入构件库，使用时从构件库中直接选取。

在 TArch 2013 屏幕菜单中选择"门窗｜组合门窗"命令，然后根据命令栏提示操作，选择需要组合在一起的门和窗，并按〈Enter〉键结束选择，再输入新组合门窗名称，如图 4-10 所示。

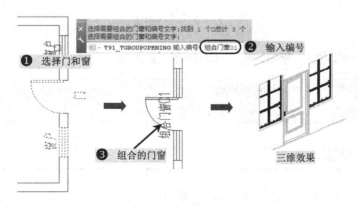

图 4-10　创建组合门窗操作

技巧提示——组合门窗应用提示

　　组合后的门窗与在"门窗"对话框选择"门联窗"命令插入门联窗的效果是相同的，但组合门窗更加便捷一些。"组合门窗"命令不会自动对各子门窗的高度进行自动对齐，修改时可将组合门窗临时分解为子门窗，修改后重新组合即可。

　　"组合门窗"命令多用于绘制比较复杂的门连窗和子母门。通常情况下，简单的门窗可直接绘制，不必使用该命令。

4.1.3　带形窗

　　"带形窗"命令用于创建窗台高与窗高相同、沿墙连续的带形窗对象，按一个门窗编号进行统计，带形窗转角可以被柱子、墙体造型遮挡。它只是平窗并不是凸窗或凹窗。

　　在 TArch 2013 屏幕菜单中选择"门窗｜带形窗"命令，在弹出的"带形窗"对话框中设置参数，并根据命令栏提示操作，选取窗的起、止点，然后选取相应的墙体即可，如图 4-11 所示。

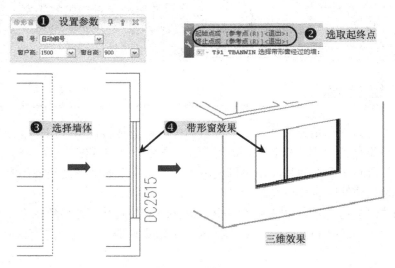

图 4-11　创建带形窗操作

技巧提示——执行"带形窗"命令的注意点

　　当读者使用"带形窗"命令选择起点和终点时，必须关闭对象捕捉开关；另外，选择的点也必须在相应的墙体上，如果捕捉到轴线上的交点，系统则不会完成命令任务。

4.1.4　转角窗

　　"转角窗"命令是在墙的转角位置插入窗台高、窗高相同、长度可选的一个角凸窗对象。在 TArch 2013 中可设角凸窗两侧窗为挡板，挡板厚度参数可以设置。转角窗支持外墙保温层的绘制。

在 TArch 2013 屏幕菜单中选择"门窗｜转角窗"命令，在弹出的"转角窗"对话框中设置参数，默认情况下只有一些基本的参数。若勾选"凸窗"复选框，再单击右下角的红色按钮■，将会打开按钮右边的参数表，其中包括出挑长、延伸1、延伸2、玻璃内凹、落地凸窗和挡板1等参数设置，如图4-12所示。

图 4-12　"转角角窗"对话框

在绘制角窗时，设置相应参数后，根据命令栏提示操作，选择内角、转角距离即可，如图4-13所示。

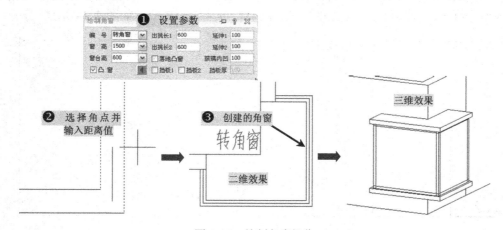

图 4-13　绘制角窗操作

在"绘制角窗"对话框中，各选项的含义如下。

◆ 出挑长：凸窗窗台凸出于墙面外的距离，在外墙加保温时从结构面起算。

◆ 延伸 1、延伸 2：窗台板与檐口板分别在两侧延伸出窗洞口外的距离，常作为空调搁板花台等。

◆ 玻璃内凹：窗户玻璃到窗台外缘的退入距离。

◆ 落地凸窗：勾选后，墙内侧不画窗台线。

◆ 挡板 1、挡板 2：勾选后凸窗的侧窗改为实心的挡板。

◆ 挡板厚：挡板厚度默认 100，勾选挡板后可在这里修改。

技巧提示——执行"转角窗"命令的注意要点

1）在侧面碰墙、碰柱时转角凸窗的侧面玻璃会自动被墙或柱对象遮挡，这时可在特性表中将转角窗设置为"作为洞口"。玻璃分格的三维效果可使用"窗棂展开"与"窗棂映射"命令处理。

2）在有保温层的墙上绘制无挡板的转角凸窗前，先执行"内外识别"或"指定外墙"命令指定外墙外皮位置，保温层和凸窗关系才能正确处理，否则保温层墙将无法绘制完成。

4.1.5 异形洞

"异形洞"命令可在建筑墙体上插入门洞，插入的门洞与门窗构件没有任何关系，它是利用读者首先指定好的"多段线"在墙体上生成异形的洞口。

建议读者先将屏幕设为两个或更多视口，分别显示平面和正立面，然后用"墙面 UCS"命令把墙面转为立面 UCS，在立面用闭合多段线画出洞口轮廓线，最后使用"异形洞"命令创建异形洞。特别注意的是本命令不适用于弧墙。

下面通过步骤的方式来创建异形洞口。

1）将鼠标移至绘图窗口的右侧边缘，此时鼠标呈 ↔ 样式，向左侧拖拽鼠标，从而将窗口分成两个视口；同样再按照上面的方法，将窗口分成 3 个视口，如图 4-14 所示。

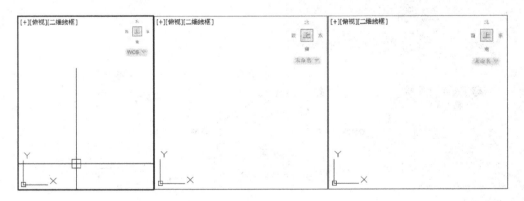

图 4-14　折分成 3 个视口

2）使用鼠标在每个视口左上角的"视图"控件上单击，然后将中间视口设置为"前视"，再将右侧视口设置为"西南等轴测"，如图 4-15 所示。

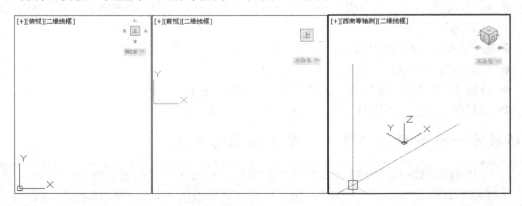

图 4-15　设置 3 个视口的视图

3）在左侧视口中单击，使之成为当前视口；在屏幕菜单中选择"墙体｜绘制墙体"命令，然后在视图中绘制一条水平墙体，长度为3600，如图4-16所示。

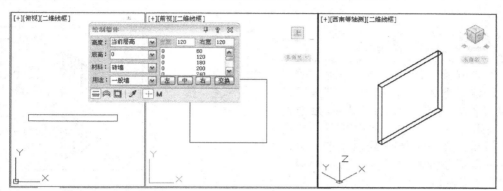

图 4-16　绘制的墙体

4）在中间视口中单击，使之成为当前视口；使用 AutoCAD 的"多边形"命令在墙体的中间位置绘制一个内接于圆的正六边形，其内接圆半径为600，如图4-17所示。

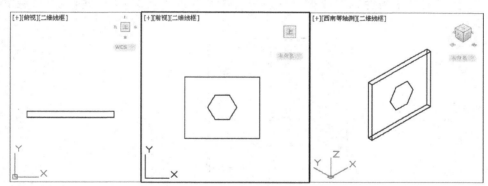

图 4-17　绘制的正六边形

5）在屏幕菜单中选择"门窗｜异形洞"命令，提示选取墙体的一边，再选择正六边形对象，从而在指定的墙体上创建一个正六边形的洞口，如图4-18所示。

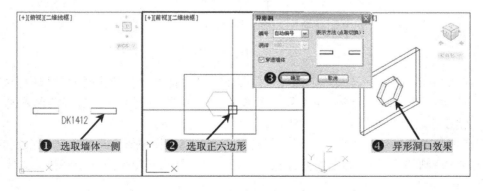

图 4-18　创建的异形洞口

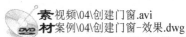

4.1.6 即学即用——创建门窗

素 视频\04\创建门窗.avi
材 案例\04\创建门窗-效果.dwg

　　本实例旨在指导读者在绘制好的墙体上创建门窗和异形窗。首先打开准备好的文件，在左上角墙体上单独创建门、窗和子母门对象，将门和窗创建为组合门窗，在右上侧位置创建带形窗，在右下角点创建转角窗，在右下侧墙体上创建异形洞口，如图4-19所示。

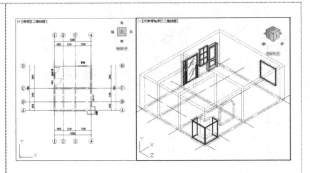

图4-19　创建的门窗效果

　　1）正常启动 TArch 2013 软件，选择"文件 | 打开"菜单命令，将"案例\04\创建门窗-平面.dwg"文件打开，如图4-20所示。

　　2）选择"文件 | 另存为"菜单命令，将文件另存为"案例\04\创建门窗-效果.dwg"文件。

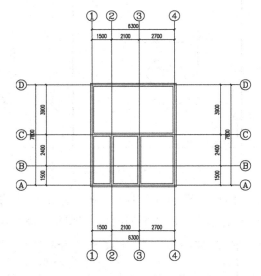

图4-20　打开的文件

　　3）在 TArch 2013 屏幕菜单中选择"门窗 | 门窗"命令，在弹出的对话框中分别选择"门""窗"和"子母门"命令，并分别设置参数，然后根据命令栏提示选择插入方式，在1轴墙体上创建普通门、窗和子母门，如图4-21所示。

　　4）在屏幕菜单中选择"门窗 | 组合门窗"命令，然后根据命令栏提示选择指定的门和窗，并输入组合后的新组合门窗编号，按〈Ener〉键，使门和窗变成一个整体，如图 4-22所示。

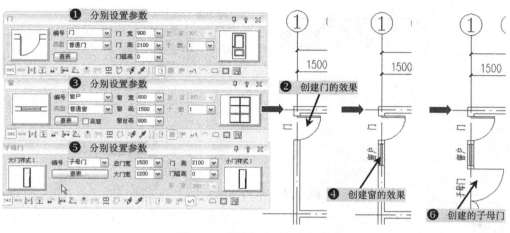

图 4-21　创建门窗子母门操作

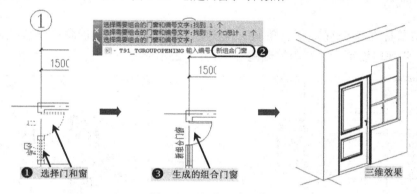

图 4-22　组合门窗操作

5）在屏幕菜单中选择"门窗 | 带形窗"命令，在弹出的对话框中进行参数设置，然后根据命令栏提示选定起点、终点，并选择通过的墙体，再按〈Enter〉键即可，从而在 D 轴墙上创建一个带形窗，如图 4-23 所示。

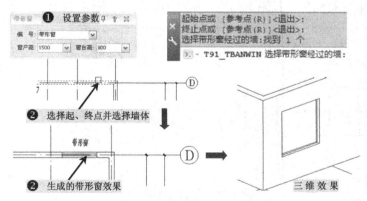

图 4-23　创建带形窗操作

6）在屏幕菜单中选择"门窗 | 转角窗"命令，在弹出的对话框中进行参数设置，并勾选"凸窗"复选框，然后根据命令栏提示选定角点，并输入距离均为 600，从而在 A 轴和 4 轴线转角处创建一个转角窗，如图 4-24 所示。

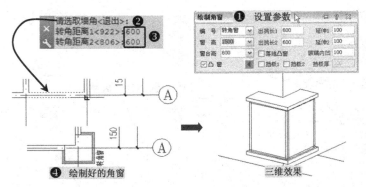

图 4-24　创建转角窗操作

7）按照前面 4.1.5 小节中介绍的方法，将鼠标移至绘图窗口的右侧边缘，此时鼠标呈╬样式，向左侧拖拽光标，从而将窗口分成两个视口；再按照同样的方法，将窗口分成 3 个视口。

8）使用鼠标在每个视口左上角的"视图"控件上单击，然后将中间视口设置为"右视"，再将右侧视口设置为"东南等轴测"，如图 4-25 所示。

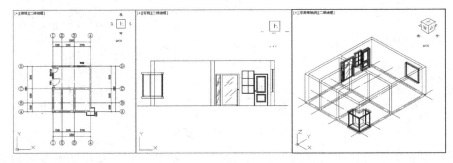

图 4-25　调整每个口的视图

9）在中间视口中单击，使之成为当前视口；使用 AutoCAD 的"多段线"命令在墙体的中间位置绘制一个等腰梯形，且距下侧墙体 900 的距离，如图 4-26 所示。

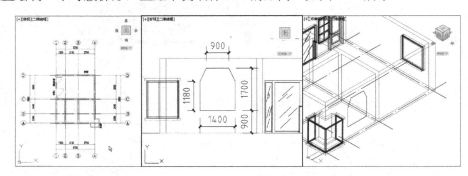

图 4-26　绘制的等腰梯形

10）在屏幕菜单中选择"门窗｜异形洞"命令，提示选取墙体的一边，再选择前面所绘制的等腰梯形，从而在指定的墙体上创建一个异形洞口，如图 4-27 所示。

11）至此，其指定的门窗对象已经创建完成，按〈Ctrl+S〉组合键进行保存。

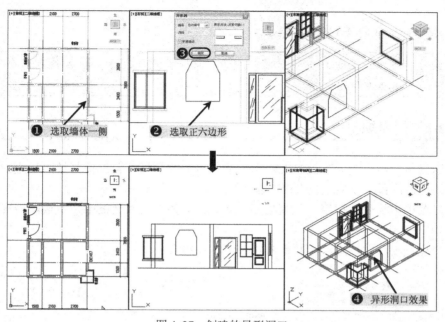

图 4-27 创建的异形洞口

软件
技能 **4.2 门窗编辑和工具**

前面介绍了门窗的创建方法，但是在实际情况中，可能会根据实际需要对某个门窗进行一定的修改和编辑，TArch 2013 提供了一系列的门窗修改工具供用户使用。

4.2.1 内外翻转或左右翻转

"内外翻转"成"左右翻转"命令是在读者创建的门窗对象不符合需要时对其进行翻转。在屏幕菜单中执行"门窗 | 内外翻转"或"门窗 1 左右翻转"命令，可将当前选中的门窗以门窗所在墙的基线为中间界线进行翻转，"内外翻转"成"左右翻转"命令可以同时对多个选中的门窗进行翻转操作，如图 4-28所示。

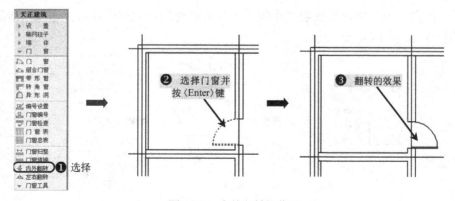

图 4-28 内外翻转操作

技巧提示——内外翻转的要点

> 内外翻转门窗时，应统一以墙中的轴线进行翻转，它适用于一次性处理多个门窗的情况，其翻转的方向总是与原来相反。

4.2.2 门窗规整

"门窗规整"命令是调整做方案时粗略插入墙上的门窗位置，使其按照指定的规则整理获得正确的门窗位置，以便生成准确的施工图。

在屏幕菜单中执行"门窗|门窗规整"命令，在弹出的对话框中按照实际情况进行设置即可。

设置"垛宽≤"数值时，可归整为0，如图4-29所示。

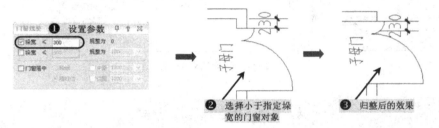

图4-29　归整垛宽为0

设置"垛宽≤"数值时，也可归整为指定的距离，如图4-30所示。

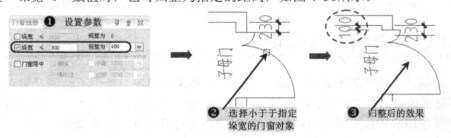

图4-30　归整为指定垛宽

设置"门窗居中"选项并按照"轴线"或"墙柱边"选项来设置时，选择基线居中或按墙内侧居中即可，如图4-31所示。

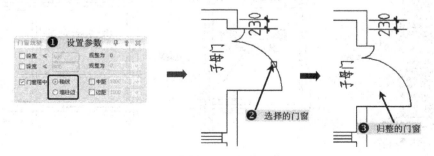

图4-31　门窗居中规整

技巧提示——门窗规整的注意要点

当一条轴线或一段墙体上有多个门窗时，程序按门窗所在墙端相邻墙体的位置自动搜索轴线，对搜出来轴线间的门窗按中距进行居中操作。

程序如果无法自动识别轴线，则按相邻墙体的墙基线进行居中操作，当选择"S"选项时，可以手动选择参考轴线。选择完成后，在参考轴线之间的门窗自动按对话框中设置的参数居中。另外，参考轴线以外的门窗位置不发生变化。

 ### 4.2.3　门窗填墙

执行"门窗填墙"命令后，选中的门窗会被删除，同时将该门窗所在的位置补上指定材料的墙体，该命令适用于除带形窗、转角窗和老虎窗以外的其他所有门窗类别。

在屏幕菜单中执行"门窗│门窗填墙"命令，选择要将其变为墙体的门窗，再选择变为墙体的材质，按〈Enter〉键，如图4-32所示。

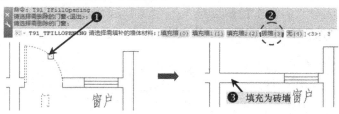

图4-32　门窗填墙操作

技巧提示——门窗填墙的注意要点

当门窗填补的墙材料与门窗所在墙体材料相同时，门窗处墙体和门窗所在墙体合并为同一段墙体，"门窗填墙"命令执行前后保温层保持不变。

 ### 4.2.4　门窗套

"门窗套"命令可以在外墙窗或者门连窗两侧添加向外突出的墙垛，三维显示为四周加全门窗框套，可在其中单击删除添加的门窗套。

在屏幕菜单中选择"门窗│门窗工具│门窗套"命令，在弹出的对话框中进行参数设置，然后选择相应的门或窗，具体如图4-33所示。

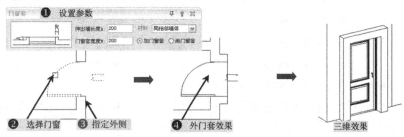

图4-33　门窗套操作

技巧提示——门窗套的应用要点

门窗套是门窗对象的附属特性，可通过特性栏设置门窗套的有无和参数，门窗套在加粗墙线和图案填充时与墙一致；另外，此命令不用于内墙门窗，内墙的门窗套线是附加装饰物，由专门的"加装饰套"命令完成。

4.2.5 门口线

门口线是门的对象属性，因此门口线会自动随门复制和移动，门口线与开门方向互相独立，改变开门方向不会导致门口线的翻转。

"门口线"命令可在平面图上指定一个或多个门的某一侧添加门口线，也可以一次为门添加双侧门口线，新增偏移距离用于门口有偏移的门口线，表示门槛或者门两侧地面标高不同。

在屏幕菜单中选择"门窗 | 门窗工具 | 门口线"命令，在弹出的对话框中进行参数设置，再选择相应的门或窗并确定门口线方向侧即可，如图4-34所示。

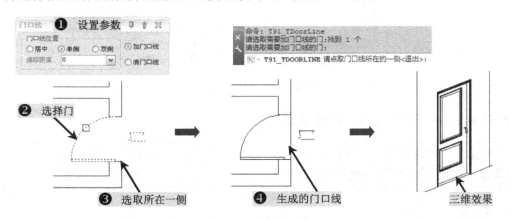

图4-34 门口线操作

4.2.6 加装饰套

"加装饰套"命令用于添加装饰门窗套线。选择门窗后，可在"门窗套设计"对话框中选择各种装饰风格和参数的装饰套。

装饰套细致地描述了门窗附属的三维特征，包括各种门套线与筒子板、檐口板和窗台板的组合，主要用于室内设计的三维建模，以及通过立面、剖面模块生成立剖面施工图中的相应部分；如果不要装饰套，可直接删除装饰套对象。

在屏幕菜单中选择"门窗 | 门窗工具 | 门口线"命令，然后在弹出的对话框中进行参数设置，如图4-35所示。

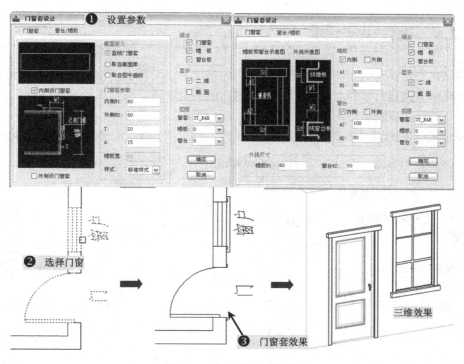

图 4-35 门窗装饰套操作

 ### 4.2.7 窗棂展开与映射

所谓的窗棂就是窗户格，即窗户内横向或竖向的交叉格。执行"窗棂展开"和"窗棂映射"命令时，读者可选择库中的窗棂模型，也可根据自己的需要创建窗棂。

在创建新的窗棂样式前，首先应将已创建窗体的窗棂展开在平面图上，再使用"直线"等命令在展开的窗棂上绘制喜欢的图形（注意，这里这些线段要绘制在图层 0 上）。

在屏幕菜单中选择"门窗｜门窗工具｜窗棂展开"命令，然后选择相应的窗，系统会将该窗的平面图以平面的形式展开在平面图上，然后绘制出相应的窗棂样式。此时，选择"窗棂映射"命令，选择映射的窗棂确定基点，按〈Enter〉键结束，如图 4-36 所示。

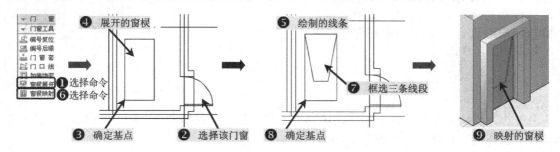

图 4-36 窗棂展开与映射操作

4.2.8　门窗的夹点编辑

普通门、普通窗都有若干个预设好的夹点，拖动夹点时门窗对象会按预设的行为作出动作，熟练操纵夹点进行编辑是读者应该掌握的高效编辑手段。夹点编辑一次只能对一个对象操作，而不能一次更新多个对象。

门窗对象提供的编辑夹点功能如图4-37所示，部分夹点用〈Ctrl〉键来切换功能。

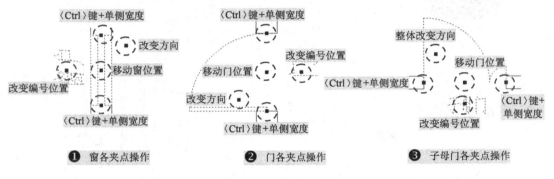

图4-37　门窗各夹点操作

技巧提示——双击门窗夹点修改编号

当读者只对单个门窗进行编号或修改编号时，直接用鼠标双击该门窗编号夹点即可重新输入编号。

 4.2.9　即学即用——门窗的编辑操作

素材 视频\04\门窗的编辑和工具.avi
案例\04\门窗工具编辑-效果.dwg

本实例旨在指导读者对绘制好的门和窗体运用相应的工具进行编辑。首先打开事先准备好的文件，再将指定的门窗进行翻转和规整，指定门窗填墙并加窗套，最后进行窗棂展开和映射操作，其效果如图4-38所示。

图4-38　门窗编辑效果

1）正常启动 TArch 2013 软件，选择"文件 | 打开"菜单命令，将"案例\04\门窗工具编辑-平面.dwg"文件打开，如图4-39所示。

2）选择"文件 | 另存为"菜单命令，将文件另存为"案例\04\门窗工具编辑-效果.dwg"文件。

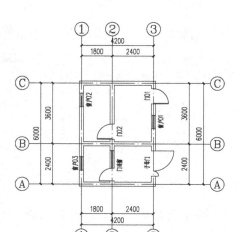

图4-39 门窗工具编辑-平面

3）在屏幕菜单中选择"门窗｜内外翻转"命令，选择右上侧的"门 01"对象并按〈Enter〉键；对其进行"左右翻转"操作，如图4-40所示。

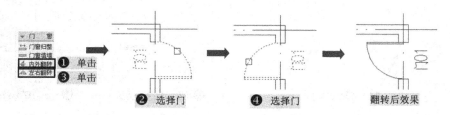

图4-40 对门进行翻转操作

4）在屏幕菜单中选择"门窗｜门窗整规"命令，在弹出的对话框中进行参数设置，再选择相应的门和窗即可，如图4-41所示。

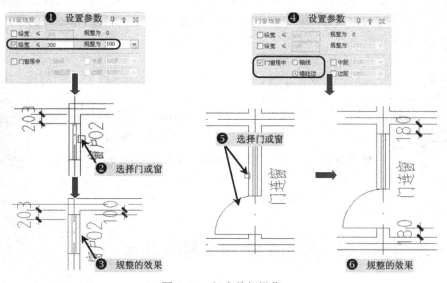

图4-41 门窗整规操作

5）在屏幕菜单中选择"门窗｜门窗填墙"命令，选择"窗户 03"对象，并选择"砖墙"材质，然后按〈Enter〉键，从而将"窗户03"删除并填充砖墙，如图4-42所示。

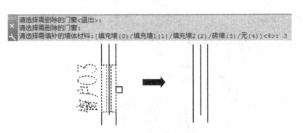

图4-42　门窗填墙操作

6）在屏幕菜单中选择"门窗｜门窗套"命令，在弹出的对话框中进行参数设置，为编号"门02"的门加门窗套，如图4-43所示。

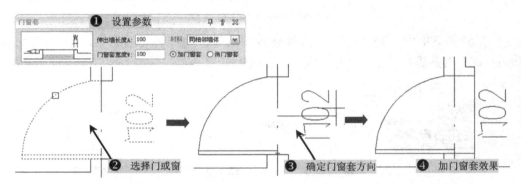

图4-43　加门窗套操作

7）最后，为编号为"窗户01"的窗户绘制窗棂。此时，先绘制好一个窗棂样式，然后单击屏幕菜单"门窗｜窗棂展开"命令，先将"窗户01"的窗棂格以平面形式展开，再单击"窗棂映射"命令，根据命令栏提示选择绘制好的窗棂曲线，然后选择相应的窗户即可，具体操作过程如图4-44所示。

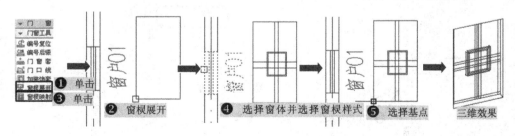

图4-44　窗棂展开与映射操作

4.3　门窗编号和门窗表

TArch 2013 的门窗编号和门窗表功能能使门窗对象的编号自动纳入门窗表统计范围。创建好门或窗之后，从门窗表中就可以查看到相应门或窗的数量和尺寸等参数。

4.3.1 编号设置

"编号设置"命令用于设置门窗自动编号时的编号规则。在屏幕菜单中选择"门窗丨编号设置"命令，会弹出"编号设置"对话框，如图4-45所示。

该对话框已经按照最常用的门窗编号规则加入了默认的编号设置，读者可以根据单位和项目的需要增添编号规则，单击"确认"按钮完成设置。

勾选"添加连字符"复选框后，可以在编号前缀和序号之间加入半角的连字符"-"，创建的门窗编号类似"M-1"等。默

图4-45 编号设置

认的编号规则是按尺寸自动编号，此时编号规则是编号加门窗宽高尺寸，如 RFM1224、FM-1224；改为"按顺序"后，编号规则为编号加自然数序号，如 RFM1、FM1；具有不同参数的同类门窗在自动编号时会根据类型和参数自动增加序号。

4.3.2 门窗编号

"门窗编号"命令用于生成或者修改门窗编号，根据普通门窗的门洞尺寸大小，提供自动编号功能，可以删除（隐去）已经编号的门窗，转角窗和带形窗按默认规则编号。

如果修改编号范围内的门窗还没有编号，会出现"请选择要修改编号的样板门窗或[自动编号（S）<退出:>]"的提示，"门窗编号"命令每一次执行只能对同一种门窗进行编号，因此只能选择一个门窗作为样板，多选后会要求逐个确认，与所选门窗参数相同的为同一编号；如果以前这些门窗有过编号，即使删除编号，也会提供默认的门窗编号值。

在屏幕菜单中选择"门窗丨门窗编号"命令，根据提示选择需要重新编号的门和窗，选择"自动编号（S）"选项，再选择需要修改编号的单个门、窗等，然后输入新的编号，按〈Enter〉键即可，如图4-46所示。

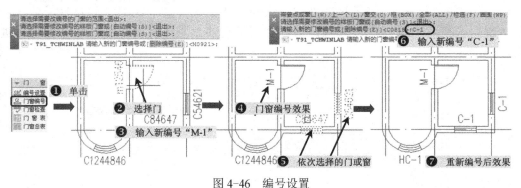

图4-46 编号设置

4.3.3 门窗检查

"门窗检查"命令显示门窗参数电子表格，检查当前图中已插入的门窗数据是否合理。

在实际作图中，门窗编号修改比较频繁，同时由于数量较多，难免导致修改不全，"门窗检查"命令的功能即是出于此种考虑，不但可以对已有门窗进行统计，将图中数据冲突的门窗一一显示出来，还可以对门或窗的样式重新进行选择并进行各项参数的修改，同时还可以预览门窗的二维、三维样式。

在屏幕菜单中选择"门窗｜门窗查询"命令，将弹出"门窗检查"对话框，该对话框会对整个图中所有的门窗进行整理；单击"设置"按钮，会弹出"设置"对话框，用于设置搜索范围，从而将当前图样或当前工程中的门窗搜索出来，如图4-47所示。

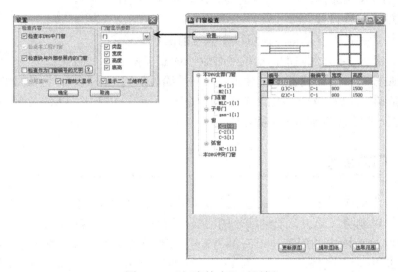

图4-47 "门窗检查"对话框

"门窗检查"对话框右侧提供了一个查询表格，若普通门窗洞口宽高与编号不一致，同编号的门窗中二维或三维样式不一致，同编号的凸窗样式或者其他参数（如出挑长等）不一致等，都会在表格中显示"冲突"字样；同时在左边下部显示冲突门窗列表。

此时，在门窗检查过程中可以双击门或窗样式图标进入门窗库更改门窗样式。当前光标位于子编号行首时，表示修改当前门窗的样式，光标位于主编号行首时，表示修改属于主编号的所有门窗样式，修改门窗样式后不需要单击"更新原图"即可对图形进行更新，如图4-48所示。

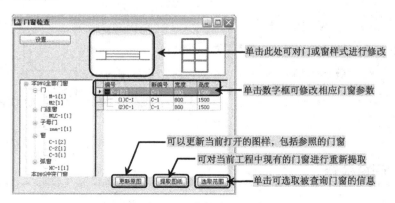

图4-48 "门窗检查"对话框

技巧提示——门窗编号及修改注意要点

如果使用文字作为门窗编号时，应满足 3 个要求：1）该文字是天正建筑软件或 AutoCAD 的单行文字对象；2）该文字所在图层是天正建筑软件当前默认的门窗文字图层（如 WINDOW_TEXT）；3）该文字的格式符合"编号设置"中当前设置的规则。

在"门窗检查"对话框右边的表格里面，可以修改门窗的宽高参数；单击"更新原图"可以更新图形的门窗宽高，但不会自动更新这些门窗的编号，建议在表格里修改门窗宽高后接着修改新编号，然后再单击"更新原图"按钮。

4.3.4 编号复位和后缀

编号复位是指把门窗编号恢复到默认位置，特别适用于解决门窗"改变编号位置"夹点与其他夹点重合而无法分开的问题。

编号后缀是指把选定的一批门窗编号添加指定的后缀，适用于对称的门窗在编号后增加"反"缀号的情况。添加后缀的门窗与源门窗独立编号。

4.3.5 门窗表

"门窗表"命令是统计图中使用的门窗参数，检查后生成传统样式门窗表或者符合国标《建筑工程设计文件编制深度规定》样式的门窗表。

如果门窗中有数据冲突，程序则自动将冲突的门窗按尺寸大小归到相应的门窗类型中，同时在命令行提示参数不同的门窗编号。

在屏幕菜单中选择"门窗 | 门窗表"命令，然后根据命令栏提示创建门窗表，如图 4-49 所示。

❷ 选择插入点

门窗表

类型	设计编号	洞口尺寸(mm)	数量	图集名称	页次	适用型号	备注
普通门	M2	900X2100	1				
	M-1	900X2100	1				
门连窗	MLC-1	1800X2400	1				
子母门	zmm-1	1500X2100	1				
普通窗	C-1	800X1500	1				
	C-3	800X1500	1				
	C-1反	800X1500	1				
	C-2反	800X1500	1				
凸窗	HC-1	800X1500	1				

❶ 框选所有门窗

图 4-49 门窗表

在执行"门窗表"命令时，选择"设置（S）"选项，可对门窗表的样式进行设置，如图4-50所示。

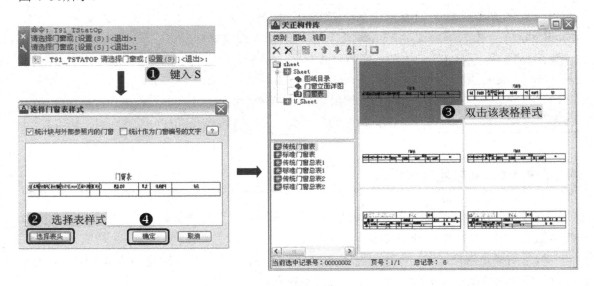

图4-50　门窗表样式选择

技巧提示——门窗表的编辑修改

如果对生成的表格宽高及标题不满意，可以通过表格的编辑命令，或者双击表格内容进入在位编辑，直接进行修改。

屏幕菜单中的"门窗|门窗总表"命令用于统计本工程中多个平面图使用的门窗编号，检查后生成门窗总表，可由读者在当前图上指定各楼层平面所属门窗，适用于在一个dwg图形文件上存放多楼层平面图的情况。此命令要在建立工程后才能创建的门窗总表，建立工程方法将在后面"工程管理"一节介绍。

技巧提示——门窗表的定制

各设计单位自己可以根据需要定制门窗表格入库，定制本单位的门窗表格样式。

4.3.6　门窗原型和入库

有时系统自定义的门窗样式和形状可能不符合读者的实际需要，这样可以根据实际需要绘制出二维门窗平面样式，并将绘制好的新门窗样式存入到天正图库中。

在屏幕菜单中选择"门窗|门窗原型"命令，然后根据命令栏提示操作，选择样窗，弹出平面绘制窗口，用"直线""多段线"等命令对该窗样式进行重新修改，修改后选择"门窗入库"命令，为重新修改后的门窗重新起名字即可，如图4-51所示。

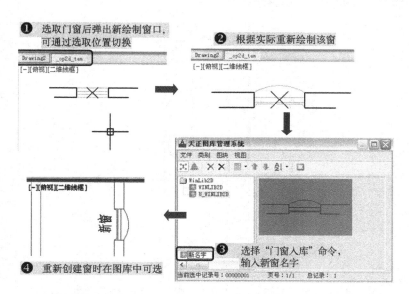

图 4-51 门窗原型和入库操作

 4.3.7 即学即用——门窗编号和门窗表的操作

素视频\04\门窗编号和门窗表的操作.avi
材案例\04\门窗编号和门窗表-效果.dwg

　　本实例旨在指导读者对创建好门窗进行编号和门窗表的操作。首先打开准备好的文件，再设置门窗编号、修改门窗编号，以及进行门窗的检查，最后创建门窗表对象，其效果如图4-52所示。

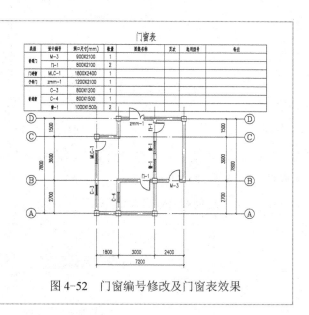

图 4-52 门窗编号修改及门窗表效果

　　1）正常启动 TArch 2013 软件，选择"文件丨打开"菜单命令，将"案例\04\门窗编号和门窗表-平面.dwg"文件打开，如图 4-53所示。

　　2）选择"文件丨另存为"菜单命令，将其文件另存为"案例\04\门窗编号和门窗表-效果.dwg"文件。

　　3）在屏幕菜单中选择"门窗丨门窗编号"命令，将编号"C-1"、"C-2"、"M-1"和"M-2"的门和窗重新整理，设置新编号为"门-1"和"窗-1"，如图 4-54所示。

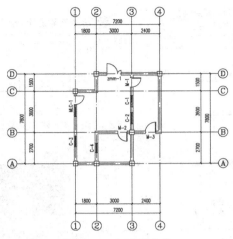

图4-53 打开的文件

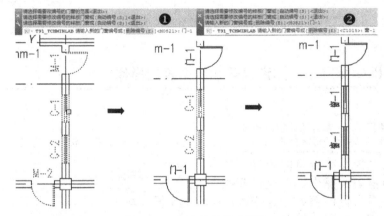

图4-54 门窗编号整改操作

4）在屏幕菜单中选择"门窗 | 门窗检查"命令，将编号为"C-3"的窗样式和参数进行修改，如图4-55所示。

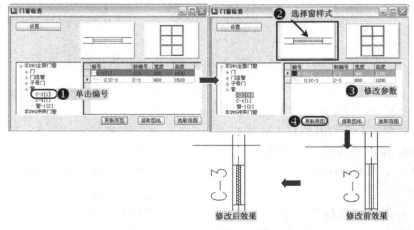

图4-55 门窗检查操作

5）在屏幕菜单中选择"门窗 | 门窗表"命令，框选图中所有门窗后按〈Enter〉键，将图中所有门窗创建成门窗表形式，以便观察，如图4-56所示。

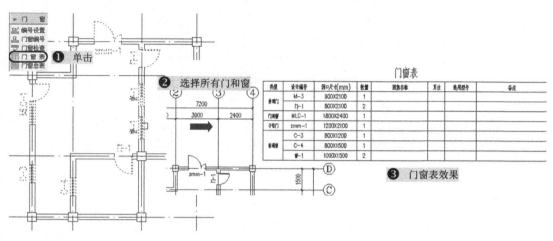

图 4-56 创建门窗表操作

6）至此，其门窗编号和门窗表已经操作完成，最后按〈Ctrl+S〉组合键进行保存。

软件技能

4.4 经典实例——为住宅楼平面图添加门窗

视频\04\住宅楼门窗及表的添加操作.avi
案例\04\住宅楼添加门窗平面图-效果.dwg

该案例主要讲解在已有住宅楼平面图的基础上添加门窗对象及门窗表。首先打开准备好的平面图对象，再选择"门窗 | 门窗"命令依次添加子母门、普通门、门连窗、凸窗、普通窗等对象，并选择"门窗 | 门窗表"命令创建该平面图的门窗表对象，其效果如图4-57所示。

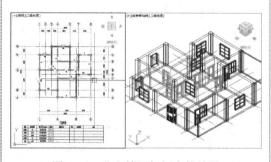

图 4-57 住宅楼添加门窗的效果

1）正常启动 TArch 2013 软件，选择"文件 | 打开"菜单命令，将"案例\04\住宅楼添加门窗平面图-平面.dwg"文件打开，如图4-58所示。

2）选择"文件 | 另存为"菜单命令，将其文件另存为"案例\04\住宅楼添加门窗平面图-效果.dwg"文件。

3）在屏幕菜单中选择"门窗 | 门窗"命令，在弹出的对话框中单击"子母门"按钮，设置防盗子母门 ZMM 的相关参数，门尺寸为1300×2100，然后在入户门口的位置单击，从而插入门对象。单击"插门"按钮，设置普通门 M 的相关参数，门的尺寸 900×2100，在相应位置插入门，具体操作如图4-59所示。为了方便操作，这里对标注以及轴线执行"局部隐藏"命令。

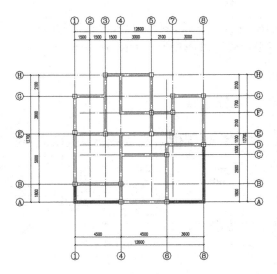

图 4-58　打开的文件

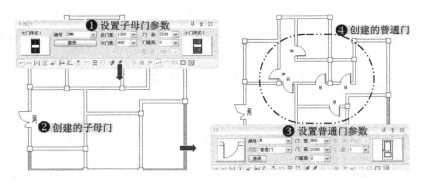

图 4-59　创建子母门和普通门操作

4）在屏幕菜单中选择"门窗｜门窗"命令，在弹出的对话框中单击"门连窗"按钮，设置 MLC 参数，总宽 1800，门宽 750，门高 2100，窗高 1500，然后在相应位置插入门连窗；再单击"插凸窗"按钮，设置 TC 参数，矩形凸窗，窗宽 800，挑长 300，窗高 1500，然后在相应位置插入该窗，如图 4-60所示。

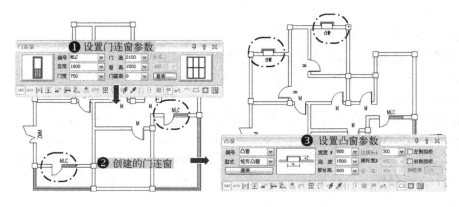

图 4-60　创建门连窗和凸窗操作

5）在屏幕菜单中选择"门窗 | 门窗"命令，在弹出的对话框中单击"插窗"按钮，设置窗 C 参数，窗高与宽均为 1500，窗台高 800，然后在相应位置插入窗，如图 4-61 所示。

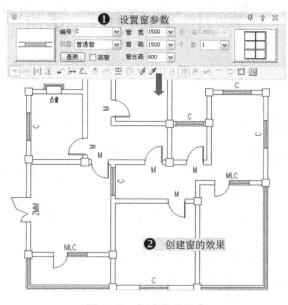

图 4-61　创建窗的操作

6）在屏幕菜单中选择"门窗 | 门窗表"命令，框选所有门和窗对象并按〈Enter〉键，再选择基点位置，即可将所有创建好的门窗对象生成门窗表，如图 4-62 所示。

门窗表

类型	设计编号	洞口尺寸(mm)	数量	图集名称	页次	选用型号	备注
普通门	M	900X2100	6				
门连窗	MLC	1800X2100	2				
子母门	ZMM	1300X2100	1				
普通窗	C	1500X1500	6				
凸窗	凸窗	800X1500	2				

图 4-62　门窗表创建

7）至此，住宅楼平面图的门窗对象及门窗表已经添加完毕，按〈Ctrl+S〉组合键保存该文件。

第5章　天正室内外设施的创建

本章导读

　　室内外设施主要包括楼梯、电梯以及阳台等。TArch 2013 提供了自定义对象建立的基本梯段对象（包括直线梯段、圆弧梯段与任意梯段），以及常用的双跑楼梯对象和多跑楼梯对象，并考虑了楼梯对象在二维与三维视口中不同的可视特性。读者可根据需要方便地将双跑楼梯的梯段改为坡道，将标准平台改为圆弧休息平台。多跑楼梯对象可灵活地适应于多种不规则情况。

　　室外设施包括阳台、台阶与坡道等天正自定义的构件对象，它们基于墙体生成，同时具有二维与三维特征，并提供了夹点编辑功能。

　　在本章中首先讲解了楼梯及阳台等的绘制方法，以及楼梯的一些编辑方法，紧接着详解了阳台和台阶的创建与编辑方法，最后讲解了坡道及散水的创建与编辑方法，从而让读者能轻松掌握建筑室内外附属设施的创建与编辑方法。

主要内容

- 📖 掌握各种楼梯的创建与编辑方法
- 📖 掌握电梯和扶梯的创建与编辑方法
- 📖 掌握阳台和台阶的创建与编辑方法
- 📖 掌握坡道和散水的创建与编辑方法
- 📖 对住宅楼室内外相关设施创建的演练

效果预览

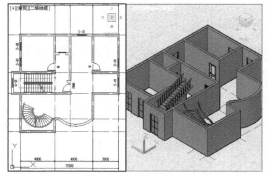
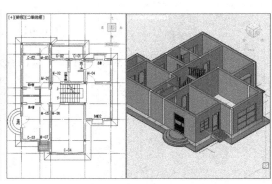

软件技能

5.1 创建楼梯

 DWG

楼梯是建筑中公共场所不可缺少的交通通道。楼梯根据形式的不同分为直线楼梯、圆弧楼梯、任意楼梯以及单双跑楼梯和转角楼梯。在 TArch 2013 中，通过一些简单的命令就可以绘制出多种楼梯样式，这些命令如图 5-1 所示。

图 5-1 绘制楼梯命令

5.1.1 直线梯段

可使用"直线梯段"命令绘制直线楼梯。直线楼梯是沿直线进行的楼梯，通常同于进入楼层不高的室内空间，例如阁楼和地下室等。直线楼梯可以单独使用或用于组合复杂的楼梯与坡道。

在 TArch 2013 屏幕菜单中选择"楼梯其他｜直线梯段"命令，在弹出的对话框设置参数，并指定楼梯的插入点，如图 5-2 所示。

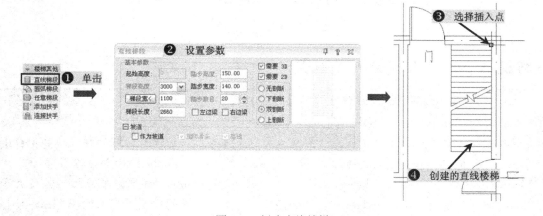

图 5-2 创建直线楼梯

在"直线梯段"对话框中，各功能选项的含义如下。

◆ 梯段宽：单击该按钮后，可通过在图中单击两点确定梯段宽。

◆ 起始高度：相对于本楼层地面起算的楼梯起始高度，梯段高度以此算起。

◆ 梯段高度：始终等于所有踏步高度的总和。若改变梯段高度，程序会自动调整踏步高度和踏步数目。

◆ 梯段长度：直段楼梯的踏步宽度×（踏步数目-1）=平面投影的梯段长度。

◆ 踏步高度：楼梯台阶的高度，可根据梯段高度和踏步数目推算得出。也可以输入一个概略值，系统会通过计算确定踏步高的精确值。

◆ 踏步宽度：楼梯段的每一个踏步板的宽度。

◆ 踏步数目：可直接输入或者由梯段高度和踏步高推算而得，同时可修正踏步高，也可改变踏步数，与梯段高一起推算出踏步高。

◆ 需要 3D/2D：用来控制梯段的二维视图和三维视图，某些梯段只需要二维视图，某些梯段则只需要三维视图。

◆ 剖断设置：剖断设置仅对平面图有效，不影响梯段的三维显示效果。

◆ 作为坡道：勾选此复选框后，楼梯段可生成直线坡道梯段，同时将踏步参数改为防滑条的间距。

◆ 左/右边梁：勾选该复选框，楼梯左右两边将会有梁，梁的宽度是以梯段右侧向左侧偏移的，如图5-3所示。

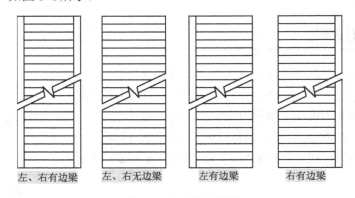

左、右有边梁　　　　左、右无边梁　　　　左有边梁　　　　右有边梁

图5-3　有无边梁效果

技巧提示——楼梯宽度相应规定

楼梯间设计应符合现行国家标准《建筑设计防火规范》（GBJ16）和《高层民用建筑设计防火规范》（GB50045）的有关规定。

楼梯梯段净宽不应小于 1.10m。六层及六层以下住宅，一边设有栏杆的梯段净宽不应小于 1m（注：楼梯梯段净宽指墙面至扶手中心之间的水平距离）；楼梯踏步宽度不应小于 0.26m，踏步高度不应大于 0.175m。扶手高度不应小于 0.90m。楼梯水平段栏杆长度大于 0.50m 时，其扶手高度不应小于 1.05m。楼梯栏杆、垂直杆件间净空不应大于 0.11m；楼梯平台净宽不应小于楼梯梯段净宽，且不得小于 1.20m；楼梯平台的结构下缘至人行通道（注：垂直高度）不应低于 2m。入口处地坪与室外地面应有高差，并不应小于 0.10m；楼梯井净宽大于 0.11m 时，必须采取防止儿童攀滑的措施。

以常用的平行双跑楼梯为例。

1）根据层高 H 和初选步高 h 定每层步数 N，N=H/h。

2）根据步数 N 和初选步宽 b 决定梯段水平投影长度 L，L=（0.5N-1）b。

3）确定是否设梯井。供儿童使用的楼梯梯井不应大于120，以利安全。

4）根据楼梯间开间净宽 A 和梯井宽 C 确定梯段宽度 a，a=（A-C）/2。

5）根据初选中间平台宽 D1（D1≥a）和楼层平台宽 D2（D2>a）以及梯段水平投影长度 L 检验楼梯间进深净长度 B，D1+L+D2=B。如不能满足，可对 L 值进行调整（即调整 b 值）。

5.1.2 圆弧梯段

"圆弧梯段"命令用于绘制圆弧楼梯。圆弧楼梯是沿圆弧设置的楼梯，也可与直线梯段组合创建复杂楼梯和坡道，如大堂的螺旋楼梯与入口的坡道。

在 TArch 2013 屏幕菜单中选择"楼梯其他｜圆弧梯段"命令，在弹出的对话框中设置相关参数，并在图形中指定插入点，具体操作如图 5-4所示。

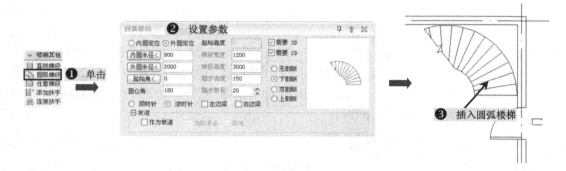

图 5-4　绘制圆弧楼梯

在"圆弧梯段"对话框中，各功能选项的含义如下。

◆ 内圆定位：选择该选项后，更改外圆半径时，系统会自动计算圆弧楼梯宽度；更改楼梯宽度时，系统会自动计算外圆半径。

◆ 外圆定位：选择该选项后，更改内圆半径时，系统会自动计算圆弧楼梯宽度；更改楼梯宽度时，则系统会自动计算内圆半径。

◆ 内圆半径：单击此按钮，可在当前图形中指定内圆半径，也可以在此文本框中输入数据来确定圆弧楼梯的内圆半径。

◆ 外圆半径：单击此按钮，可在当前图形中指定外圆半径，也可以在此文本框中输入数据来确定圆弧楼梯的外圆半径。

◆ 起始点：在此文本窗框中输入数据设置带边圆弧楼梯弧线的起始角度。

◆ 圆心角：圆弧楼梯的夹角，值越大，楼梯梯段也就越大，此长是指弧线长。

圆弧梯段作为自定义对象存在，可以通过拖动夹点进行编辑，夹点的意义如图 5-5所示。也可以双击楼梯进入对象编辑重新设定参数。

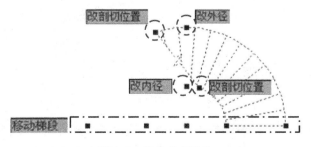

图 5-5　各个夹点操作

◆ 改内径：选定该点，该点将变为红色，即可拖移该梯段的内圆改变其半径。
◆ 改外径：选定该点，该点将变为红色，即可拖移该梯段的外圆改变其半径。
◆ 移动梯段：拖动 5 个夹点中任意一个，即可以该夹点为基点移动梯段。
◆ 改剖切位置：拖动两个夹点中任意一个，即可以该夹点为基准改变剖切位置。

5.1.3 任意梯段

"任意梯段"命令能够以图中的直线与圆弧作为梯段边线，通过输入踏步参数绘制楼梯。本命令以读者绘制好的直线或圆弧作为楼梯的边线，即以两根边线的间距为梯段宽，以两根边线的长度为梯段长，再输入踏步参数，即可绘制出任意形式的梯段。

首先在图中绘制两根任意的直线或圆弧作为任意楼梯的边线，再在 TArch 2013 屏幕菜单中选择"楼梯其他 | 任意梯段"命令，在弹出的对话框中设置相关参数，然后根据命令栏提示选择两根曲线即可，如图 5-6 所示。

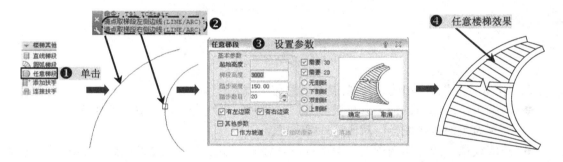

图 5-6　创建任意梯段操作

同样，任意梯段也是作为自定义对象存在的，可以通过拖动夹点进行编辑，夹点的意义如图 5-7 所示，也可以双击楼梯进入对象编辑重新设定参数。

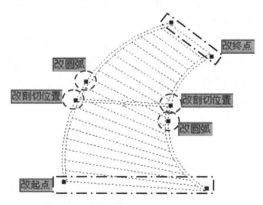

图 5-7　各个夹点操作

◆ 改起点：控制所选侧梯段的起点，如两边同时改变起点可改变梯段的长度。
◆ 改终点：控制所选侧梯段的终点，如两边同时改变终点可改变梯段的长度。
◆ 改圆弧：按边线类型而定，控制梯段的宽度或者圆弧的半径。

◆ 改剖切位置：拖动两个夹点中任意一个，即可以该夹点为基准改变剖切位置。

技巧提示——楼梯侧面图的显示

在绘制楼梯时，显示的是楼梯段的侧面等视图，改变视图和视觉模式可方便操作。

 5.1.4 双跑梯段

根据实际情况，当建筑中楼层较高，同时空间有一定的限制时，就需要设计双跑或者是多跑楼梯来把有限的空间得到充足的利用。

双跑楼梯是由两个直线梯段构件、一个休息平台和一个扶手及栏杆构成的自定义对象，分别具有二维视图和三维视图。双跑楼梯还可以沿着上楼方向提供扶手路径，以供栏杆和路径曲面等造型工具使用。

在 TArch 2013 屏幕菜单中选择"楼梯其他｜双跑楼梯"命令（SPLT），在弹出的对话框中设置相关参数，然后根据命令栏提示选择两根曲线即可，如图 5-8 所示。

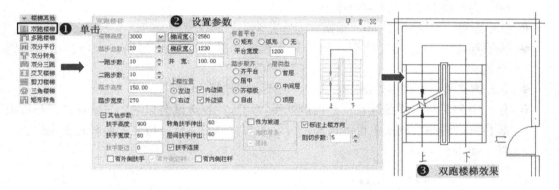

图 5-8 创建双跑楼梯

在"双跑楼梯"对话框中，各功能选项的含义如下。

◆ 楼梯高度：即指双跑楼梯的总高度，取默认值 3000，可根据实际情况做出相应的调整。

◆ 梯间宽：即指双跑楼梯的总宽。读者可单击此按钮，在图形中直接量取楼梯间宽度，也可在此文本框中输入数据来确定楼梯间的宽度。

◆ 踏步总数：系统默认为 20，可根据实际情况进行更改。

◆ 梯段宽：此数据由系统默认或根据梯间总宽度计算得来。读者可从平面图中直接量取，也可在此文本框中输入数据来确定梯段宽的值。

◆ 一/二跑步数：以踏步总数推算一跑与二跑步数，总数为奇数时先增二跑步数。二跑步数默认与一跑步数相同，两者都由读者自由修改。

◆ 井宽：在该文本框可输入井宽参数，井宽=梯间宽-（2×梯段宽），最小井宽可以等于 0，这 3 个数值互相关联。

◆ 踏步高度：系统默认值为 150，读者可根据实际情况进行修改。

◆ 踏步宽度：踏步沿梯段方向宽度，常用的两种为 270 和 300。读者可根据实际情况进行修改。

◆ 休息平台/平台宽度：休息平台是指楼梯上层与下层连接转角处，默认有"矩形""弧形"和"无"三种选项，读者可根据实际情况进行选择。按照实际设计要求，休息平台的宽度一般应该大于梯段宽度。若选弧形休息平台则应修改宽度值，最小值不能为0。

◆ 踏步取齐：在双跑步数不等时可直接在"齐平台""居中"和"齐楼板"中选择两梯段的相对位置，也可以通过拖动夹点任意调整两梯段之间的位置，此时踏步取齐为"自由"。

◆ 层类型：1）首层只给出一跑的下剖断；2）中间层的一跑是双剖断；3）顶层的一跑无剖断。

◆ 扶手高度/宽度：系统默认值分别为900高、60×100的扶手断面尺寸。

◆ 转角扶手伸出：在此设置休息平台扶手转角伸出长度。系统默认为60，为0或者负值时扶手不伸出。

◆ 层间扶手伸出：在此设置在楼层间扶手起末端和转角处的伸出长度。系统默认为60，为0或者负值时扶手不伸出。

◆ 扶手距边：系统默认为0，根据实际情况输入数值。

◆ 扶手连接：勾选此复选框，则休息平台转角处扶手将会连接在一起，不勾选则不连接。

◆ 有外侧扶手：在楼梯外侧添加扶手，但不生成栏杆。

◆ 有内/外侧栏杆：系统默认创建内侧扶手，勾选此复选框会自动生成默认的矩形截面竖栏杆。外侧绘制扶手也可选择是否勾选绘制外侧栏杆，边界为墙时常不用绘制栏杆，如图5-9所示。

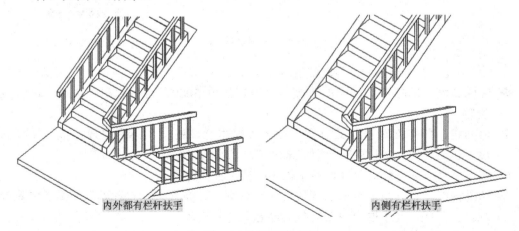

内外都有栏杆扶手　　　　　　　内侧有栏杆扶手

图 5-9　创建双跑楼梯

◆ 作为坡道：勾选此复选框，楼梯段按坡道生成，对话框中会显示出"单坡长度"编辑框，可在其中输入长度。

◆ 标注上楼方向：默认勾选复选框，在楼梯对象中，按当前坐标系方向创建标注上楼下楼方向的箭头和"上""下"文字。

◆ 剖切步数：作为楼梯时按步数设置剖切线中心所在位置，作为坡道时按相对标高设
置剖切线中心所在位置。

双跑楼梯是作为自定义对象存在的，可以通过拖动夹点进行编辑，夹点的意义如图 5-10
所示，也可以双击楼梯进入对象编辑重新设定参数。

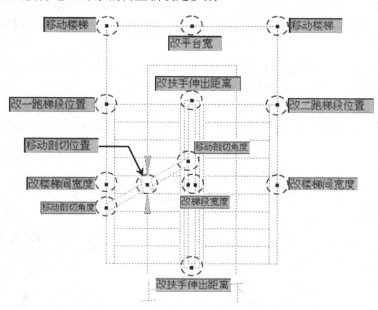

图 5-10　双跑楼梯各夹点操作

◆ 移动楼梯：选定该点后拖动，可改变楼梯的位置。
◆ 改平台宽：选定该点后拖动，可改变休息平台的宽度，同时也可以改变方向线。
◆ 改一跑梯段位置：该夹点位于一跑末端角点，纵向拖动夹点可改变一跑梯段位置。
◆ 改二跑梯段位置：该夹点位于二跑起端角点，纵向拖动夹点可改变二跑梯段位置。
◆ 改扶手伸出距离：两夹点各自位于扶手两端，分别拖动可改变平台和楼板处的扶手
伸出距离。
◆ 改楼梯间宽度：拖动该夹点改变楼梯间的宽度，同时改变梯井宽度，但不改变两梯
段的宽度。
◆ 改梯段宽度：拖动该夹点对称改变两梯段的梯段宽，同时改变梯井宽度，但不改变
楼梯间宽度。
◆ 移动剖切位置：该夹点用于改变楼梯剖切位置，可沿楼梯拖动改变位置。
◆ 移动剖切角度：该夹点用于改变楼梯剖切位置，可拖动改变角度。

技巧提示——双跑梯段坡道与防滑间距

　　楼梯的双跑步数相等才能勾选"作为坡道"复选框，否则坡长不能准确定义。坡道的防
滑条的间距用步数来设置，也要在勾选"作为坡道"复选框前设好。

5.1.5　多跑楼梯

　　"多跑楼梯"命令创建由梯段开始且以梯段结束、梯段和休息平台交替布置、各梯段方向自由的多跑楼梯，要点是先在对话框中确定"基线在左"或"基线在右"的绘制方向，在绘制梯段过程中能实时显示当前梯段步数、已绘制步数以及总步数，便于设计中决定梯段起止位置。

　　TArch 2013 在对象内部增加了上楼方向线，读者可定义扶手的伸出长度，剖切位置可以根据剖切点的步数或高度设定，可定义有转折的休息平台。

　　在 TArch 2013 屏幕菜单中选择"楼梯其他｜多跑楼梯"命令，在弹出的对话框中设置相关参数，然后根据命令栏提示，拖拽光标并确定梯段长度和休息平台长度，如图 5-11 所示。

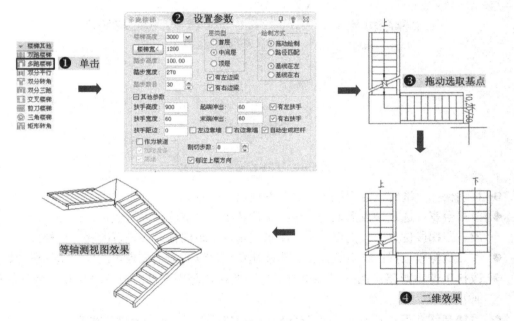

图 5-11　多跑楼梯的创建

　　在拖拽选定点过程中，当光标位置提示"10/30"时，单击鼠标左键，再拖动光标，确定梯段长度；再确定下一点距离时（也可在命令栏处输入距离数值）指定的是休息平台的长度。"10/30"指的是"当前梯段的踏步数，已绘制梯段的踏步数/楼梯的总踏步数"。

　　在"多跑楼梯"对话框中，部分功能与前面介绍的"双跑楼梯"对话框相同，这里只介绍其他几个功能选项的含义。

◆ 拖动绘制：移动光标来量取楼梯间净宽作为双跑楼梯总宽。

◆ 路径匹配：将已绘制好的多段线作为基线绘制楼梯，以上楼方向为准，分"基线在左"和"基线在右"的两种情况。

◆ 基线在左/右：根据上楼方向，可确定基线方向，如图 5-12 所示。

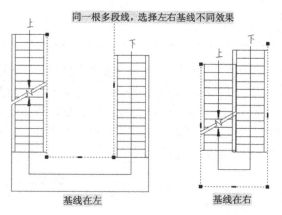

图 5-12 基线在左与在右对比

◆ 左边靠墙：按上楼方向，左边不画出边线。

◆ 右边靠墙：按上楼方向，右边不画出边线。

当按基线绘制楼梯时，多跑楼梯由给定的基线来生成。基线就是多跑楼梯左侧或右侧的边界线。基线可事先绘制好，也可以交互确定，但不要求基线与实际边界完全等长，按照基线交互选取顶点，当步数足够时结束绘制，基线的顶点数目为偶数，即梯段数目的两倍。多跑楼梯的休息平台是自动确定的，休息平台的宽度与梯段宽度相同，形状由相交的基线决定，默认的剖切线位于第一跑，可拖动改为其他位置。其中右图为选路径匹配，基线在左时的转角楼梯生成。注意即使 P2、P3 为重合点，绘图时也应分开两点绘制，如图 5-13 所示。

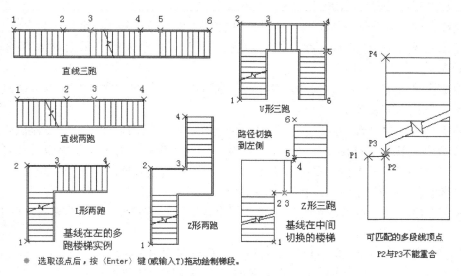

● 选取该点后，按〈Enter〉键(或输入T)拖动绘制梯段。

图 5-13 多跑楼梯类型实例

技巧提示——各楼梯夹点操作左右

移动不同楼梯的夹点，发生的变化也不同。移动夹点可以改变休息平台和梯段的踏步，但是所选择梯段的总踏步数量不会因移动夹点而发生变化。移动夹点不能改变楼梯休息平台的宽度，但可以改变其长度，由此可见，移动夹点的作用很广。

5.1.6 双分平行

双分平行楼梯是指一个梯段经过休息平台后分成两个梯段，分别位于分前梯段的两侧并且分后的梯段为平行楼梯。利用"双分平行"命令可以绘制双分平行楼梯，可以选择从中间梯段上楼或者从边梯段上楼。通过设置平台宽度可以解决复杂的梯段关系。

在 TArch 2013 屏幕菜单中选择"楼梯其他 | 双分平行"命令，在弹出的对话框中设置相关参数，然后在图中确定插入点即可完成创建，如图 5-14 所示。

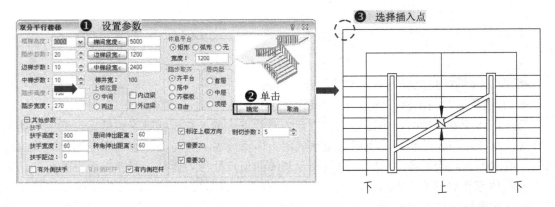

图 5-14 双分平行楼梯创建操作

在"双分平行楼梯"对话框中，各功能选项的含义如下。

◆ 楼梯高度：双分平行楼梯两个楼梯梯段的总高度，有常用层高列表可供选择。

◆ 踏步总数：根据楼梯高度，在建筑常用踏步高合理数值范围内计算获得的踏步总数。

◆ 边梯步数/中梯步数：双分平行楼梯两个楼梯梯段各自的步数，默认两个梯段步数相等，可根据需要改变。

◆ 踏步高度：根据楼梯高度，由程序推算出符合建筑规范合理范围的设计值。由于踏步数目是整数，楼梯高度是给定的整数，因此踏步高度并非总是整数。读者也可以给定边梯和中梯步数，系统重新计算确定踏步高的精确值。

◆ 踏步宽度：楼梯段的每一个踏步板的宽度。

◆ 梯间宽度：既可输入，也可以直接从图上量取，梯间宽度=中梯段宽+2×（边梯段宽+梯井宽）。

◆ 中梯段宽：中间梯段的宽度，单击该按钮后可在图中选取。

◆ 边梯段宽：两边梯段的宽度，单击该按钮后可在图中选取。

◆ 梯井宽：显示梯井宽参数，梯井宽=梯间宽-2×梯段宽。修改梯间宽时，梯井宽自动改变。

◆ 休息平台：有"矩形""圆弧"和"无"3 个选项，选择"无"时用于连接绘制的异形休息平台。

◆ 宽度：休息平台的宽度，从中跑和边跑计算，有两个宽度。

◆ 踏步取齐：有"齐平台""居中""齐楼板"和"自由"4 种对齐选项，"自由"选项是为夹点编辑改梯段位置后再作对象编辑而设置的。

◆ 上楼位置：可以绘制边跑和中跑两种上楼位置，自动处理剖切线和上楼方向线的绘制。

◆ 内边梁/外边梁：用于绘制梁式楼梯，可分别绘制内侧边梁和外侧边梁，梁宽和梁高参数在特性栏中修改。

◆ 层类型：可以按当前平面图所在的楼层，以建筑制图规范的图例绘制楼梯的对应平面表达形式。

◆ 扶手高度/宽度：默认值分别为从第一步台阶起算 900 高、断面 60×100 的扶手尺寸。

◆ 扶手距边：扶手边缘距梯段边的数值，在 1：100 图上一般取 0，在 1：50 详图上应标以实际值。

◆ 伸出距离：层间伸出距离为在楼板处的扶手伸出距离，转角伸出距离为休息平台处的扶手伸出距离。

◆ 有外侧扶手：楼梯内侧默认总是绘制扶手，外侧按照要求而定，勾选该复选框后绘制外侧扶手。

◆ 有外侧栏杆：外侧绘制扶手也可选择是否勾选绘制外侧栏杆，边界为墙时常不用绘制栏杆。

◆ 有内侧栏杆：如果需要绘制自定义栏杆或者栏板时可取消勾选该复选框，不绘制默认栏杆。

◆ 标注上楼方向：可选择是否标注上楼方向箭头线。

◆ 剖切步数：可选择楼梯的剖切位置，以剖切线所在踏步数定义。

◆ 需要 3D/2D：用来控制绘制二维视图和三维视图，某些情况只需要二维视图，某些情况则只需要三维。

选中绘制好的双分平行楼梯，显示出楼梯的相应夹点，移动夹点可以对图形进行修改。所显示的每一个夹点都可以更改双分平行楼梯的属性参数，也可以双击图形来改变参数。

 5.1.7　其他楼梯的创建

在 TArch 2013 中，创建楼梯样式的命令有很多，此处不再一一介绍。下面介绍几种常用的楼梯样式。在图 5-15～图 5-20中，给出了相应的楼梯对话框的参数，以及创建的平面图和三维效果。

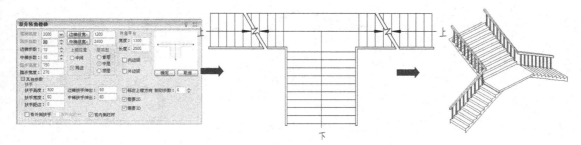

图 5-15　双分转角楼梯的创建

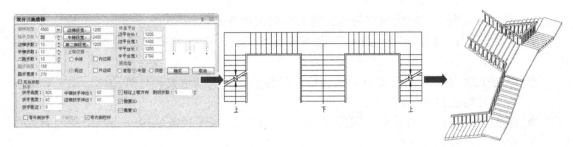

图 5-16　双分三跑楼梯的创建

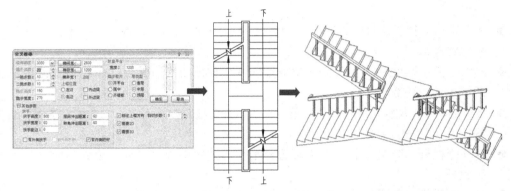

图 5-17　交叉三跑楼梯的创建

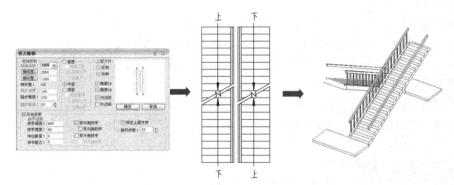

图 5-18　剪刀楼梯的创建

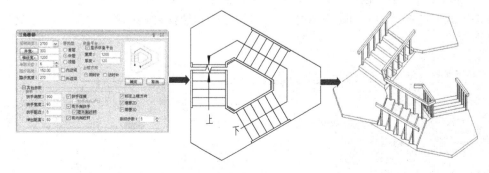

图 5-19　三角楼梯的创建

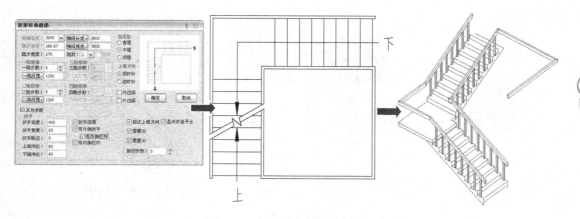

图 5-20 矩形转角楼梯的创建

技巧提示——各种楼梯的其他操作

当读者创建完楼梯后，也可以使用 AutoCAD 的"分解"命令进行分解操作，这样就可以单独修改楼梯中的各个对象了。双击想要修改的单个对象，弹出相应的参数对话框，即可修改参数，如图 5-21 所示。

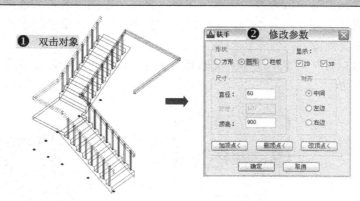

图 5-21 修改楼梯对象的参数

 ### 5.1.8 添加扶手

扶手作为与梯段配合的构件，与梯段和阳台都有关联。大多数的梯段至少有一侧是临空的，为了保证使用安全，应在楼梯段的临空一侧设置栏杆和栏板，并在其上部设置扶手。通过"连接扶手"命令可以把不同分段的扶手连接起来。

"添加扶手"命令以楼梯段或沿上楼方向的多段线路径为基线生成楼梯扶手，可自动识别楼梯段和台阶，但是不识别组合后的多跑楼梯与双跑楼梯。

在 TArch 2013 屏幕菜单中选择"楼梯其他 | 添加扶手"命令，选择要添加的扶手和梯段，然后分别在命令栏输入扶手的宽度、扶手顶面的高度和扶手距梯段边的距离，按〈Enter〉键即可完成绘制，如图 5-22 所示。

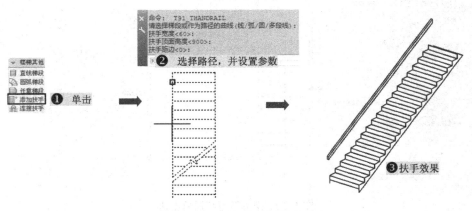

图 5-22　添加扶手的操作

5.1.9　连接扶手

"连接扶手"命令用于把未连接的扶手彼此连接起来。如果准备连接的两段扶手的样式不同，连接后的样式以第一段为准，连接顺序要求是前一段扶手的末端连接下一段扶手的始端，梯段的扶手则按上行方向为正向，需要以从低到高顺序选择扶手的连接，接头之间应留出空隙，不能相接和重叠。

在 TArch 2013 屏幕菜单中选择"楼梯其他｜连接扶手"命令，分别选择两个扶手，具体操作如图 5-23所示。

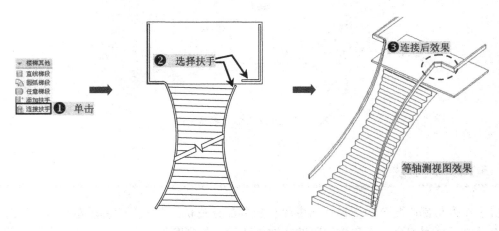

图 5-23　扶手连接操作

技巧提示——扶手连接的前提条件

在执行"扶手连接"命令前，应当先把需要被连接的扶手移动到同一高度，否则执行"扶手连接"命令后会出现错误，请读者注意。

5.1.10 楼梯栏杆

在"双跑楼梯"命令对话框有自动添加竖栏杆的设置，但有些楼梯命令仅可创建扶手，或者栏杆与扶手都不能创建，此时可先按上述方法创建扶手，然后使用"三维建模｜造型对象｜路径排列"命令来绘制栏杆。由于栏杆在施工平面图不必表示，主要用于三维建模和立剖面图，因此在平面图中没有显示栏杆时，注意选择视图类型。

要自定义楼梯栏杆对象，用户可通过以几步来操作。

1）在屏幕菜单中使用"三维建模｜造型对象｜栏杆库"命令，再选择栏杆的造型样式。

2）在平面图中插入合适的栏杆单元（也可用其他三维造型方法创建栏杆单元）。

3）在屏幕菜单中使用"三维建模｜造型对象｜路径排列"命令来构造楼梯栏杆。

5.1.11 电梯

使用"电梯"命令可绘制由轿厢、平衡块和电梯门等组成的电梯。电梯需要放入井道中，并需要为电梯设计专用的机房，应根据电梯说明书设计井道和机房的细部构造。电梯门是天正门窗对象。

其绘制条件是每一个电梯周围已经由天正墙体创建了封闭房间作为电梯井，如要求电梯井贯通多个电梯，请临时加虚墙分隔。电梯间一般为矩形，梯井道宽为开门侧墙长。

在 TArch 2013 屏幕菜单中选择"楼梯其他｜电梯"命令，选择电梯角点，再选择电梯开门的墙体，然后选择平衡块所在的一侧即可，如图 5-24 所示。

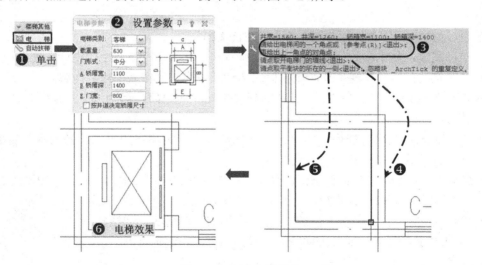

图 5-24　创建电梯操作

技巧提示——电梯不能生成三维模型

由于电梯对象还没有设计成三维模型，因此在执行"立面"和"剖面"命令后不会生成相应的电梯立面和剖面图形，只会显示电梯门的样式。

5.1.12 自动扶梯

"自动扶梯"命令多用于绘制向上或向下倾斜输送乘客的自动扶梯。使用该命令可绘制单台或双台自动扶梯或自动人行步道（坡道），但只创建二维图形，对三维和立剖面生成不起作用。

在 TArch 2013 屏幕菜单中选择"楼梯其他 | 自动扶梯"命令，在弹出的对话框中分别设置不同的梯段参数，然后单击"确定"按钮，再选择插入的指定位置，如图 5-25 所示。

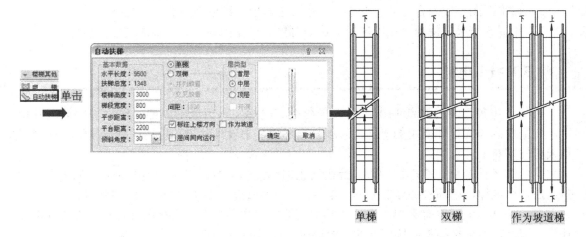

图 5-25 自动扶梯的创建

在"自动扶梯"对话框中，各功能选项的含义如下。

◆ 楼梯高度：从本楼层自动扶梯第一工作点起，到第二工作点止的设计高度。

◆ 梯段宽度：自动扶梯不算两侧裙板的活动踏步净长度作为梯段的净宽。

◆ 平步距离：从自动扶梯工作点开始到踏步端线的距离，当为水平步道时，平步距离为 0。

◆ 平台距离：从自动扶梯工作点开始到扶梯平台安装端线的距离，当为水平步道时，平台距离需重新设置。

◆ 倾斜角度：自动扶梯的倾斜角，商品自动扶梯为 30° 或 35°，坡道为 10° 或 12°，当倾斜角为 0 时作为步道，交互界面和参数相应修改。

◆ 单梯/双梯：可以一次创建成对的自动扶梯或者单台的自动扶梯。

◆ 并列/交叉放置：双梯两个梯段的倾斜方向可以一致也可以相反。

◆ 间距：双梯之间相邻裙板之间的净距。

◆ 作为坡道：勾选此复选框，扶梯按坡道的默认角度 10° 或 12° 取值，长度重新计算。

◆ 标注上楼方向：默认勾选此复选框，标注自动扶梯上下楼方向，默认中层时剖切到的上行和下行梯段，运行方向箭头表示相对运行（上楼/下楼）。

◆ 层间同向运行：勾选此复选框后，中层时剖切到的上行和下行梯段运行方向箭头表示同向运行（都是上楼）。

◆ 层类型：3 个单选项分别表示当前扶梯处于首层（底层）、中层和顶层。

◆ 开洞：可绘制顶层板开洞的扶梯，隐藏自动扶梯洞口以外的部分，勾选"开洞"复选框后遮挡扶梯下端，提供一个夹点拖动改变洞口长度，如图 5-26 所示。

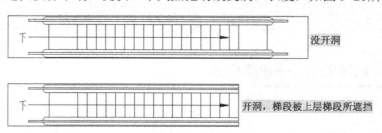

图 5-26 开洞效果

自动扶梯是作为自定义对象存在的，可以通过拖动夹点进行编辑，夹点的意义如图 5-27 所示，也可以双击楼梯进入对象编辑重新设定参数（这里介绍的是一种双梯顶层自动扶梯的夹点示意图）。

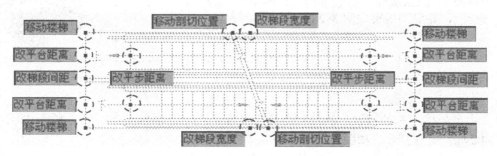

图 5-27 各个夹点功能介绍

◆ 改梯段宽度：梯段被选中后亮显，选取两侧中央夹点改梯段宽，即可拖移该梯段改变宽度。

◆ 移动楼梯：在显示的夹点中，居于梯段 4 个角点的夹点为移动梯段，选取 4 个夹点中的任意一个，即表示以该夹点为基点移动梯段。

◆ 改平台距离：可拖移该夹点改变自动扶梯平台距离。

◆ 改平步距离：可拖移该夹点改变自动扶梯平步距离。

◆ 改步道长：可拖移该夹点改变水平自动步道的长度，非水平的扶梯和步道没有此夹点，长度由楼梯高度和倾斜角决定。

◆ 改梯段间距：可拖移该夹点改变两扶梯之间的净距。

◆ 改洞口长度：可拖移该夹点改变顶层楼梯的洞口遮挡长度，隐藏洞口外侧范围的部分楼梯。

◆ 移动剖切位置：在带有剖切线的梯段上，可拖移该夹点改变剖切线的角度和位置，位置默认是在梯段中间。

技巧提示——自动扶梯设置

> 在"自动扶梯"参数对话框中不一定能准确设置扶梯的运行和安装方向，如果希望设定扶梯的方向，可在插入扶梯时输入选项，对扶梯进行各向翻转和旋转，必要时不标注运行方向，另行用"箭头引注"命令添加，上下楼方向的注释文字还可在特性栏进行修改。

 5.1.13 即学即用——创建楼梯

素 视频\05\创建楼梯.avi
材 案例\05\创建楼梯-效果.dwg

该案例为某别墅的平面图，本节主要讲解案例中楼梯和电梯的创建方法。首先打开事先绘制好的平面图，然后在指定区域利用"双跑梯段""圆弧楼梯"和"电梯"3 种命令进行绘制，完成的效果如图 5-28所示

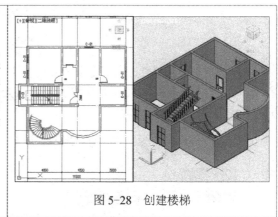

图 5-28　创建楼梯

1）正常启动 TArch 2013 软件，选择"文件 | 打开"菜单命令，将"案例\05\创建楼梯-平面.dwg"文件打开，如图 5-29所示。

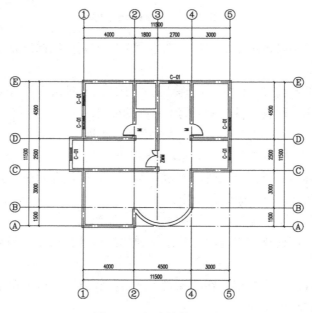

图 5-29　创建楼梯-平面

2）选择"文件｜另存为"菜单命令，将文件另存为"案例\05\创建楼梯-效果.dwg"文件。

3）在屏幕菜单中选择"楼梯其他｜双跑楼梯"命令，在弹出的对话框中设置楼梯总高度为 3000，单击"梯间宽"按钮，在视图中捕捉梯间内墙角点确定宽度，踏步总数设置为 26，休息平台宽度为 1130，勾选"有外侧扶手""有外侧栏杆"和"有内侧栏杆"复选框，最后指定插入点，如图 5-30所示。

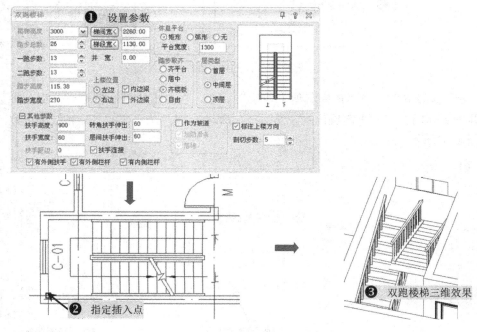

图 5-30　创建双跑楼梯操作

4）在屏幕菜单中选择"楼梯其他｜圆弧梯段"命令，设置内圆为顺时针方向，并输入内外半径数值，踏步数为 20，然后选择插入位置，从而在 1、2 轴与 A、C 轴之间创建一个圆弧楼梯，如图 5-31所示。

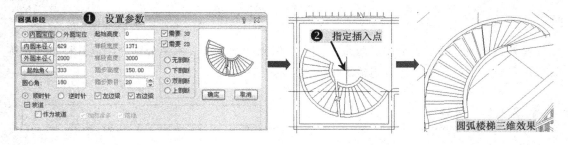

图 5-31　创建圆弧楼梯操作

5）在屏幕菜单中选择"楼梯其他｜添加扶手"命令，然后根据命令栏提示设置扶手路径、宽度、高度，从而在圆弧楼梯上创建扶手，如图 5-32所示。

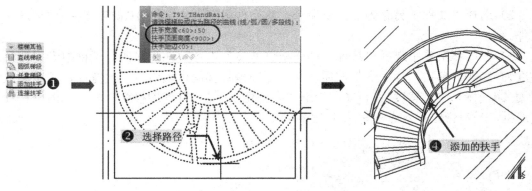

图 5-32　添加扶手操作

6）在屏幕菜单中选择"楼梯其他｜电梯"命令，在弹出的对话框中设置相关参数，选取角点并确定开门方向和平衡块位置，然后按〈Enter〉键，从而在 2、3 轴线处创建一个电梯，如图 5-33 所示。

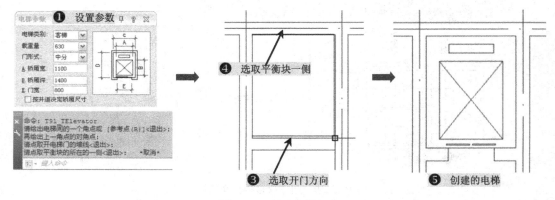

图 5-33　创建电梯操作

7）至此，平面图中楼梯、扶手和电梯已经创建完成，按〈Ctrl+S〉组合键进行保存。

软件
技能

5.2　创建室外设施

室外设施包括阳台、台阶、坡道、阳台、散水和雨篷等。本节分别介绍这几种室外设施的创建方法，以及其各个部分与建筑构件之间的处理方法。

5.2.1　阳台

阳台是建筑物室内的延伸，是供使用者进行活动和晾晒衣物的建筑空间，有时也称外廊。根据其封闭情况分为非封闭阳台和封闭阳台；根据其与主墙体的关系分为凹阳台和凸阳台；根据其空间位置分为底阳台和挑阳台。

使用"阳台"命令可以预定样式，也可直接绘制阳台或根据已有的轮廓线生成阳台。一层的阳台可以自动遮挡散水，阳台对象也可以被柱子局部所遮挡。

在 TArch 2013 屏幕菜单中选择"楼梯其他 | 阳台"命令，在弹出的"绘制阳台"对话框中设置相关参数，然后根据命令栏提示选择起点、终点，如图 5-34 所示。

图 5-34 创建阳台操作

在"绘制阳台"对话框的下方有 6 个按钮，这些按钮可以决定所绘制阳台的样式，如图 5-35 所示。

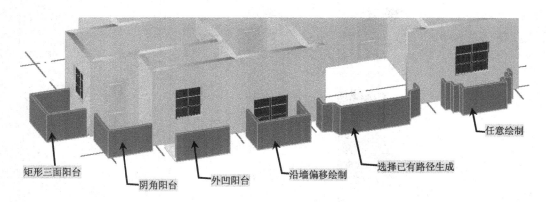

图 5-35 各种阳台样式的绘制

若单击"选择已有路径生成"按钮，则首先在视图中绘制好一条阳台路径，然后选择这条路径，再选择相邻的墙和门窗，按〈Enter〉键结束选择，最后选择衔接阳台的墙体，如图 5-36 所示。

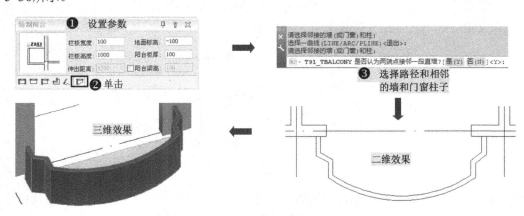

图 5-36 沿路径绘制阳台操作

技巧提示——创建阳台时注意

有外墙外保温层时，阳台绘制时的定位点应定义在结构层线而不是在保温层线的起点和末点位置，因此"伸出距离"应从结构层算起。这样做的好处在于，由于结构层的位置是相对固定的，调整墙体保温层厚度时不会影响已经绘制的阳台对象。

5.2.2 台阶

当建筑物室内外地坪存在高度差时，可在建筑物入口设置台阶作为建筑室内外的过渡。使用"台阶"命令可以预定样式或直接绘制台阶，或根据已有的轮廓线生成台阶，同时台阶可以自动遮挡散水。

在 TArch 2013 屏幕菜单中选择"楼梯其他|台阶"命令，在弹出的"台阶"对话框中设置相关参数，然后选择绘制台阶的样式，再到图中绘制台阶，如图 5-37 所示。

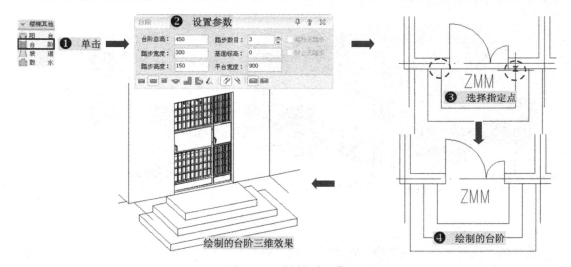

图 5-37 绘制台阶操作

台阶是作为自定义对象存在的，可以通过拖动夹点进行编辑，也可以双击台阶进入对象编辑重新设定参数，台阶控件参数如图 5-38 所示。

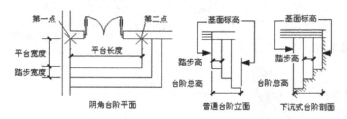

图 5-38 台阶控件参数

利用"台阶"命令可直接绘制矩形单面台阶、矩形三面台阶、阴角台阶、沿墙偏移等预定样式的台阶，或把预先绘制好的多段线转成台阶，或直接绘制平台创建台阶。如平台不能由本命令创建，应下降一个踏步高度来绘制下一级台阶作为平台；而直台阶两侧需要单独补充直线画出二维边界。

　　下面是其他几种台阶的二维、三维样式与矩形三面台阶的二维、三维生成图形的对比，如图 5-39～图 5-45 所示。

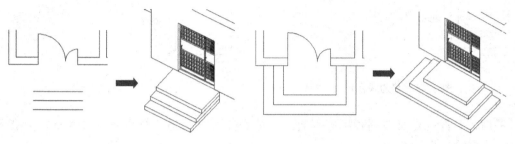

<table>
<tr><td>图 5-39　矩形单面台阶</td><td>图 5-40　矩形三面台阶</td></tr>
</table>

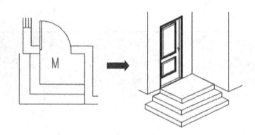 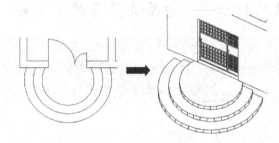

<table>
<tr><td>图 5-41　矩形阴角台阶</td><td>图 5-42　圆弧台阶</td></tr>
</table>

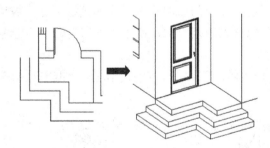 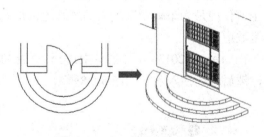

<table>
<tr><td>图 5-43　沿墙偏移绘制台阶</td><td>图 5-44　沿已有路径绘制台阶</td></tr>
</table>

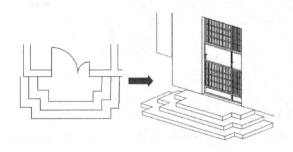

图 5-45　按任意径绘制台阶

在天正 TArch 2013 中，绘制台阶的类型分为两种，即普通式台阶▢与下沉式台阶▢，前者高于平面，后者则低于平面，如图 5-46 和图 5-47 所示。

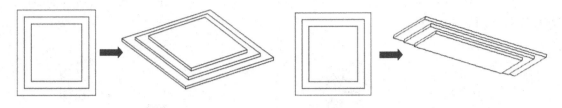

图 5-46　普通式台阶　　　　　　　　　　图 5-47　下沉式台阶

最后，基面的定义有两种不同基面：一是平台面▢，另一个是外轮廓面▢，后者多用于下沉式台阶。

技巧提示——台阶宽度与坡度问题

在一般的情况下，台阶下顶部平面的宽度应大于所连通门洞宽度的尺寸，最好是每边宽出 500。在实际中，室外台阶常受风雪和雨水的影响，为确保安全，需将台阶的坡度减小，且台阶的单踏步宽度不应该小于 300，单踏步的高度不应该大于 150。

 5.2.3　坡道

坡道是连接高差地面或者楼面的斜向交通通道，以及门口的垂直交通和疏散措施。坡道的主要作用是为车辆和残疾人的通行提供便利，也可以遮挡散水，使用"坡道"命令可绘制单跑坡道。

在 TArch 2013 屏幕菜单中选择"楼梯其他｜坡道"命令，在弹出的对话框中设置参数，然后选择插入点，如图 5-48 所示。

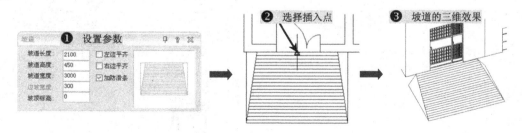

图 5-48　坡道的创建

坡道是作为自定义对象存在的，可以通过拖动夹点进行编辑。选中需要修改的坡道对象，然后将光标放至夹点上就会显示该点的意义，"坡道"对话框控件的参数意义如图 5-49 所示。

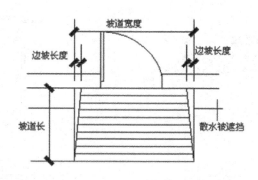

图 5-49　坡道控件参数

坡道类型比较多，用途也非常广泛，其样式有几下几种，如图 5-50所示。

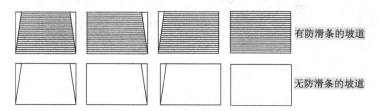

有防滑条的坡道

无防滑条的坡道

图 5-50　几种类型样式的坡道

技巧提示——坡道宽度的相应规定

坡道的宽度应该大于所连通的门洞口宽度，一般每边至少宽 500，坡道的坡度与建筑室内外高度差及坡道的表面层处理方法有关，光滑材料坡道的坡度与建筑室内外高度差比应小于等于 1:12，粗糙材料坡道的坡度与建筑室内外高度差比应该小于等于 1:6。带防滑齿坡道的坡度与建筑室内外高差比应该小于等于 1:4。

 5.2.4　散水

"散水"命令通过自动搜索外墙线绘制散水对象，可自动被凸窗、柱子等对象裁剪，也可以通过勾选复选框或者对象编辑，使散水绕壁柱、绕落地阳台生成。阳台、台阶、坡道和柱子等对象自动遮挡散水，位置移动后遮挡自动更新。

因为散水的绘制是根据建筑物墙体的外墙来进行识别的，所以在执行"散水"命令前，应该先识别建筑物内外墙，再在屏幕菜单中选择"楼梯其他|散水"命令，然后框选所有的墙体对象，如图 5-51所示。

"散水"对话框中各功能选项的含义如下。

◆ 室内外高差：使用的室内外高差，默认为450。

◆ 偏移外墙皮：外墙勒脚对外墙皮的偏移值。

◆ 散水宽度：新的散水宽度，默认为600。

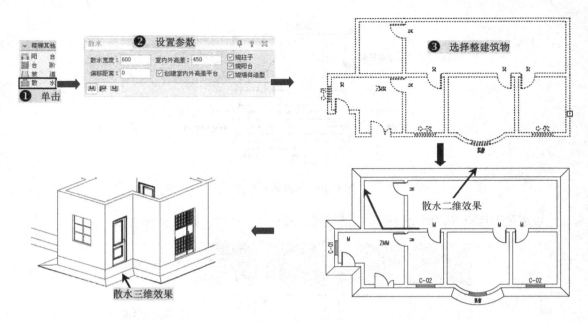

图 5-51　散水的创建

◆ 创建高差平台：勾选此复选框后，在各房间中按零标高创建室内地面。

◆ 散水绕柱子/阳台/墙体造型：勾选此复选框后，散水绕过柱子、阳台、墙体造型创
建，否则穿过这些构件创建。请按设计实际要求勾选，具体如图 5-52所示。

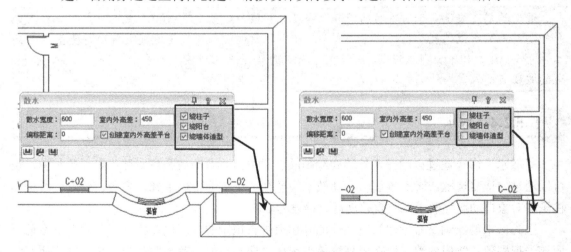

图 5-52　设置散水是否勾选绕柱子、绕阳台、绕墙体造型

◆ 搜索自动生成🖳：搜索墙体，自动生成散水对象。

◆ 任意绘制🖳：逐点给出散水的基点，动态地绘制散水对象。注意，散水在路径的右
侧生成。

◆ 选择已有路径生成🖳：选择已有的多段线或圆作为散水的路径生成散水对象，多段
线不要求闭合。

技巧提示——散水的编辑和修改

散水的每一条边宽度可以不同，可以在开始时按统一的全局宽度创建，通过夹点和对象编辑单独修改各段宽度，再修改为统一的全局宽度。

1）夹点编辑。单击散水对象，激活夹点后，拖动夹点即可进行夹点编辑，独立修改各段散水的宽度。

2）对象编辑。双击散水对象，命令栏出现"选择[加顶点（A）/减顶点（D）/改夹角（S）/改单边宽度（W）/改全局宽度（Z）/改标高（E）]<退出>"的提示，根据提示进入对象编辑的命令行选项进行编辑。

3）特性编辑。选择散水对象并按〈Ctrl+1〉组合键，在特性栏中可以看到散水的顶点号与坐标的关系，通过单击顶点栏的箭头可以识别当前顶点，改变坐标，也可以统一修改全局宽度，如图5-53所示。

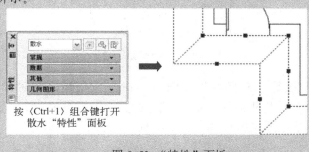

按〈Ctrl+1〉组合键打开
散水"特性"面板

图5-53 "特性"面板

 ### 5.2.5 即学即用——创建室外设施

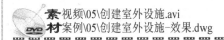

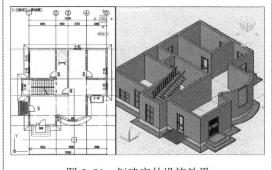

素视频\05\创建室外设施.avi
材案例\05\创建室外设施-效果.dwg

本案例主要讲解某别墅建筑室外设施的创建方法。首先打开事先绘制好的平面图，将其另存为新的文件，再在指定区域绘制"阳台""台阶"和"坡道"，最后对整体建筑物创建散水，其效果如图5-54所示。

图5-54 创建室外设施效果

1）正常启动 TArch 2013 软件，选择"文件 | 打开"菜单命令，将"案例\05\创建室外设施-平面.dwg"文件打开，如图5-55所示。

2）选择"文件 | 另存为"菜单命令，将文件另存为"案例\05\创建室外设施-效果.dwg"文件。

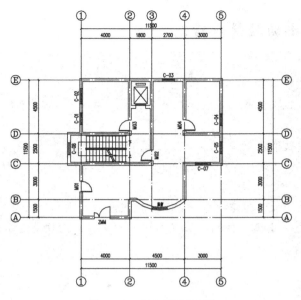

图 5-55 创建楼梯-平面

3）在屏幕菜单中选择"楼梯其他｜阳台"命令，在弹出的对话框中设置栏板宽为100，栏板高度为1000，伸出距离为1000，然后根据命令栏提示指定起点、终点，从而在编号 C-07 的窗体创建一个三面矩形阳台，如图5-56所示。

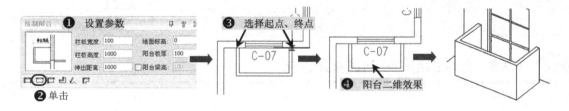

图 5-56 创建阳台操作

4）在屏幕菜单中选择"楼梯其他｜台阶"命令，在弹出的对话框中设置参数，再选择指定的起点、终点插入台阶，从而在编号为 ZMM 的门处创建一个三面矩形台阶，如图5-57所示。

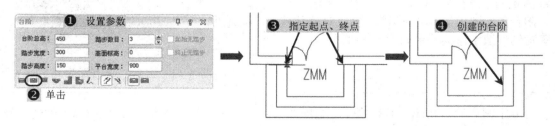

图 5-57 创建台阶操作

5）在屏幕菜单中选择"楼梯其他｜坡道"命令，在弹出的对话框中设置参数，再指定插入点，从而在编号为 M01 的门处创建一防滑坡道，如图5-58所示。

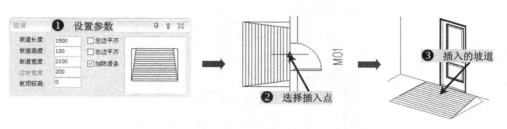

图5-58　创建防滑坡道

6）在屏幕菜单中选择"楼梯其他｜散水"命令，从弹出的对话框中参数设置，再根据命令栏提示选择所有建筑物的墙体、门窗和柱子，并按〈Enter〉键确定，从而创建散水对象，如图5-59所示。

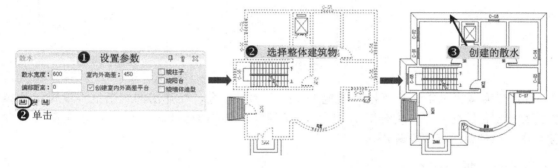

图5-59　创建散水操作

7）至此，该建筑物的室外设施已经创建完成，按〈Ctrl+S〉组合键进行保存。

软件技能　5.3　经典实例——绘制住宅楼室内外设施

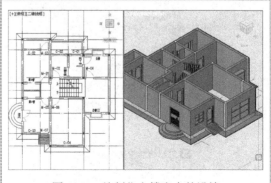

素材　视频\05\绘制住宅楼室内外设施.avi
　　　案例\05\住宅楼室内外设施-效果.dwg

　　本案例主要讲解某住宅楼室内外设施的创建方法。打开事先绘制好的平面图，将其另存为新的文件，在指定区域依次创建双跑楼梯、阴角阳台、坡道和圆弧台阶，以及散水对象，其效果如图5-60所示。

图5-60　绘制住宅楼室内外设施

1）正常启动 TArch 2013 软件，选择"文件｜打开"菜单命令，将"案例\05\住宅楼室内外设施-平面.dwg"文件打开，如图5-61所示。

2）选择"文件｜另存为"菜单命令，将文件另存为"案例\05\住宅楼室内外设施-效果.dwg"文件。

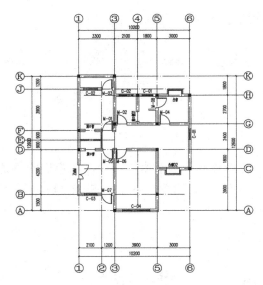

图 5-61　绘制住宅楼室内外设施-平面

3）在屏幕菜单中选择"楼梯其他 | 双跑楼梯"命令，在弹出的对话框中设置相关参数，并指定位置插入点，从而在 E、F 轴区域创建一双跑楼梯对象，如图 5-62所示。（为方便操作，已将轴线标注隐藏）。

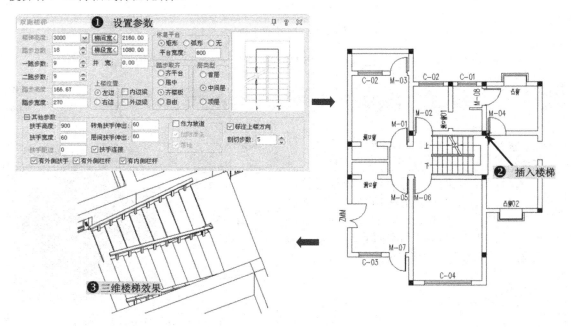

图 5-62　绘制双跑楼梯

4）在屏幕菜单中选择"楼梯其他 | 阳台"命令，在弹出的"阳台"对话框中设置相应的参数，选择"阴角阳台"的方法来创建阳台，并根据命令栏提示选定阳台的起点、终点，从而在编号为 C-01 和 C-02 的窗处创建一阴角阳台，如图 5-63所示。

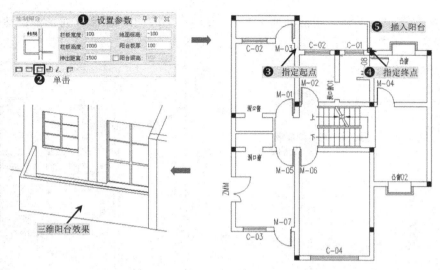

图 5-63 绘制阴角阳台

5）在屏幕菜单中选择"楼梯其他｜坡道"命令，在打开的"坡道"对话框中设置相应的参数，并根据命令栏提示选定坡道的插入点，从而在编号为 M-07 的门处绘制一坡道，如图 5-64所示。

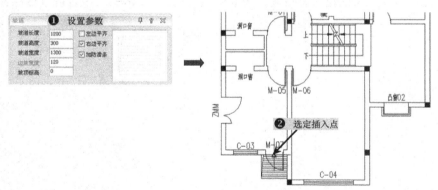

图 5-64 绘制坡道

6）在屏幕菜单中选择"楼梯其他｜台阶"命令，在打开的"台阶"对话框中设置相应的参数，并根据命令栏提示选定台阶的起点、终点，从而在编号为 ZMM 的门处创建圆弧台阶，如图 5-65所示。

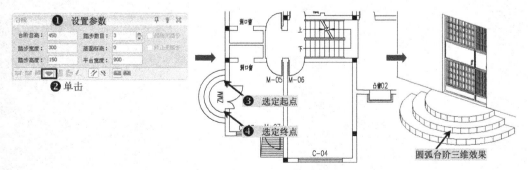

图 5-65 绘制圆弧台阶

7）在屏幕菜单中选择"楼梯其他 | 散水"命令，将弹出"散水"对话框，然后框选所有建筑物对象，并按〈Enter〉键即可创建散水，如图 5-66 所示。

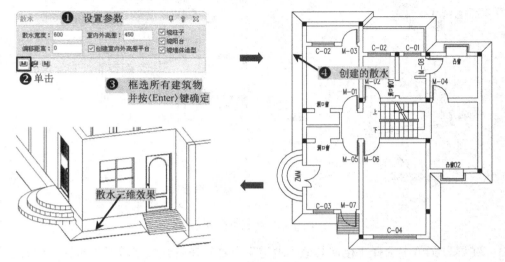

图 5-66 绘制散水

8）至此，该住宅楼的室内外设施已经创建完成，按〈Ctrl+S〉组合键进行保存。

第6章　天正房间查询和屋顶创建

本章导读

本章导读

房间指的是上有屋顶、周围有墙，能防风避雨、御寒保温，供人们在其中工作、生活、学习、娱乐和储藏物资，并具有固定基础、层高一般在 2.2m 以上的永久性场所。

屋顶是建筑的普遍构成元素之一，是房屋顶层覆盖的外围护结构，能够抵御自然界的风雪霜雨、气温变化以及其他不利因素。屋顶有平顶、坡顶等形式，干旱地区房屋多用平顶，湿润地区多用坡顶，多雨地区屋顶坡度较大。坡顶又分为单坡、双坡和四坡等。

本章首先讲解了房间面积的搜索方法等有关面积统计的命令应用，然后讲解了房间内布置方法和屋顶的创建方法，最后以某别墅实例来巩固前面所的知识点。

主要内容

- 掌握房间搜索及轮廓创建方法
- 掌握套内面积和建筑面积的标注方法
- 掌握室内洁具及隔断的布置方法
- 掌握各种屋顶及老虎窗的创建方法
- 掌握住宅楼房间的标注及屋顶的创建方法

效果预览

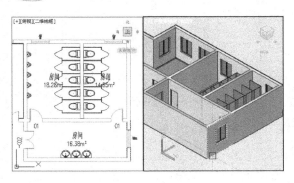
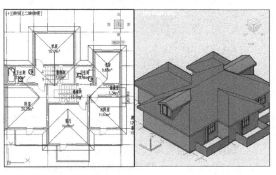

软件
技能

6.1 房间查询

房间查询是指通过几个相关命令对房屋的面积、使用面积和建筑面积等进行查询，这对房间的排序以及面积的计算和统计都非常方便。接下来将分别介绍 TArch 2013 几项查询命令的介绍和使用方法，如图6-1所示。

图 6-1　房间查询的相关命令

 ## 6.1.1　搜索房间

"搜索房间"命令可用来批量搜索或更新建筑物中已建立的房间、建筑面积和其他面积，从而建立房间信息并标注室内使用面积。标注位置自动置于房间的中心。

在 TArch 2013 屏幕菜单中选择"房间屋顶｜搜索房间"命令，在弹出的"搜索房间"对话框中设置参数，然后根据命令栏提示框选建筑物的所有墙体。此时系统将在所选的建筑图形中的每个房间生成房间名称、面积、单位和编号等，如图6-2所示。

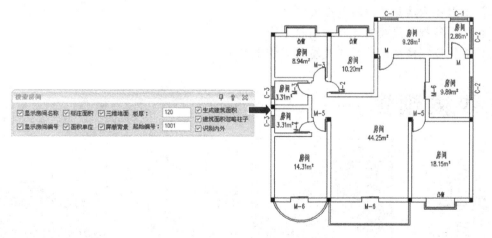

图 6-2　搜索房间标注信息

"搜索房间"对话框中各选项的含义如下。

◆ 标注面积：房间使用面积的标注形式，是否显示面积数值。

◆ 面积单位：是否标注面积单位，默认以平方米（m^2）为单位标注。

◆ 显示房间名称/显示房间编号：可以标识出房间的标识类型、建筑平面图标识房间名称或其他专业标识房间编号，也可以同时标识。

◆ 三维地面：勾选此复选框表示同时沿着房间对象边界生成三维地面。

◆ 板厚：生成三维地面时，给出地面的厚度。

◆ 生成建筑面积：在搜索生成房间的同时计算建筑面积。

◆ 建筑面积忽略柱子：根据建筑面积测量规范，建筑面积包括凸出的结构柱与墙垛，也可以选择忽略凸出的装饰柱与墙垛。

◆ 屏蔽背景：勾选此复选框后将利用"遮挡"命令的功能屏蔽房间标注下面的填充图案。

◆ 识别内外：勾选此复选框后同时执行识别内外墙功能，用于建筑节能。

在生成所有房间标注信息后，系统默认的房间名称统一都为"房间"，若要对单个房间的各项数据进行修改，只需双击被修改的房间对象，即可进行修改。如果需要修改多个房间，可以在选中被修改对象后单击鼠标右键，在弹出的下拉列表中选择"对象编辑"命令，从弹出的"编辑房间"对话框中进行相应的修改即可，如图6-3所示。

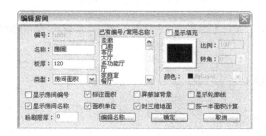

图6-3 "编辑房间"对话框

"编辑房间"的对话框中各选项的含义如下。

◆ 编号：对应每个房间的自动数字编号，用于其他专业标识房间。

◆ 名称：对房间给出的名称，可从右侧的常用房间列表选取，房间名称与面积统计的厅室数量有关，类型为洞口时默认名称是"洞口"，其他类型为"房间"。

◆ 粉刷层厚：房间墙体的粉刷层厚度，用于扣除实际粉刷厚度，精确统计房间面积。

◆ 类型：可以通过本列表修改当前房间对象的类型为"房间面积""建筑轮廓面积""洞口面积""分摊面积"和"套内阳台面积"。

◆ 封三维地面：勾选此复选框则表示同时沿着房间对象边界生成三维地面。

◆ 显示轮廓线：勾选此复选框后显示面积范围的轮廓线，否则选择面积对象才能显示。

◆ 按一半面积计算：勾选此复选框后该房间按一半面积计算，用于净高小于2.1m大于1.2m的房间。

◆ 屏蔽掉背景：勾选该复选框后利用"遮挡"命令的功能屏蔽房间标注下面的填充图案。

◆ 显示房间编号/名称：选择面积对象显示房间编号或者房间名称。

◆ 编辑名称...：光标进入"名称"编辑框时，该按钮可用，单击进入对话框列表，修改或者增加名称。

◆ 显示填充：勾选此复选框后以当前图案对房间对象进行填充，图案比例、颜色和图案可选，单击图像框进入"图案选择"对话框选择其他图案或者下拉颜色列表改颜色，如图6-4所示。

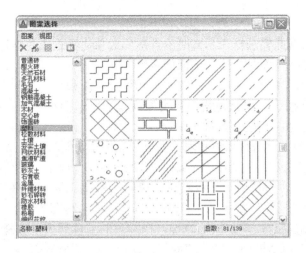

图 6-4　"图案选择"对话框

◆ 比例：填充图形时，可以调节比例大小，控制填充图案的间距，如图 6-5 所示。

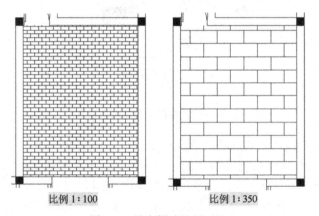

图 6-5　填充样式比例对比

◆ 转角：对所填充的图形转角，转角的角度可以任意填充，如图 6-6 所示。

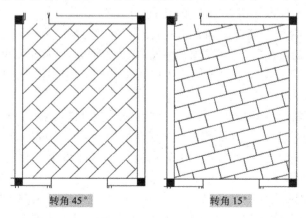

图 6-6　填充样式角度对比

◆ 颜色：对所填的图形定色。读者可以选择相应的颜色。

最后，房间的修改还支持特性栏编辑，当选中需要被修改数据的房间名字时，按〈Ctrl+1〉组合键，将打开"特性"面板，读者就可以对选中的房间进行修改操作。

技巧提示——"搜索房间"命令注意事项

如编辑墙体时改变了房间边界，房间信息不会自动更新，可以通过再次执行"搜索房间"命令更新房间或拖动边界夹点，和当前边界保持一致。当勾选"显示房间编号"复选框时，会依照默认的排序方式对编号进行排序；当编辑删除房间造成房间号不连续、重号或者编号顺序不理想时，可用后面介绍的"房间排序"命令重新排序。

 6.1.2　房间轮廓和排序

使用"房间轮廓"命令可绘制房间的轮廓线。可以将轮廓线转为地面，或作为生成踢脚线等装饰线脚的边界。

在 TArch 2013 屏幕菜单中选择"房间屋顶｜房间轮廓"命令，根据命令栏提示，在房间区域内单击任意一点，然后选择生成闭合的轮廓线，即可绘制房间的轮廓线，如图 6-7所示。

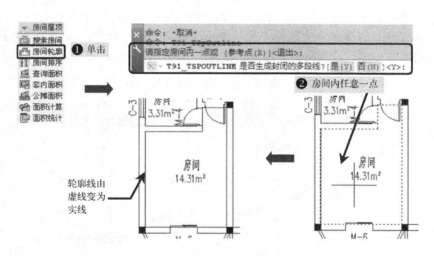

图6-7 "房间轮廓"命令

"房间排序"命令可以按某种排序方式对房间对象编号重新排序，适用对象除了普通房间外，还包括公摊面积和洞口面积等，对这些对象进行排序主要为了节能和暖通设计。

在 TArch 2013 屏幕菜单中选择"房间屋顶｜房间排序"命令，根据命令栏提示，选取所有的房间，再确定坐标，然后输入房间编号即可，如图6-8所示。

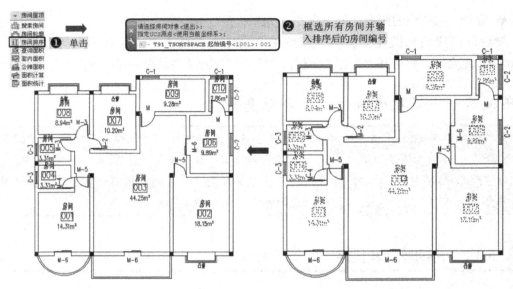

图 6-8 "房间排序"命令

6.1.3 查询面积

"查询面积"命令功能可查询房间使用面积、套内阳台面积以及闭合多段线面积，并将面积以单行文字的方式标注在房间内部。光标在房间内时显示的是使用面积。

在 TArch 2013 屏幕菜单中选择"房间屋顶 | 查询面积"命令，根据对话框提示，选取要查询面积的房间，然后选择标注点即可，如图 6-9 所示。

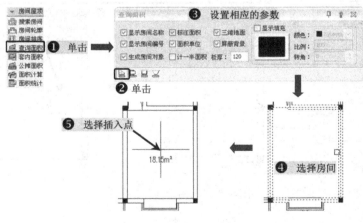

图 6-9 查询面积操作

在"查询面积"对话框中，可以按 4 种不同方式查询面积，各方式的含义如下。

◆ 房间面积查询 ：用鼠标框选要查询面积的房间，然后按〈Enter〉键，此时若将光标移动到相应房间区域内，光标处就会显示面积数据；若将鼠标移动到建筑外部区域，将会显示整个平面图的建筑面积。

◆ 封闭曲线面积查询 ▱：单击该按钮，表示查询面积时是按照闭合多段线或者封闭图形选取区域的。当光标显示面积数据后，单击选取标注位置。当读者按〈Enter〉键后，则面积数据将在该闭合多段线或封闭图形的中心位置处显示。

◆ 阳台面积查询 ▱：单击该按钮可选取天正的阳台对象，在鼠标光标处显示该阳台的面积数据，可选标注位置或按〈Enter〉键选中心标注位置。

◆ 绘制任意多边形面积查询 ▱：使用鼠标分别选取被查询的多边形的各个角点，按〈Enter〉键封闭需要查询的多边形，然后创建多边形的面积对象。

技巧提示——查询阳台面积注意事项

　　"查询面积"命令获得的建筑面积不包括墙垛和柱子凸出部分，TArch 2013 提供了"计一半面积"复选框，房间对象可以不显示编号和名称，仅显示面积。

　　阳台面积的计算是算一半面积还是算全部面积，各地不尽相同，读者可修改"天正选项"对话框"基本设定"选项卡的"阳台按一半面积计算"命令，个别不同的通过阳台面积对象编辑修改。

　　在阳台平面不规则，无法用天正阳台对象直接创建阳台面积时，可使用"查询面积"命令创建多边形面积，然后将对象编辑为"套内阳台面积"。

 6.1.4　套内面积

　　使用"套内面积"命令可按照国家对房屋测量的要求，以分户单元墙中线（包括保温层厚度在内）为边界计算出住宅单元的套内面积，并创建套内面积的房间对象。

　　在 TArch 2013 菜单中选择"房间屋顶｜套内面积"命令，将弹出"套内面积"对话框，设置好相应参数，然后选择所有房间对象并按〈Enter〉键，将当前的套内放置于相应位置，如图 6-10 所示。

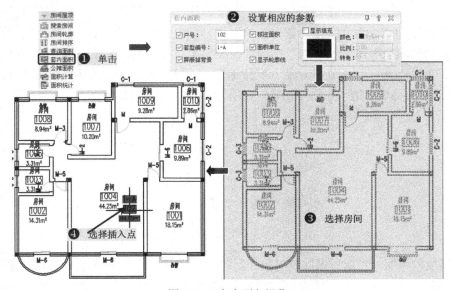

图 6-10　套内面积操作

技巧提示——执行"套内面积"命令需知

在选择时注意仅仅选取本套套型内的房间面积对象（名称），而不要把其他房间面积对象（名称）包括进去。"套内面积"命令获得的套内面积不含阳台面积，选择阳台面积对象的目的是指定阳台所归属的户号。

6.1.5 公摊面积

"公摊面积"命令用于定义按本层或全楼（幢）进行公摊的房间面积对象，需要预先通过"搜索房间"或"查询面积"命令创建房间面积，标准层自身的共用面积不需要执行本命令进行定义，没有归入套内面积的部分自动按层公摊。

在 TArch 2013 菜单中选择"房间屋顶｜公摊面积"命令，在"请选择房间面积对象<退出>："的提示下，选择已有的房间对象，可多次选取，并按〈Enter〉键退出选择，从而把这些面积对象归入 SPACE_SHARE 图层，公摊的房间名称不变，如图 6-11 所示。

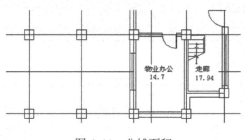

图 6-11 公摊面积

6.1.6 面积计算和统计

"面积计算"命令用于统计"查询面积"或"套内面积"等命令获得的房间使用面积、阳台面积和建筑面积等，用于不能直接测量到所需面积的情况，取面积对象或者标注数字均可。TArch 2013 改进了面积计算功能，支持更多的运算符和括号，默认采用命令行模式，可以选择快捷键切换到对话框模式，如图 6-12 所示。

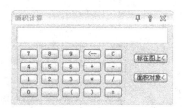

图 6-12 "面积计算"对话框模式

面积精度的说明：当取图上面积对象和运算时，"面积计算"命令会取得该对象的面积，不加精度折减，在单击"标在图上<"按钮对面积进行标注时，按读者设置的面积精度位数

进行处理。

"面积统计"命令按《房产测量规范》和《住宅设计规范》以及住建委限制大套型比例的有关文件，统计住宅的各项面积指标，为管理部门设计审批提供参考依据。此命令需要结合前面介绍的"建筑面积"和"套内面积"命令一起使用，下面详细介绍该命令的使用方法。

在 TArch 2013 菜单中选择"房间屋顶｜面积统计"命令，在弹出的对话框中选择不同的面积统计方式。此时，面积统计中房间面积的是按照名称分类的，读者可自行定义名称分类，单击"名称分类"按钮即可进入"名称分类"对话框，其中各个定义分类如图6-13所示。

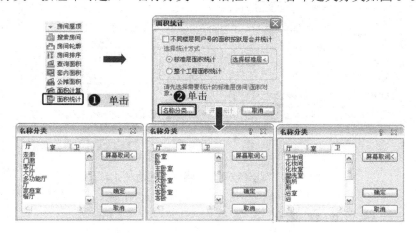

图 6-13　面积统计对话框

此时，当单击"选择标准层<"按钮后，则在图中选择整套建筑的"建筑面积"和"套内面积"对象，然后单击"面积统计"对话框中的"开始统计"按钮，系统会自动生成"统计结果"对话框，如图6-14所示。

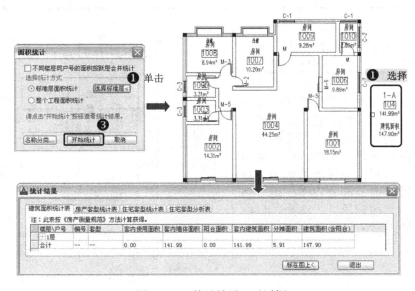

图 6-14　"统计结果"对话框

在"统计结果"对话框中，还包括"房产套型统计表""住宅套型统计表"和"住宅套型分析表"选项卡，如图6-15所示。

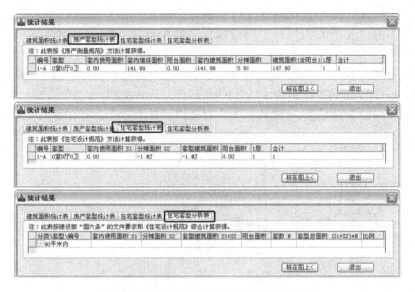

图6-15　"统计结果"对话框中其他统计表

技巧提示——执行面积统计前注意

　　执行"面积统计"前如果没有预先执行"套内面积"和"建筑面的"命令对整套建筑房间分户，则系统将提示"未找到分户房间"，并退出该命令。

 6.1.7　即学即用——房间查询

素 视频\06\房间的查询.avi
材 案例\06\房间查询-效果.dwg

　　本实例旨在指导读者如何对一整体建筑物所有的房间面积、建筑面积和套内面积进行查询。首先打开事先准备好的平面图，随后对这层平面内的房间面积进行标注，再利用相应的面积查询命令对整体的建筑面积和套内面积进行标注，最后执行"面积统计"命令，以便观察，其效果如图6-16所示。

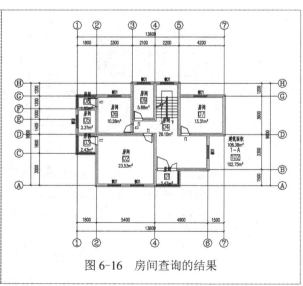

图6-16　房间查询的结果

　　1）正常启动天正 TArch 2013 软件，选择"文件|打开"菜单命令，将"案例\06\房间

查询-平面.dwg"文件打开,如图6-17所示。

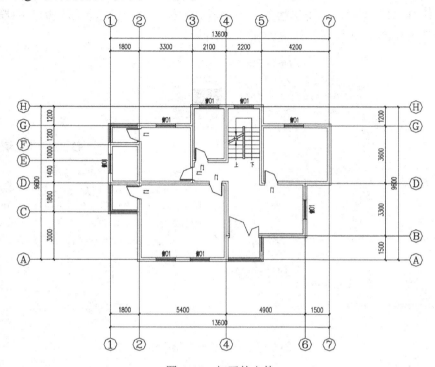

图6-17 打开的文件

2)选择"文件 | 另存为"菜单命令,将当前文件另存为"案例\06\房间查询-效果.dwg"。

3)在屏幕菜单中执行"房间屋顶 | 房间搜索"命令,框选绘图区中的所有墙体,并指定面积标签的摆放位置,如图6-18所示。

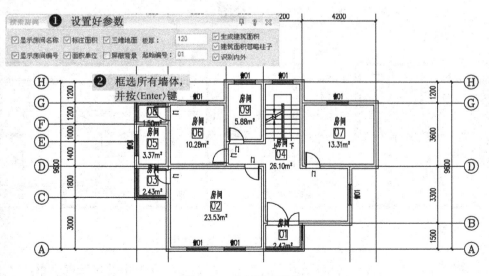

图6-18 房间搜索操作

4）在屏幕菜单中执行"房间屋顶 | 查询面积"命令，在弹出的对话框设置参数，并单击"房间面积查询"按钮，再框选绘图区中的所有墙体，并指定建筑面积标签的摆放位置，从而将建筑物的建筑面积计算出来，如图6-19所示。

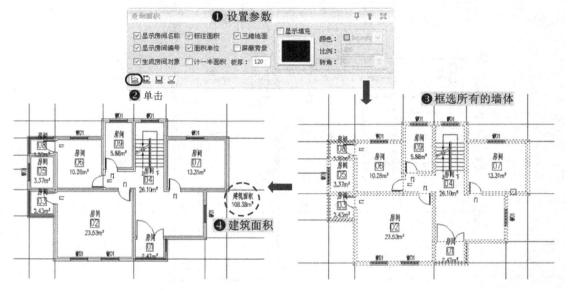

图 6-19　房间面积查询操作

5）在屏幕菜单中执行"房间屋顶 | 套内面积"命令，在弹出的对话框设置参数，再框选绘图区中所有的面积标签，并指定套内面积标签的摆放位置，从而将建筑物的套内面积计算出来，如图6-20所示。

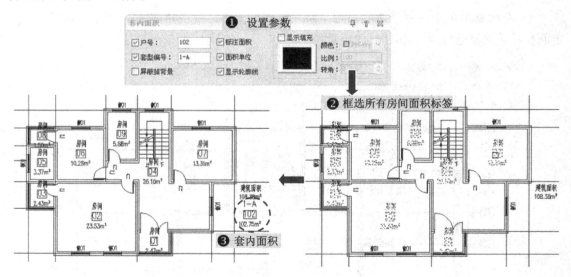

图 6-20　套内面积查询操作

6）在屏幕菜单中执行"房间屋顶 | 面积统计"命令，在弹出的对话框中单击"选择标准层<"按钮，然后在视图中选择"建筑面积"和"套内面积"标签，再单击对话框中的

"开始统计"按钮,将自动生成统计结果,如图6-21所示。

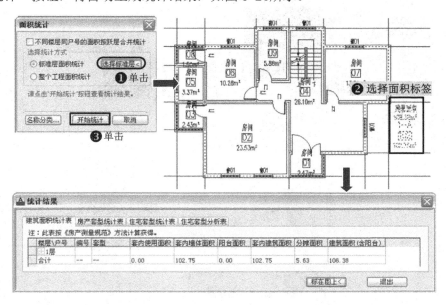

图6-21 统计结果操作

7)至此,该套房各房间和套房面积已经标注完成,按〈Ctrl+S〉组合键进行保存。

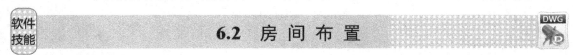

6.2 房间布置

对房间内其他设施的布置,能使一个房间更显得有完整性并且美观。在"房间布置"菜单中提供了多种命令,如图6-22所示,使得对房间、顶棚和卫生间的布置,以及添加踢脚线等更为方便,非常适用于装修建模。

图6-22 房间布置的相关命令

6.2.1 加踢脚线

踢脚线是家庭装修中必不可少的装饰性材料,主要用于装饰和保护墙角。使用"加踢脚线"命令可自动搜索房间的轮廓,并按读者选择的踢脚截面生成二维和三维一体的踢脚线。

在 TArch 2013 屏幕菜单中选择"房间屋顶|房间布置|加踢脚线"命令,再在弹出的对话框进行参数设置,然后添加踢脚线,如图6-23所示。

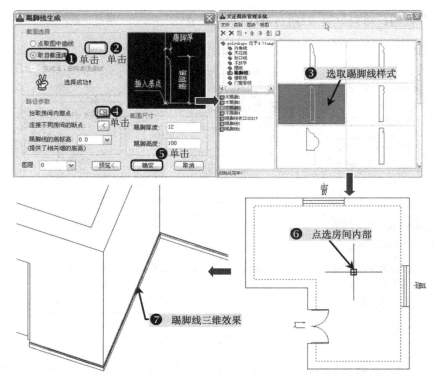

图 6-23　地脚线的绘制

"踢脚线生成"对话框中各选项的含义如下。

◆ 取自截面库：选取本选项后，单击右边"..."按钮 ┈┈ 进入踢脚线图库，在右侧预览区双击选择需要的截面样式。

◆ 选取图中曲线：选取本选项后，单击右边"<"按钮 ┖ 进入图形中选取截面形状，根据命令栏提示，选择作为断面形状的封闭多段线。

◆ 拾取房间内部点：单击按钮 ▣，在需要创建踢脚线的房间区域内选取一点，系统会自动创建踢脚线路径。

◆ 连接不同房间的断点：如果房间之间的门洞无门套，应该连接踢脚线断点。

◆ 踢脚线的底标高：读者可以在对话框中选择输入踢脚线的底标高，在房间内有高差时在指定标高处生成踢脚线。

◆ 预览：用于观察参数是否合理，此时应切换到三维轴测视图，否则看不到三维显示的踢脚线。

◆ 截面尺寸：截面的高度和厚度尺寸，默认为所选截面的实际尺寸，读者可根据实际情况修改。

6.2.2　奇、偶数分格

"奇数分格"和"偶数分格"命令分别用于绘制按奇数或偶数分格的地面或顶棚平面，分格使用 AutoCAD 对象直线绘制。

在 TArch 2013 屏幕菜单中选择"房间屋顶 | 房间布置"命令，单击"奇数分格"或"偶数分格"命令然后根据相应的命令栏提示，选取 3 个点确定矩形，并输入分格数据，如图 6-24 所示。

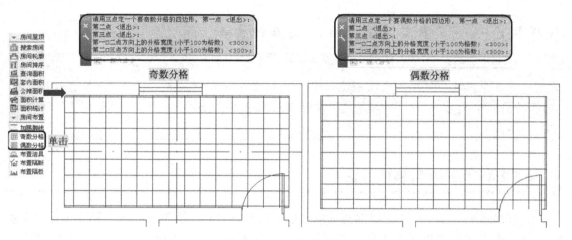

图 6-24　奇、偶数分格

6.2.3　布置洁具

家用洁具是指在卫生间、厨房中使用的陶瓷及五金家居专用设备。TArch 2013 的"布置洁具"命令适用于卫生间的各种不同洁具布置，同时可调用天正图库中的多种洁具类型在卫生间或浴室中布置洁具。

在 TArch 2013 屏幕菜单中选择"房间屋顶 | 房间布置 | 布置洁具"命令，弹出"天正洁具"对话框，通过此对话框选择洁具的类型和样式，然后在打开的对话框中设置相应的参数，即可沿墙布置洁具，具体图 6-25 所示。

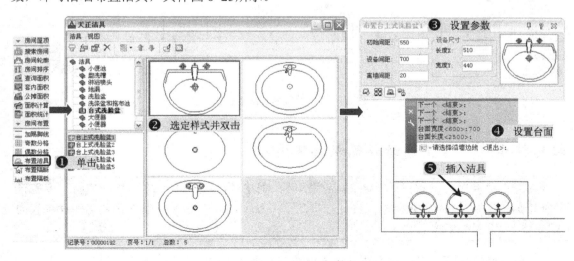

图 6-25　布置洁具操作

执行"布置洁具"命令后，在"天正洁具"窗口中选择不同类型的洁具，将弹出不同的对话框，在任何一个布置洁具对话框中都有一个"均匀分布"按钮 ，它可以一次性地均匀布置多个洁具。

技巧提示——"布置洁具"命令的其他需知

"布置洁具"命令将所选的不同洁具沿天正建筑墙对象等距离布置。TArch 2013 的洁具是从洁具图库调用的二维天正图块对象，其他辅助线采用了 AutoCAD 的普通对象。在 TArch 2013 中支持洁具沿弧墙布置，洁具布置默认参数依照国家标准《民用建筑设计通则》中的规定。

6.2.4 隔断和隔板的布置

"布置隔断"命令用于通过两点选取已插入的洁具来布置卫生间隔断，要先布置洁具才能执行。隔板与门采用了墙对象和门窗对象，支持对象编辑。墙类型由于使用卫生隔断类型，隔断内的面积不参与房间划分与面积计算。

在 TArch 2013 屏幕菜单中选择"房间屋顶 | 房间布置 | 布置隔断/隔板"命令，分别通过洁具单击两点，通过两点连线选中洁具，再分别设置隔板长度和隔断门宽度，即可完成隔断的绘制，如图 6-26 所示。

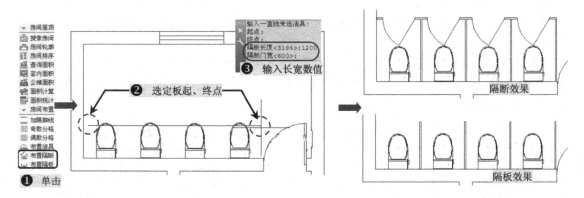

图 6-26 布置隔断和隔板操作

技巧提示——布置隔断和隔板其他需知

在选定洁具时，其起点、终点的顺序不同，创建的隔断开门方向也是不同的，可通过"内外翻转""门口线"等命令对门进行修改。另外，起点、终点的线段一定要经过布置的洁具对象，否则将不产生隔断。

一般正常情况下，普通住宅洁具布置尺寸的最小值可按照表 6-1 所示来设计。

表6-1 普通住宅卫生器具最小布置尺寸

蹲便器	中心距侧墙有竖管≥450、无竖管≥380
	中心距侧面器具≥300
	后边距墙≥200
	前边距墙≥400
	前边距器具≥400
坐便器	中心距侧墙有竖管≥500、无竖管≥380
	与洗脸盆并列,中心距洗脸盆边缘≥350
	与浴盆并列,中心距洗脸盆边缘≥450
	前边距墙≥460
	前边距器具≥760
沐浴器	喷头中心距墙≥350
	喷头中心与器具水平距离≥350
浴盆	人体进出面一边距墙≥600
洗面器	中心距侧墙≥450
	侧边距一般器具≥100,与浴盆可重叠50
	前边距墙≥560(最小460)
	前边距器具≥760

 6.2.5 即学即用——房间布置

素 视频\06\房间布置.avi
材 案例\06\房间布置.dwg

本实例旨在指导读者进行洁具和隔断的布置。首先打开事先准备好的文件,并另存为新的文件,再对指定的房间添加踢脚线,布置坐便器、小便器、洗脸盆等,并在坐便器位置布置隔断,在小便器位置布置隔板,其效果如图6-27所示。

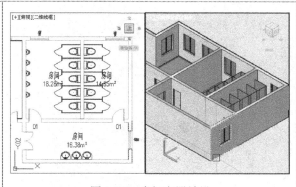

图6-27 房间布置效果

1)正常启动天正 TArch 2013 软件,选择"文件|打开"菜单命令,将"案例\06\房间布置-平面.dwg"文件打开,如图6-28所示。

2)选择"文件|另存为"菜单命令,将当前文件另存为"案例\06\房间布置-效果.dwg"。

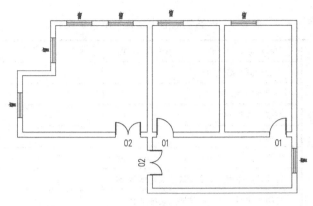

图 6-28　打开的文件

3）在屏幕菜单中选择"房间屋顶 | 房间布置 | 加踢脚线"命令，在弹出的"踢脚线生成"对话框中选择踢脚线样式，然后再点选房间内部区域，单击"确定"按钮，从而在编号为"02 门"所在的房间添加踢脚线，如图 6-29所示。

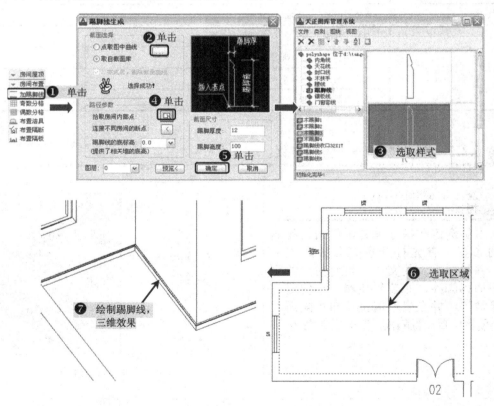

图 6-29　绘制踢脚线操作

4）在屏幕菜单中选择"房间屋顶 | 房间布置 | 布置洁具"命令，在弹出的对话框中选择洁具样式，然后选择插入方式，在指定位置插入坐便器、小便器和洗脸盆，如图 6-30所示。

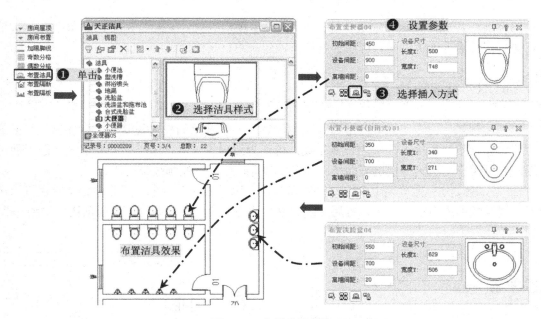

图 6-30　布置洁具操作

5）在屏幕菜单中选择"房间屋顶｜房间布置｜隔断布置"命令，绘制一条直线来选定洁具的指定起点、终点，再输入隔断相应数据，从而为布置好的洁具创建隔断，如图 6-31 所示。

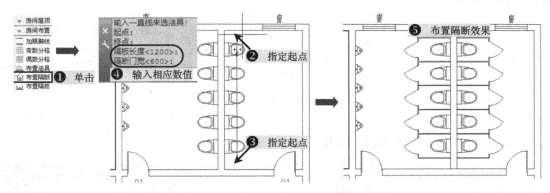

图 6-31　布置隔断操作

6）至此，其房间洁具及隔断的布置已经完成，按〈Ctrl+S〉组合键进行保存。

 6.3　创建屋顶

TArch 2013 提供了多种屋顶造型功能，如人字坡和任意坡顶等，创建屋顶可通过"房间屋顶"屏幕菜单命令完成，如图 6-32所示。

读者可以利用三维造型工具自定义其他形式的屋顶，如用平板对象和路径曲面对象相结合构造带有复杂檐口的平屋顶，

图 6-32　房间屋顶的相关命令

利用路径曲面构建曲面屋顶（歇山屋顶）。天正屋顶均为自定义对象，支持对象编辑、特性编辑和夹点编辑等编辑方式，可用于天正节能和天正日照模型。

 6.3.1 搜屋顶线

"搜屋顶线"命令可搜索整栋建筑物的墙体，并在外墙的外边线基础上生成屋顶平面的轮廓线。屋顶线在属性上为一闭合多段线，可作为屋顶轮廓线，进一步绘制出屋顶的平面施工图，也可用于构造其他楼层平面轮廓的辅助边界，或外墙装饰线脚的路径。

在 TArch 2013 屏幕菜单中选择"房间屋顶 | 搜屋顶线"命令，然后根据命令栏提示选择整栋建筑物的所有墙体，再设置屋顶线偏移外墙边线的距离，即可生成屋顶线，如图 6-33 所示。

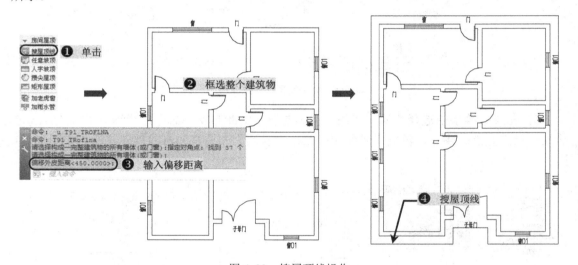

图 6-33 搜屋顶线操作

技巧提示——手动绘制屋顶线

在个别情况下，屋顶线有可能自动搜索失败，读者可沿外墙外皮绘制一条封闭的多段线，然后再用"偏移"命令偏移出一个屋檐挑出长度，以后可把它当作屋顶线进行操作。

 6.3.2 任意坡顶

通过"任意坡顶"命令可由屋顶线（也可是封闭的多段线）按照指定的坡度角生成坡形屋顶。另外，可利用对象编辑单独修改每个边坡的坡度，支持布尔运算，而且可以被其他闭合对象剪裁。

在 TArch 2013 屏幕菜单中选择"房间屋顶 | 任意坡顶"命令，然后根据命令栏提示选择封闭的多段线（如前面创建的屋顶线），再设置坡度角和出檐长，如图 6-34所示。

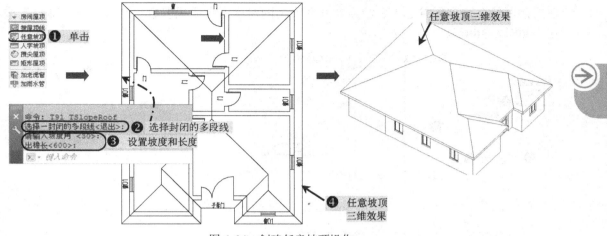

图 6-34 创建任意坡顶操作

生成的任意坡度的屋顶，可通过夹点和对话框方式进行修改。屋顶夹点有两种，一是顶点夹点，二是边夹点，拖动夹点可以改变屋顶平面形状，但不能改变坡度。双击任意坡顶，会弹出"任意坡顶"对话框，选择指定的边号可以设置相应的坡角，或者改变底标高等，如图 6-35 所示。

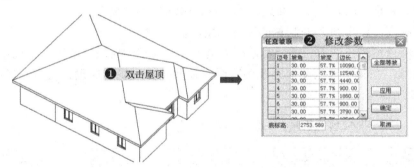

图 6-35 任意坡顶夹点编辑

技巧提示——"任意坡顶"命令编辑注意事项

> 双击坡屋顶进入"对象编辑"对话框，可对各个坡面的坡度进行修改，单击行首可看到图中对应该边号的边线显示红色标志，可修改坡度参数，其中端坡的坡角为 90°（坡度为"无"）时为双坡屋顶。修改参数后单击新增的"应用"按钮，可以马上看到坡顶的变化。其中底标高是坡顶各顶点所在的标高，由于出檐的原因，这些点都低于相对标高 ±0.00。

6.3.3 人字坡顶

使用"人字坡顶"命令可通过屋顶线（也可是封闭的多段线）生成人字坡屋顶或单坡屋顶。两侧坡面的坡度可具有不同的坡角，可指定屋脊位置与标高，屋脊线可随意指定和调整。

在 TArch 2013 屏幕菜单中选择"房间屋顶|人字坡顶"命令，然后根据命令栏提示选

取封闭曲线并确定屋脊起点、终点，并在弹出的对话框中设置参数，然后单击"确定"按钮，如图6-36所示。

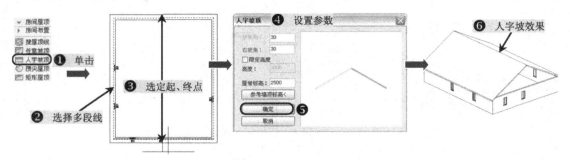

图6-36　人字坡顶操作

"人字坡顶"对话框中各选项的含义如下。

◆ 左坡角/右坡角：在各栏中分别输入坡角，无论脊线是否居中，默认左右坡角都是相等的。

◆ 限定高度：勾选"限定高度"复选框时，用高度而非坡角定义屋顶，脊线不居中时左右坡角不等。

◆ 高度：勾选"限定高度"复选框后，在此输入坡屋顶高度。

◆ 屋脊标高：以本图Z=0起算的屋脊高度。

◆ 参考墙顶标高：选取相关墙对象可以沿高度方向移动坡顶，使屋顶与墙顶关联。

◆ 图像框：在其中显示屋顶三维预览图，拖拽光标可旋转屋顶，支持滚轮缩放、中键平移。

技巧提示——"人字坡顶"命令的要点

1）勾选"限定高度"选项后，可以按设计的屋顶高创建对称的人字屋顶，此时如果拖动屋脊线，屋顶依然维持坡顶标高和檐板边界范围不变，但两坡不再对称，屋顶高度不再有意义。

2）屋顶对象在特性栏中提供了檐板厚参数，可由读者修改，该参数的变化不影响屋脊标高，如图6-37所示。

3）"坡顶高度"命令是以檐口起算的，屋脊线不居中时坡顶高度没有意义。

图6-37　人字坡顶特性

 6.3.4　攒尖屋顶

使用"攒尖屋顶"命令可在任意位置生成攒尖屋顶（攒尖屋顶不依靠屋顶线或封闭多段线创建）。攒尖屋顶对布尔运算的支持仅限于作为第二运算对象，它本身不能被其他闭合对象剪裁。

在TArch 2013屏幕菜单中选择"房间屋顶|攒尖屋顶"命令，从弹出的对话框中设置攒尖参数，再选取中点及第二点，如图6-38所示。

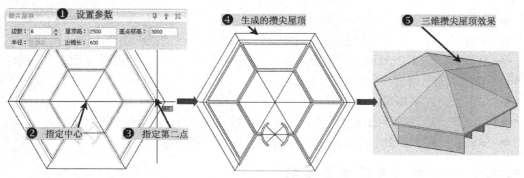

图6-38 攒尖屋顶操作

"攒尖屋顶"对话框中各选项的含义如下。

◆ 屋顶高：攒尖屋顶净高度。

◆ 边数：屋顶正多边形的边数。

◆ 出檐长：从屋顶中心开始偏移到边界的长度，默认为600，可以为0。

◆ 基点标高：与墙柱连接的屋顶上坡处的屋面标高，默认该标高为楼层标高0。

◆ 半径：坡顶多边形外接圆的半径。

6.3.5 矩形屋顶

"矩形屋顶"命令提供了一个能绘制歇山屋顶、四坡屋顶、双坡屋顶和攒尖屋顶的新屋顶命令，与"人字屋顶"命令不同，"矩形屋顶"命令绘制的屋顶平面限于矩形。绘制的对象对布尔运算的支持仅限于作为第二运算对象，它本身不能被其他闭合对象剪裁。

在 TArch 2013 屏幕菜单中选择"房间屋顶 | 矩形屋顶"命令，从弹出的对话框中设置相关参数，并依次选取几点来确定矩形屋顶，如图6-39所示。

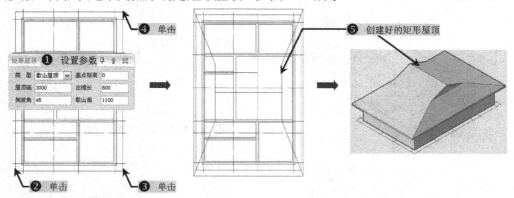

图6-39 矩形屋顶操作

"矩形屋顶"对话框中各选项的含义如下。

◆ 类型：有歇山、四坡、人字和攒尖4种屋顶类型。

◆ 屋顶高：是从插入基点开始到屋脊的高度。

◆ 基点标高：默认屋顶单独作为一个楼层，默认基点位于屋面，标高是 0，屋顶在其下层墙顶放置时，应为墙高加檐板厚。

◆ 出檐长：屋顶檐口到主坡墙外皮的距离。

◆ 歇山高：歇山屋顶侧面垂直部分的高度，为0时屋顶的类型退化为四坡屋顶。

◆ 侧坡角：位于矩形短边的坡面与水平面之间的倾斜角，该角度受屋顶高的限制，两者之间的配合有一定的取值范围。

◆ 出山长：人字屋顶时短边方向屋顶的出挑长度。

◆ 檐板厚：屋顶檐板的厚度垂直向上计算，默认为200，在特性栏修改。

◆ 屋脊长：屋脊线的长度，由侧坡角算出，在特性栏修改。

技巧提示——矩形屋顶夹点编辑

若要对矩形屋顶进行对象编辑，可双击矩形屋顶对象，在弹出的对话框中进行编辑修改，单击"确认"按钮更新，也可以拖动夹点进行夹点编辑。

使用 AutoCAD "拉伸"命令时应注意交叉窗口的选取位置，在拖拽方向上选择半个屋面范围以内时为拉伸，超过半个屋面范围时为移动。

6.3.6 加老虎窗

老虎窗是开在屋顶上的天窗，主要用于房屋顶部的采光和通风。使用"加老虎窗"命令可在三维屋顶上添加多种形式的老虎窗。"老虎窗"命令提供了墙上开窗功能，并提供了图层设置、窗宽、窗高等多种参数，可通过对象编辑修改。

在 TArch 2013 屏幕菜单中选择"房间屋顶|加老虎窗"命令，在弹出的"加老虎窗"对话框中选择老虎窗的形式并设置参数，然后指定老虎窗的插入位置，即可完成添加老虎窗的操作，如图 6-40所示。

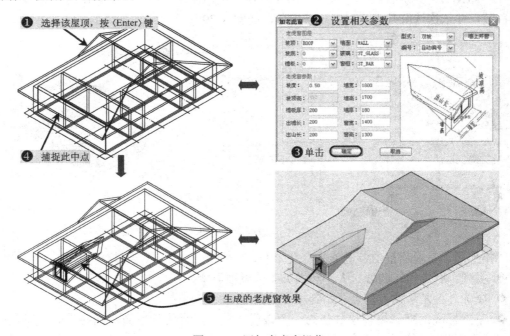

图 6-40　添加老虎窗操作

在"加老虎窗"对话框中，可以选择的型式有双坡、三角坡、平顶坡、梯形坡和三坡 5 种类型，各种老虎窗的效果如图 6-41 所示。

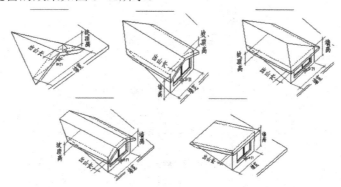

图 6-41 各种老虎窗的效果

技巧提示——老虎窗的编辑

添加老虎窗会在坡顶处插入指定形式的老虎窗，并求出与坡顶的相贯线。双击老虎窗对象，会弹出相应的对话框，可相应的参数进行修改；也可以选择老虎窗，并按〈Ctrl+1〉组合键进入"特性"面板进行修改。

 ### 6.3.7 加雨水管

使用"加雨水管"命令可在屋顶平面图上绘制穿过女儿墙或檐板的雨水管（雨水管只具有二维特性）。TArch 2013 提供了洞口宽和雨水管的管径大小的设置。

在 TArch 2013 屏幕菜单中选择"房间屋顶|加雨水管"命令，分别指定雨水管的起点和终点，并设置雨水管的管径及洞口宽，如图 6-42 所示。

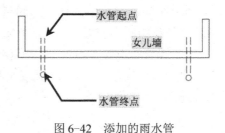

图 6-42 添加的雨水管

 ### 6.3.8 即学即用——创建屋顶

素 视频\06\创建屋顶.avi
材 案例\06\创建屋顶-效果.dwg

本实例旨在指导读者如何创建屋顶和老虎窗。首先打开事先准备好的文件，另存为新文件，再根据前面介绍的方法分别进行搜索屋顶线、添加任何坡顶、添加老虎窗等操作，其效果如图 6-43 所示。

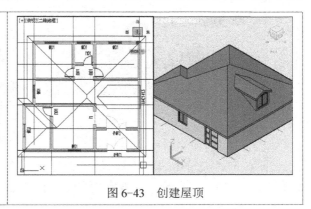

图 6-43 创建屋顶

1）正常启动 TArch 2013 软件，选择"文件｜打开"菜单命令，将"案例\06\创建屋顶-平面.dwg"文件打开，如图 6-44 所示。

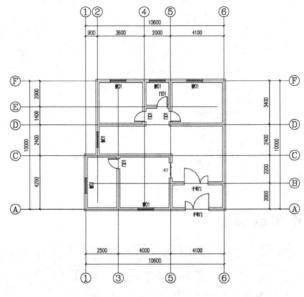

图 6-44　打开的文件

2）选择"文件｜另存为"菜单命令，将当前文件另存为"案例\06\创建屋顶-效果.dwg"。

3）在屏幕菜单中选择"房间屋顶｜搜屋顶线"命令，根据命令栏提示选择整体建筑物并输入偏移距离为 500，从而创建屋顶线。

4）在屏幕菜单中选择"房间屋顶｜任意坡顶"命令，选择上一步生成的屋顶轮廓线对象，再输入坡度角为 30°，出檐长为 600，从而生成屋顶，如图 6-45 所示。（注意：这里将尺寸标注线和基线隐藏，需要显示在命令栏输入 HFKJ，隐藏后方便操作。）

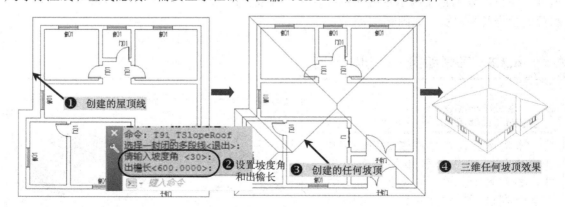

图 6-45　创建的任意坡顶

5）在屏幕菜单中选择"房间屋顶｜加老虎窗"命令，根据命令栏提示选择上一步绘制好的屋顶，并按〈Enter〉键确定，在弹出的"加老虎窗"对话框中设置相应的参数，单击

"确定"按钮后，在图中指定老虎窗的插入位置，如图 6-46 所示。

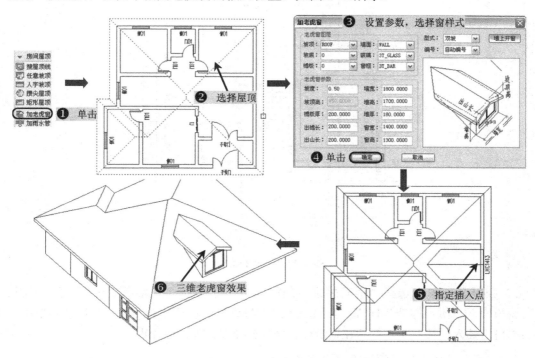

图 6-46　添加的老虎窗

6）至此，该其屋顶和老虎窗已经添加完成，按〈Ctrl+S〉组合键进行保存。

6.4　经典实例——绘制住宅楼房间和屋顶

素 视频\06\绘制住宅楼房间和屋顶.avi
材 案例\06\住宅楼房间和屋顶-效果.dwg

　　该案例旨在引导用户为某住宅楼创建房间标注及屋顶。首先打开事先准备好的文件，另存为新文件，再在卫生间位置布置相应的洁具对象，进行各房间名称的标注及整体标注的标注，并搜索整个建筑的屋顶轮廓线，然后创建任何坡顶并添加两个老虎窗，其效果如图 6-47 所示。

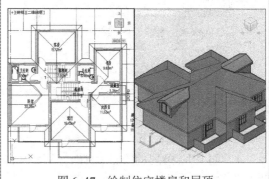

图 6-47　绘制住宅楼房和屋顶

　　1）正常启动天正 TArch 2013 软件，选择"文件 | 打开"菜单命令，将"案例\06\住宅楼房间和屋顶-平面.dwg"文件打开，如图 6-48 所示。

　　2）选择"文件 | 另存为"菜单命令，将当前文件另存为"案例\06\住宅楼房间和屋顶-效果.dwg"。

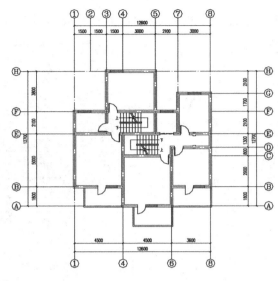

图 6-48 打开的文件

3）在屏幕菜单中选择"房间屋顶｜房间布置｜布置洁具"命令，在打开的"天正洁具"窗口中双击所需的洁具样式，在随后弹出的对话框中设置洁具的参数及尺寸，单击左下角的"自由插入"按钮 ，然后在指定位置插入坐便器，如图 6-49 所示。

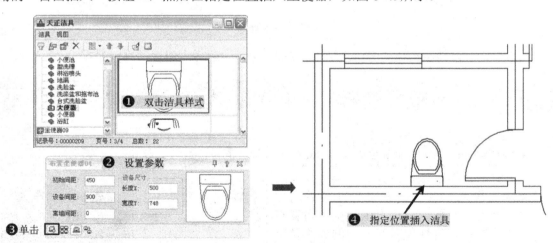

图 6-49 布置的坐便器

4）再按照相同的方法，在该房间内布置浴缸和洗脸盆，如图 6-50 所示。

5）在屏幕菜单中选择"房间屋顶｜搜索房间"命令，在弹出的"搜索房间"对话框中设置相应参数，然后框选所有的图形对象，并按〈Enter〉键结束，再指定标注面积的位置，从而对整个图形进行房间名称及面积的标注，如图 6-51所示。

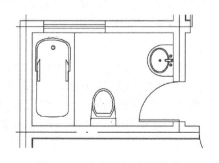

图 6-50 布置浴缸和洗脸盆

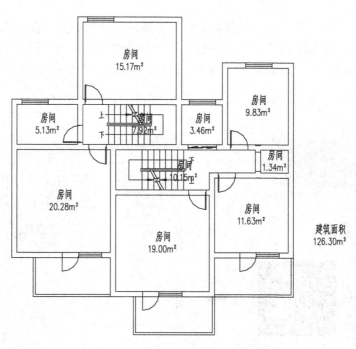

图 6-51 搜索房间操作

6）在标注好房间面积后，分别双击各个房间的标签名称，将文字显示为在编辑状态，按照房间使用功能修改标签名称，再将建筑物建筑面积和套内面积标注出来，如图 6-52 所示。

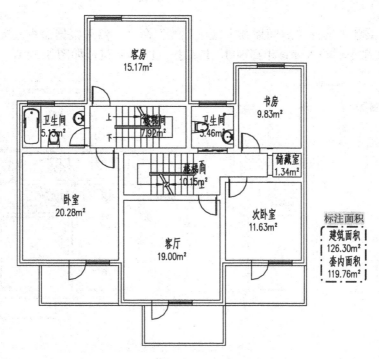

图 6-52 修改房间名称并面积标注

7）在卧室、客厅、次卧室、书房和客房的房间里创建踢脚线。在屏幕菜单中选择"房间屋顶 | 房间布置 | 加踢脚线"命令，在弹出的"踢脚线生成"对话框中选取踢脚线样式，再点选相应房间内部区域，最后单击"确定"按钮，如图6-53所示。

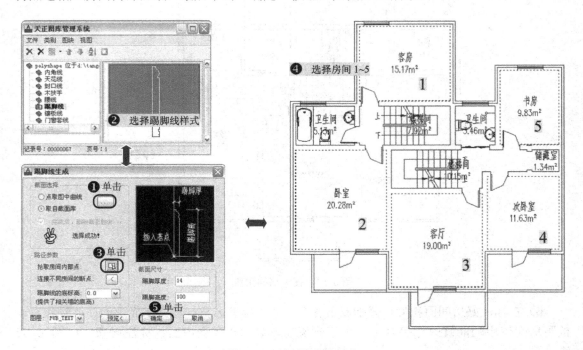

图6-53　绘制踢脚线操作

8）在屏幕菜单中选择"房间屋顶 | 搜屋顶线"命令，然后根据命令栏提示框选整体建筑物墙体，再在命令栏输入偏移距离500，最后按〈Enter〉键，如图6-54所示。

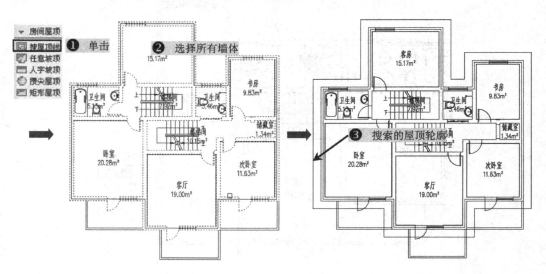

图6-54　绘制屋顶轮廓线

9）在屏幕菜单中选择"房间屋顶 | 任意坡顶"命令，根据命令栏提示选择上一步生成的屋顶轮廓线对象，再输入坡角度为 30°，出屋檐长为 600，从而生成屋顶，如图 6-55所示。

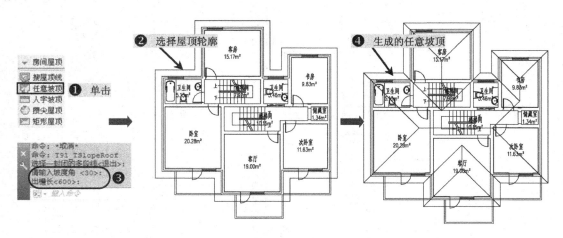

图 6-55　绘制任意坡顶操作

10）执行 AutoCAD 的"移动"命令，将生成的屋顶沿 Z 轴方向移动 3000，即当前图层墙高的距离，如图 6-56所示。

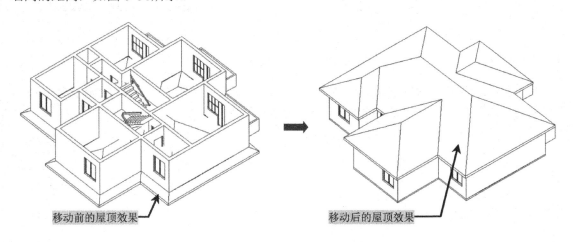

图 6-56　沿 Z 轴移动屋顶

11）在屏幕菜单中选择"房间屋顶 | 加老虎窗"命令，根据命令栏提示选择上一部创建的屋顶对象，并按〈Enter〉键确定，在随后弹出的"加老虎窗"对话框中设置相应的参数，单击"确定"按钮，在指定位置插入老虎窗，如图 6-57所示。

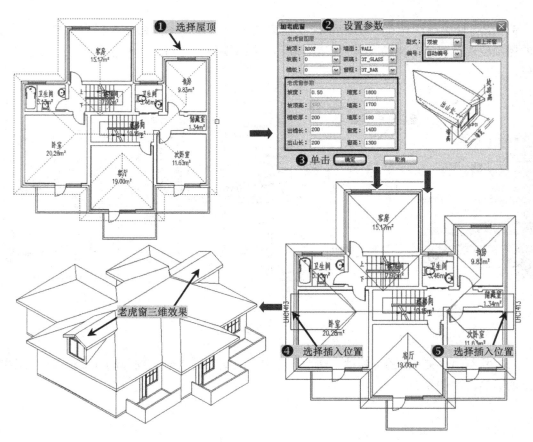

图 6-57 创建老虎窗操作

12）至此，该住宅楼的卫生间已经布置好洁具，各房间的命名及面积的标注已经完成，且已创建了屋顶和老虎窗，按〈Ctrl+S〉组合键进行保存。

第7章 天正文字、尺寸和符号标注

本章导读

在建筑中墙体、门窗、楼梯和柱子等构件只表示一些实体的轮廓形状，在平面图绘制好后，还应该根据实际情况进行详细的标注。平面图中的标注分为外部标注和内部标注：外部标注是为了利于读图和施工，分别在图样的上下左右 4 个方向上；内部标注则是为了说明房间的净空间大小与位置等。

TArch 2013 软件专门针对建筑行业图纸的尺寸标注，提供了一整套符合国家建筑制图规范的尺寸、文字以及符号标注的命令和实用程序。

主要内容

📖 掌握天正文字的创建和编辑方法
📖 掌握天正表格的创建和编辑方法
📖 掌握天正尺寸的标注和编辑方法
📖 掌握天正符号的标注和编辑方法

效果预览

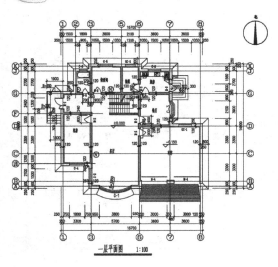

一层平面图   1:100

门窗表							
类型	设计编号	洞口尺寸(mm)	数量	图集名称	页次	选用型号	备注
普通门	JLM	3600X2100	1				
	M-2	800X2100	2				
	M-3	850X2100	1				
	M-4	1200X2100	1				
子母门	M-1	1300X2100	1				
普通窗	C-1	2700X1500	2				
	C-2	2400X1500	1				
	C-3	2100X1500	1				
	C-4	1500X1500	1				
	C-5	1200X1500	1				
	C-6	900X1500	1				

7.1 文字的创建

天正的文字创建在建筑制图中是非常重要的一部分。标注后要用文字进行说明解释，整个图面不可缺少的设计说明也是由文字和其他符号组成的。图形中的文字可以表达各种信息，可能是复杂的技术要求、标题栏信息、标签，也可能是图形的一部分。

TArch 2013 提供了很多种创建文字的方法，尤其是中西文混合文字的书写，编辑更为方便简洁，具体用到的命令如图 7-1 所示。

图 7-1　创建文字的相关命令

 ## 7.1.1　文字样式

使用"文字样式"命令可创建新的文字样式或修改文字样式的字体和宽高比。文字样式修改后，当前图样中使用此样式的文字将全部修改。

在 TArch 2013 屏幕菜单中选择"文字表格｜文字样式"命令，然后在弹出的"文字样式"对话框中创建或修改文字样式，具体如图 7-2 所示。

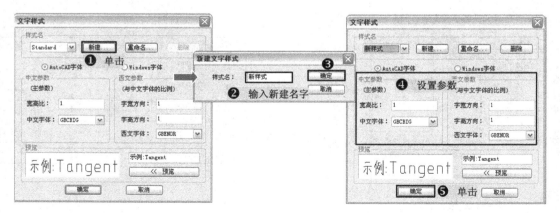

图 7-2　创建文字样式

"文字样式"对话框中各选项的含义如下。

◆ 新建：新建文字样式，首先给新文字样式命名，然后选定中西文字体文件并设置参数。

◆ 重命名：给文件样式赋予新名称。

◆ 删除：删除图中没有使用的文字样式，已经使用的样式不能被删除。

◆ 样式名：可在下拉列表中切换其他已经定义的样式，显示当前文字样式名。

◆ 宽高比：表示中文字宽与中文字高之比。

◆ 中文字体：设置组成文字样式的中文字体。

◆ 字宽方向：表示西文字宽与中文字宽的比。

◆ 字高方向：表示西文字高与中文字高的比。

◆ 西文字体：设置组成文字样式的西文字体。

◆ AutoCAD 字体：选择该单选按钮，可以选择 AutoCAD 提供的一些字体。

◆ Windows 字体：使用 Windows 的系统字体 TTF，这些系统字体（如"宋体"等）包含有中文和英文，设置中文参数即可。

◆ 预览：使新字体参数生效，浏览编辑框内文字以当前字体写出的效果。

◆ 确定：退出样式定义，把"样式名"内的文字样式作为当前文字样式。

 ### 7.1.2　单行文字

"单行文字"命令可允许使用新建的天正文字样式绘制单行文字，并可以方便地为文字设置上下标、加圆圈和添加特殊符号，以及导入专业词库等。

在 TArch 2013 屏幕菜单中选择"文字表格｜单行文字"命令，打开"单行文字"对话框，通过此对话框输入文字内容，并设置其文字样式、对齐方式等，然后指定文字的插入位置，即可完成单行文字的绘制，具体如图 7-3 所示。

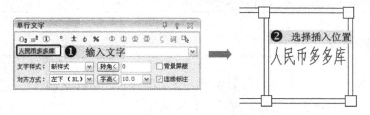

图 7-3　单行文字的创建

"单行文字"对话框中各选项的含义如下。

◆ 文字输入列表：可供输入文字符号，在列表中保存有已输入的文字，方便重复输入同类内容，在下拉选择其中一行文字后，该行文字复制到首行。

◆ 文字样式：在下拉列表中选用已由 AutoCAD 或天正"文字样式"命令定义的文字样式。

◆ 对齐方式：选择文字与基点的对齐方式。

◆ 转角<：输入文字的转角。

◆ 字高<：表示最终图样打印的字高，而非在屏幕上测量出的字高数值，两者有一个绘图比例值的倍数关系。

◆ 背景屏蔽：勾选此复选框后，文字可以遮盖背景（如填充图案），本选项利用 AutoCAD 的 WipeOut 图像屏蔽特性，屏蔽作用随文字移动存在。

◆ 连续标注：勾选该复选框后单行文字可以连续标注。

◆ 上/下标（ m^2/D_2 ）：鼠标选定需变为上下标的部分文字，然后单击上下标图标。

◆ 加圆圈文字（ ① ）：鼠标选定需加圆圈的部分文字，然后单击加圆圈的图标。

◆ 角度（ ° ）：单击此按钮可插入角度标记。

◆ 公差（ ± ）：单击此按钮可插入公差符号。

◆ 直径（ φ ）：单击此按钮可插入直径符号。

◆ 百分号（ % ）：单击此按钮可插入直径符号。

◆ 其他符号按钮：依次为一级钢、二级钢、三级钢和四级钢。单击对应的按钮即可插入级钢符号。

◆ 特殊符号（ ）：单击此按钮将弹出"天正字符集"对话框，在对话框上方有特殊符号类型下拉菜单，读者可根据实际需要选择这些特殊的符号，单击"确定"按钮即可插入。

◆ 词库（ 词 ）：单击此按钮将弹出"专业文字"对话框，提供了很多建筑专业类短语。可在该对话框中选一些常用的建筑术语，然后根据实际需要选择相应的术语，单击"确定"按钮即可插入该术语。

◆ 屏幕取词（ ）：单击此按钮，在绘图区单击已存在的文本对象，即可从选择的文字对象中获取文字信息，并将获取的文字信息添加到"单行文字"对话框中。

技巧提示——单行文字的在位编辑

当文字已创建好，读者需要对已创建好的文字重新编辑时，可以直接双击该文字，启用 AutoCAD 的在位编辑功能，即可对该文字内容直接进行编辑。

 7.1.3 多行文字

使用"多行文字"命令可使用已创建的天正文字样式，按段落输入多行文字，对建筑图样进行说明解释，而且可以方便地设置行距和页宽等。

在 TArch 2013 屏幕菜单中选择"文字表格 | 多行文字"命令，会弹出"多行文字"对话框，通过此对话框输入多行文字，并设置其行距和页宽等，然后指定文字的插入位置，即可完成多行文字的绘制，具体如图 7-4 所示。

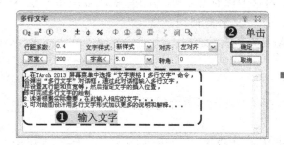

图 7-4　多行文字的创建

技巧提示——多行文字的编辑

创建好的多行文字有两个夹点，拖曳左侧夹点可整体移动，右侧夹点可更改页宽，如图 7-5 所示。同时，多行文字的编辑考虑到排版的因素，默认双击进入"多行文字"对话框对多行文字进行编辑，而不推荐使用在位编辑，可通过右键菜单进入在位编辑功能，如图 7-6 所示。

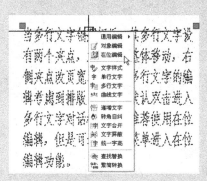

图 7-5　多行文字的夹点　　　　　　　图 7-6　多行文字的快捷菜单

7.1.4　曲线文字

使用"曲线文字"命令可按弧线或已有多段线绘制文字，或者按照已绘制好的曲线路径上绘制文字。

在 TArch 2013 屏幕菜单中选择"文字表格｜曲线文字"命令，根据命令行提示输入 A 直接绘制曲线文字，或输入 P 按照已有曲线布置文字，如图 7-7 所示。

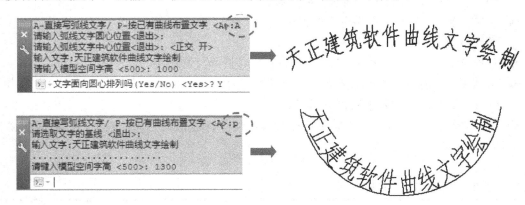

图 7-7　曲线文字

7.1.5　专业词库

"专业词库"命令提供了一些常用的建筑专业词汇和多行文字段落，供读者随时插入图中，可提高绘图效率，减少输入文字中的错误率。词库还可在各种符号标注命令中调用。

在 TArch 2013 屏幕菜单中选择"文字表格 | 专业词库"命令，弹出"专业词库"对话框，从中选择需要的名称即可，如图 7-8 所示。

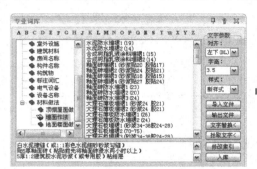

图 7-8　专业词库文字

"专业词库"对话框中各选项的含义如下。

◆ 词汇分类：在词库中按不同专业提供分类机制，也称为分类或目录，一个目录下可以创建多个子目录，列表中可存放很多词汇。

◆ 词汇索引表：按分类组织词汇索引表，一个词汇分类对应的列表可存放多个词汇或者索引，材料做法中默认为索引，可单击右键进行重命名。

◆ 入库：把编辑框内的内容保存入库，索引区中单行文字全显示，多行文字默认显示第一行，可单击右键进行重命名。

◆ 导入文件：把文本文件中的内容按行作为词汇导入当前类别（目录）中，有效扩大了词汇量。

◆ 输出文件：在"文件"对话框中可选择把当前类别中所有的词汇输出为文本文档或XML 文档，目前文本文档只支持词条。

◆ 文字替换<：在对话框中选择好目标文字，然后单击此按钮，按照命令行提示选取打算替换的文字对象。

◆ 拾取文字<：把图上的文字拾取到编辑框中进行修改或替换。

◆ 修改索引：在文字编辑区修改打算插入的文字（按〈Enter〉键可增加行数），单击此按钮后更新词汇列表中的词汇索引。

◆ 字母按钮：以汉语拼音的韵母排序检索，用于快速检索到词汇表中与之对应的第一个词汇。

7.1.6　其他文字工具

在 TArch 2013 软件中，除了以上介绍的几种文字样式外，还提供了"递增文字""转角自纠""文字转化""文字合并""统一字高""查找替换"和"繁简转换"等命令。

1）"递增文字"命令用于对附带有序数的天正单行文字、CAD 单行文字、图名标注、剖面剖切、断面剖切以及索引图名进行递增或者递减的复制操作。

在 TArch 2013 屏幕菜单中选择"文字表格 | 递增文字"命令，根据命令栏提示选择要

递增的文字（注意：同时按〈Ctrl〉键进行递减复制，仅对单个选中字符进行操作），如图 7-9 所示。

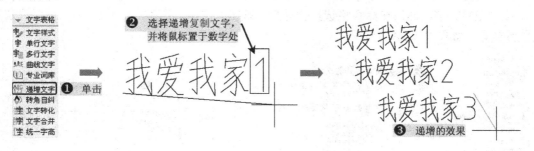

图 7-9　递增文字操作

2）"转角自纠"命令用于将方向错误的文字调整为正方向，可统一调整多个。

在 TArch 2013 屏幕菜单中选择"文字表格 | 转角自纠"命令，根据命令栏提示选择需要调整的文字，然后按〈Enter〉键，系统会将被选择的文字进行自动转角纠正，如图 7-10 所示。

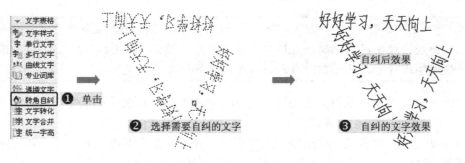

图 7-10　自纠文字操作

3）"文字转化"命令将天正旧版本生成的 AutoCAD 格式单行文字转化为天正文字，并保持原来每一个文字对象的独立性，不对其进行合并处理。（CAD "单行文字"命令的快捷键为"DTEXT"）

在 TArch 2013 屏幕菜单中选择"文字表格 | 文字转化"命令，根据命令栏提示选择要转化的 CAD 单行文字，然后按〈Enter〉键，如图 7-11 所示。

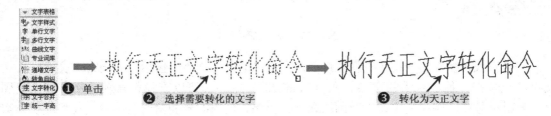

图 7-11　文字转化操作

4）"文字合并"命令将天正旧版本生成的 AutoCAD 格式单行文字转化为天正多行文字或者单行文字，同时对其中多行排列的多个文字对象进行合并处理，由读者决定生成一个天正多行文字对象或者一个单行文字对象。

在 TArch 2013 屏幕菜单中选择"文字表格丨文字合并"命令，根据命令栏提示选择要合并的 CAD 文字，然后在命令栏选择合并为单或多行文字，再按〈Enter〉键，最后选定指定位置放置，如图 7-12 所示。

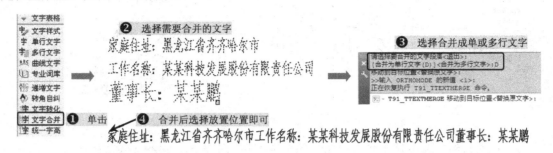

图 7-12　文字合并操作

技巧提示——文字合并的注意要点

在执行"文字合并"命令时，如果要合并的文字字数或段落比较多时，可将合并后的文字移动到空白处，使用对象编辑功能检查文字和字数是否正确，并按〈Enter〉键删除合并后遗留的多余的字或符号，然后删除原来的段落，用多行文字取代。

5）"统一字高"命令是将文字不等高的 AutoCAD 和天正文字的文字按读者给定的尺寸进行统一。

在 TArch 2013 屏幕菜单中选择"文字表格丨统一字高"命令，根据命令栏提示选择要统一字高的 CAD 文字或天正文字，然后在命令栏输入字高尺寸数值，按〈Enter〉键，如图 7-13 所示。

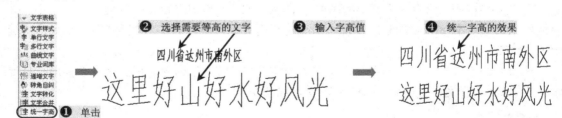

图 7-13　统一字高操作

6）"查找替换"命令用于查找替换当前图形中的所有文字，包括 AutoCAD 文字、天正文字和包含在其他对象中的文字。在 TArch 2013 中不仅可以查找替换轴号文字和索引图号、索引符号中的圈内文字，以及图块和外部参照、门窗编号和房间名称等，还增加了丰富的查找设置过滤选项以及加前后缀和增量替换功能，查找范围扩大到图纸空间布局。

在 TArch 2013 屏幕菜单中选择"文字表格丨查找替换"命令，弹出"查找和替换"对话框，在对话框中输入要查找和替换的内容，或选择与"查找位置"共行的"选取对象"按钮，然后用鼠标框选要查找和替换的文字，最后单击"全部替换"按钮，此时系统对选择的文字进行自动替换，如图 7-14 所示。

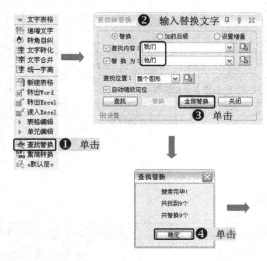

图 7-14　查找替换操作

7）"繁简转换"命令能将当前图档的内码在 Big5 与 GB 之间转换。执行"繁简转换"命令时，AutoCAD 的文件夹 fonts 或天正软件安装文件夹 sys 下存在内码 Big5 的字体文件，才能获得正常显示与打印效果。转换后重新设置文字样式中字体内码与目标内码，使二者一致。

在 TArch 2013 屏幕菜单中选择"文字表格｜繁简转换"命令，在弹出的图 7-15 所示的对话框中选择转换方式和对象选项，单击"确定"按钮，在屏幕区选择需要转换的文字，这时系统将对读者选择的文字进行繁简转换。

图 7-15　"繁简转换"对话框

7.2　表格的创建

工程图样中的门窗表、灯具表和开关表等表格能使用户方便地使用各个工具进行尺寸整理，利用文字表格下的相关命令就可以快速、完整地创建表格、编辑表格中的文本，以及控制表格的外观。

TArch 2013 提供了创建和编辑表格的工具供读者使用，具体命令如图 7-16 所示。

图 7-16　文字表格的相关命令

7.2.1　新建表格

"新建表格"命令用于创建一个已知行列、行高及列宽的表格对象，它创建的表格与 Excel 中的表格相似。

在 TArch 2013 屏幕菜单中选择"文字表格｜新建表格"命令，将会弹出"新建表格"

对话框，在对话框中输入表格名称以及表格的行列数，单击"确定"按钮，然后在绘图区指定基点插入表格即可，具体如图 7-17 所示。

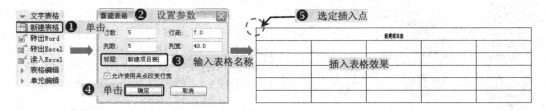

图 7-17 新建表格操作

技巧提示——表格的夹点和在位编辑

创建好表格后，单击选中表格，会显示出表格的多个夹点对象，通过拖动表格的夹点来编辑表格，如调整行高、列宽和修改表格内容，将表格分解为多个子表格，将多个表格合并为一个表格，以及修改行或列的对齐方式等。

双击需要输入的单元格，即可启动"在位编辑"功能，在编辑栏进行文字输入。

 ### 7.2.2 转出 Word

当图样中绘制好的表格需要被导出为 Word 时，就可以使用"转出 Word"命令，这时 Word 就会自动被启动，并在一个新的页面中显示读者绘制好的表格对象。

在 TArch 2013 屏幕菜单中选择"文字表格｜转出 Word"命令，根据命令栏提示选择需要转出的表格对象，按〈Enter〉键，如图 7-18 所示。

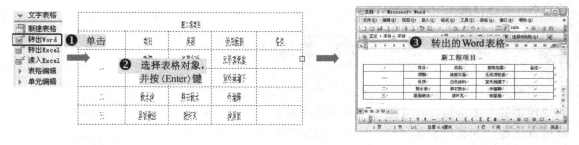

图 7-18 转出 Word 操作

 ### 7.2.3 转出 Excel

当图样中绘制好的表格需要被导出为 Excel 时，就可以使用"转出 Excel"命令，这时 Excel 就会自动被启动，并在一个新的页面中显示读者绘制好的表格对象。

在 TArch 2013 屏幕菜单中选择"文字表格｜转出 Excel"命令，然后根据命令栏提示选择需要转出的表格对象，按〈Enter〉键，如图 7-19 所示。

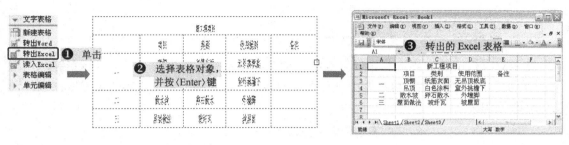

图 7-19 转出 Excel 操作

7.2.4 读入 Excel

"读入 Excel"命令可以将在 Excel 中做好的工作表导入 TArch 2013 中，支持 Excel 中保留的小数位数。

首先打开 Excel 表格，并选中需要读入的单元格对象，再切换至 TArch 2013 软件，在屏幕菜单中选择"文字表格 | 读入 Excel"命令，单击"是"按钮，并指定位置，如图 7-20所示。

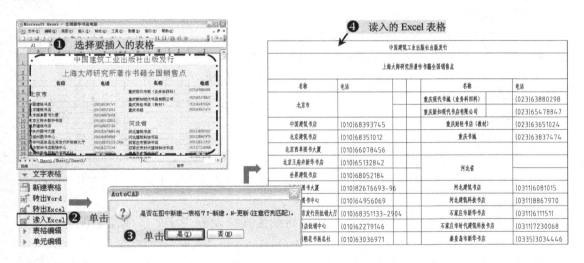

图 7-20 读入 Excel 表格

技巧提示——图样表格的替换

执行"读入 Excel"命令，弹出提示对话框时，如读者单击"否"按钮，这时根据命令栏提示选择图样中已有的表格，系统会把要读入的表格对象替换到图样中。

7.2.5 表格属性

需要对表格中的内容形式进行修改时，可在创建好的表格线框上双击鼠标左键，弹出"表格设定"对话框，在该对话框中可对表格的标题、行和列，以及内容和全局属性进行设置，如图 7-21 所示。

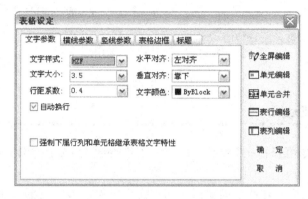

图 7-21 "表格设定"对话框

"表格设定"对话框中有 5 个选项卡，可以分别对表格各个参数进行编辑，下面分别介绍各个选项卡中各项参数的含义。

"文字参数"选项卡中各项参数的含义如下。

◆ 文字样式：读者可选择图样中整个表格对象的文本所使用的文字样式。

◆ 文字大小：指定表格中的文字大小，可输入数值控制。

◆ 行距系数：决定文字段与段之间的疏密程度，即表格中文字行间的净距，可输入数值控制。

◆ 水平对齐：在下拉列表中有"左对齐""居中""右对齐"和"两端对齐"4 个选项，读者可根据实际情况选择。

◆ 垂直对齐：在下拉列表中有"靠上""居中"和"靠下"3 个选项，读者可根据实际情况选择。

◆ 文字颜色：控制文字颜色，则文字的颜色将会随着文字所在图层的颜色变化而变化。

◆ 自动换行：勾选该复选框后，当输入的文字内容超过单元宽度时，将自动换行显示。

◆ 强制下属行列和单元格继承表格文字特性：当勾选该复选框后，单元格内的所有文字将强行按本页设置的属性显示；当取消勾选该复选框时，进行过单独设置的单元格文字保留原设置。

"横线参数"对话框和"竖线参数"选项卡中（见图 7-22）各项参数的含义如下。

◆ 不设横线和不设竖线：勾选该复选框后，整个表格的所有行均没有横格线或竖格线，其下方参数无效。

◆ 颜色：读者可选择相应的颜色，控制表格横线或竖线的线型颜色。

◆ 线宽：在该下拉列表中可选择所需要的选项，来控制表格中横线或竖线的宽度。

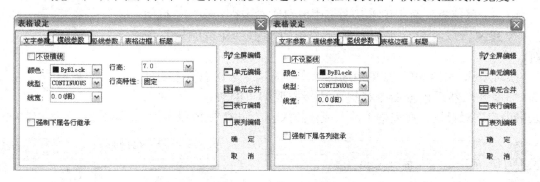

图7-22　横、竖线参数对话框

◆ 行高：根据实际需要输入一个数值，控制行高。
◆ 行高特性：该下拉列表中有"固定""至少""自由"和"自动"4个选项。"固定"指固定行高；"至少"指读者无论怎么调整表格的行高，其高度不得小于"横线参数"选项卡中指定的行高；"自由"指读者可通过表格中的夹点来控制表格整行高；"自动"指随文字号和文字的多少来自动换行而变化。
◆ 强制下属各行继承：勾选该复选框后，整个表格的所有表行、列按本页设置的属性显示。取消勾选该复选框后，进行过单独设置的单元格不变。

在"表格边框"选项卡中（见图7-23所示），可以控制表格边框的有无，以及边框的颜色、线型及线宽等特性。

"标题"选项卡中（见图7-24）各项参数的含义如下。

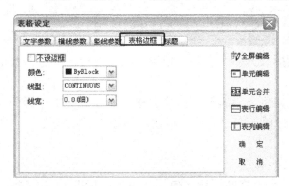

图7-23　表格边框　　　　　　图7-24　标题

◆ 标题内容文本框：在该空白区域内，可输入文艺文字内容作为表格标题文本。
◆ 标题在边框外：勾选该复选框后，不会显示表格标题行的边框或隐藏标题。
◆ 隐藏标题：勾选该复选框后，表格不会显示标题行文本和边框。

 ### 7.2.6　表格编辑

TArch 2013软件中，在"文字表格 | 表格编辑"子菜单中设置了很多与表格编辑相关

的命令，如图 7-25 所示，下面分别介绍各个命令。

1）"全屏编辑"命令用于从图形中取得所选表格，在对话框中进行行列编辑以及单元编辑。单元编辑也可由"在位编辑"所取代。

在 TArch 2013 屏幕菜单中选择"文字表格｜表格编辑｜全屏编辑"命令，然后根据命令栏提示选择需要编辑的表格，会弹出"表格内容"对话框，在表格中输入或修改内容，如图 7-26 所示。

图 7-25　表格编辑命令

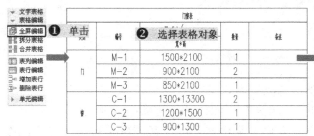

图 7-26　全屏编辑操作

技巧提示——全屏编辑

在"表格内容"对话框中，可以输入各单元格的文字，并进行表行、表列的编辑：选择一到多个表行（表列）后右击行（列）首，显示的快捷菜单如图 7-26 所示（实际行列不能同时选择）；还可以拖动多个表行（表列）实现移动、交换的功能，最后单击"确定"按钮完成全屏编辑操作。全屏编辑界面的"最大化"按钮适用于大型表格的编辑。

2）"拆分表格"命令把表格按行或者按列拆分为多个表格，也可以按读者设定的行列数自动拆分。

在 TArch 2013 屏幕菜单中选择"文字表格｜表格编辑｜拆分表格"命令，弹出"拆分表格"对话框，在对话框中设置相应的参数，最后单击"拆分"按钮，如图 7-27 所示。

"拆分表格"对话框中各选项的含义如下。

◆ 行列拆分：选择表格的拆分是按行或者按列进行。

◆ 带标题：设置拆分后的表格是否带有原来表格的标题（包括在表外的标题），注意标题不是表头。

◆ 表头行数：定义拆分后的表头行数，如果值大于 0，表示按行拆分后的每一个表格以该行数的表头为首，按照指定行数在原表格首行开始复制。

◆ 自动拆分：按指定行数自动拆分表格。

◆ 指定行数：配合自动拆分输入拆分后，每个新表格不算表头的行数。

3）"合并表格"命令可把多个表格逐次合并为一个表格，这些待合并的表格行列数可以与原来的表格不等，默认按行合并，也可以改为按列合并。

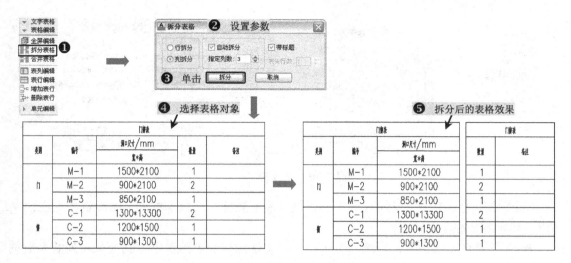

图 7-27 拆分表格操作

在 TArch 2013 屏幕菜单中选择"文字表格｜表格编辑｜各并表格"命令，根据命令栏提示选择"列合并（C）"项，再选择需要合并的表格对象，系统会将读者选择的表格合并，如图 7-28 所示。

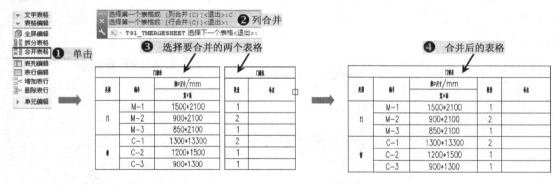

图 7-28 合并表格操作

技巧提示——合并表格的注意事项

对于表格的行数合并，最终的表格行数等于所选择各个表格行数之和，标题保留第一个表格的标题。

另外，如果被合并的表格有不同列数，最终表格的列数与列数最多的表格一致，各个表格合并后，多余的表头由读者自行删除。

4）"表列编辑"命令用于对表格中的列进行整体编辑。选择该命令后，选取需要被编辑的一个列，然后在弹出的对话框内对参数进行编辑即可。

在 TArch 2013 屏幕菜单中选择"文字表格｜表格编辑｜表列编辑"命令，然后选取需要编辑的一个列，弹出"列设定"对话框，在对话框中设置相应的参数即可，如图 7-29 所示。

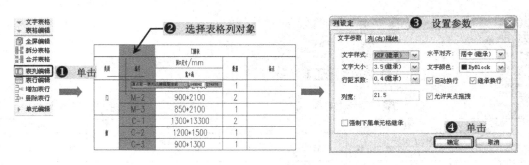

图 7-29　表列编辑操作

"列设定"对话框中"文字参数"和"列（右）隔线"选项卡的部分命令选项已在前文介绍，其他各参数含义如下。

◆ 继承表格竖线参数：勾选该复选框后，本次操作的表列对象控制全局表列的参数设置显示。

◆ 不设竖线：勾选该复选框后，相邻两列间的竖线不显示，但是相邻单元不进行合并。

5）"表行编辑"命令用于对表格中的行进行整体编辑。选择该命令后，选取需要被编辑的一个行，然后在弹出的对话框内进行参数编辑。

在 TArch 2013 屏幕菜单中选择"文字表格｜表格编辑｜表行编辑"命令，然后选取需要编辑的一个行，弹出"行设定"对话框，在对话框中设置相应的参数即可，具体如图 7-30 所示。

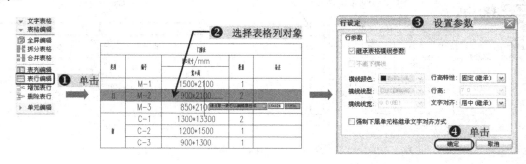

图 7-30　表行编辑操作

6）"增加表行"命令和"删除表行"命令。选择"增加表行"命令后，选择的行会相应地向下移动，由新的行代替当前行的位置，可以连续多次操作。此命令没有参数对话框；选择"删除表行"命令后，系统会以行为单位，一次删除当前指定的行，删除行的下方行将自动向上移动，替换被删除行的位置。

7.2.7　单元编辑

TArch 2013 软件在"文字表格｜单元编辑"子菜单中提供了单元编辑的相关命令，如图 7-31 所示，下面分别介绍各个命令。

1）执行"单元编辑"命令，根据命令栏提示选取表格中需要修改的一个单元格，然后在弹出的"单元格编辑"对话框中设置参数，最后单击"确定"按钮即可，如图 7-32 所示。

图 7-31 单元编辑的相关命令

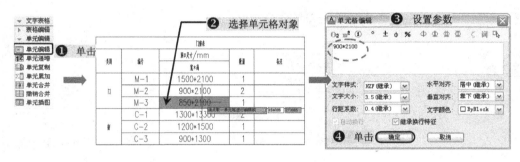

图 7-32 单元编辑操作

2）"单元递增"命令是将包含有数字或字母的单元文字内容在同一行或一列复制，并同时将文字内的某一项递增或递减排列，同时按〈Shift〉键为直接复制，按〈Ctrl〉键为递减。执行此命令后，根据命令栏提示选取第一个单元格和选取最后一个单元格，系统完成所选单元格的递增，在表格中生成递增效果，如图 7-33 所示。

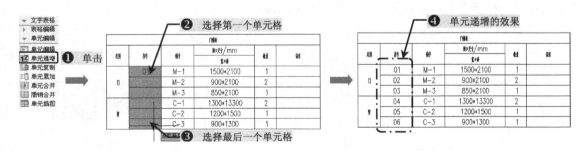

图 7-33 单元递增操作

3）"单元复制"命令复制表格中某一单元格内容或者图内的文字至目标单元格。选择此命令，然后根据命令栏提示选择要复制的单元格，然后将其粘贴至指定单元格，如图 7-34 所示。

4）"单元累加"命令用于累加行或列中的数值，结果填写在指定的空白单元格中。单击此命令，根据命令栏提示操作即可，如图 7-35 所示。

5）"单元合并"和"撤消合并"命令。"单元合并"命令是将几个单元格合并为一个大的表格单元；"撤消合并"命令是将已经合并的单元格重新恢复几个小的表格单元。

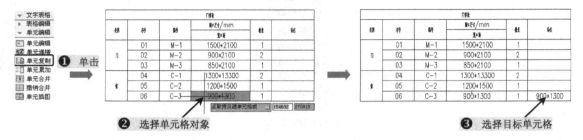

图7-34 单元复制操作

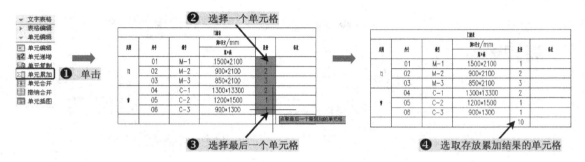

图7-35 单元累加操作

6）"单元插图"命令将 AutoCAD 图块或者天正图块插入到天正表格中的指定一个或者多个单元格，配合"单元编辑"和"在位编辑"命令可对已经插入图块的表格单元进行修改。

在 TArch 2013 屏幕菜单中选择"文字表格｜单元编辑｜单元插图"命令，在弹出的"单元插图"对话框选择相应的图块，然后再选择指定的单元格，如图7-36 所示。

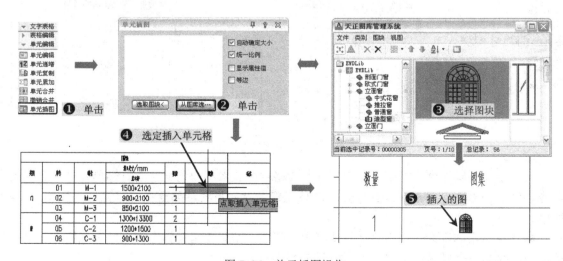

图7-36 单元插图操作

7.2.8　即学即用——创建工程设计说明

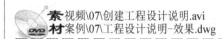 视频\07\创建工程设计说明.avi
案例\07\工程设计说明-效果.dwg

　　本实例旨在指导读者创建工程设计说明。首先新建文件，插入 A4 图框、单行文字内容和多行文字内容，再新建一表格内容，对表格单元格进行合并，输入内容、设置边框效果等，其最终效果如图 7-37 所示。

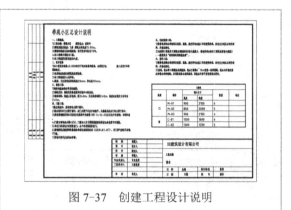

图 7-37　创建工程设计说明

　　1）正常启动天正建筑 TArch 2013 软件，系统将自动创建一个 dwg 格式的空白文档，选择"文件 | 保存"菜单命令，将文件另存为"案例\07\工程设计说明-效果.dwg"文件。

　　2）在 TArch 2013 屏幕菜单中选择"文件布图 | 插入图框"命令，弹出"插入图框"对话框，选择 A4 图幅，然后在图纸区域选定插入点，如图 7-38 所示。

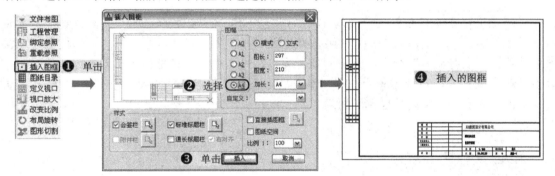

图 7-38　插入图框

　　3）在屏幕菜单中选择"文字表格 | 单行文字"命令，弹出"单行文字"对话框，在对话框中的文本框输入"桦苑小区总设计说明"，然后在图框的相应位置插入文字，如图 7-39 所示。

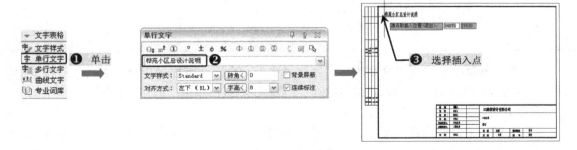

图 7-39　单行文字

4）在屏幕菜单中选择"文字表格 | 多行文字"命令，弹出"多行文字"对话框，在对话框中的文本框输入设计说明的相应内容，然后在图框的相应位置插入文字，如图 7-40 所示。

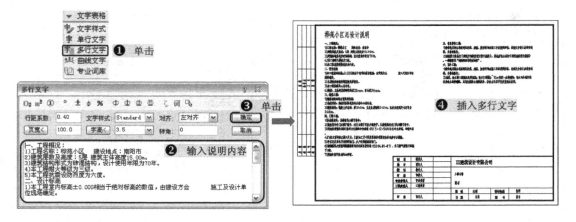

图 7-40　多行文字

技巧提示——外部文本信息的置入

　　可以使用记事本程序打开"案例\07\设计说明.txt"文件，按〈Ctrl+A〉组合键将其中的所有文本信息选中，再按〈Ctrl+C〉组合键将文本内容复制到"内存"中；再切换至天正软件中，执行"多行文字"命令，弹出"多行文字"对话框中，将光标置于文字输入区中，并右击鼠标，从弹出的快捷菜单中选择"粘贴"命令（或者按〈Ctrl+V〉组合键），即可将其选中的内容置多行文字输入区中，如图 7-41 所示。

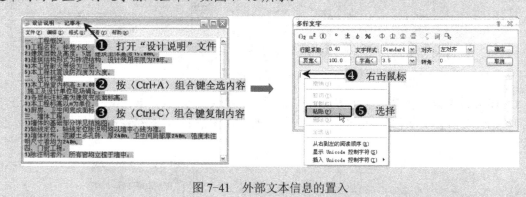

图 7-41　外部文本信息的置入

　　5）在屏幕菜单中选择"文字表格 | 新建表格"命令，在弹出的"新建表格"对话框中设置行数为 7，列数为 5，输入表格标题为"门窗表"，最后单击"确定"按钮，在图中的指定位置插入表格，如图 7-42 所示。

　　6）在屏幕菜单中选择"文字表格 | 单元编辑 | 单元合并"命令，合并相应的单元格，并输入相应的文字内容，最后的表格效果如图 7-43 所示。

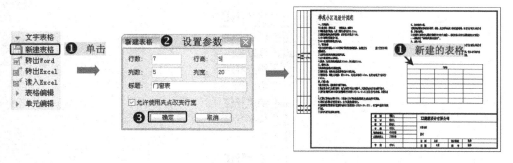

图 7-42 插入表格

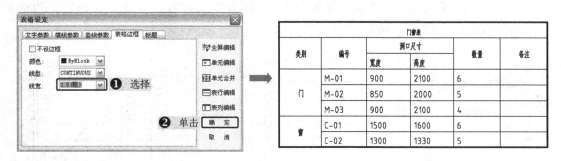

图 7-43 合并单元格并输入内容

7）使用鼠标双击表格，在弹出的"表格设定"对话框中设置表格的边框线宽为 0.5（粗），再单击"确定"按钮，如图 7-44 所示。

图 7-44 修改表格外边框线宽

8）至此，其建筑设计说明已经制作完成，按〈Ctrl+S〉组合键对其进行保存。

7.3 尺寸标注的创建

在平面图绘制完成之后，除标注文字说明以外，还需要有详细的尺寸与符号标注，天正软件提供了专用于建筑工程设计的尺寸标注对象，TArch 2013 中设有很多尺寸标注的相关命令，如图 7-45 所示。

图 7-45 尺寸标注的相关命令

7.3.1 门窗标注

在建筑图样中，楼层比较多时，门窗也就相对很多，而这些门窗都要一一标注，导致绘图非常不方便，因此，TArch 2013 专门提供了一项专门针对门窗的"门窗标注"命令。

"门窗标注"命令创建的尺寸对象与门窗具有联动特性，通过"移动"命令或夹点工具等对门窗进行移动或改变宽度后，尺寸标注将随门窗的改变而联动更新。

在 TArch 2013 屏幕菜单中选择"尺寸标注 | 门窗标注"命令，根据命令栏提示，用直线选定第一、二点穿过墙、门或窗，这条线必须通过需要标注的门窗，此时系统会自动对该门窗生成标注，具体如图 7-46 所示。

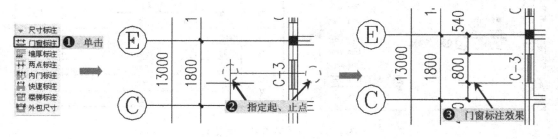

图 7-46 门窗标注

7.3.2 墙厚标注

在实际绘图中，不是所有的墙体厚度都相同，"墙厚标注"命令可对图中一次性标注两点连线经过的一至多段天正墙体对象的厚度进行标注。

在 TArch 2013 屏幕菜单中选择"尺寸标注 | 墙厚标注"命令，根据命令栏提示，框选第一、二道尺寸线及墙体，具体如图 7-47 所示。

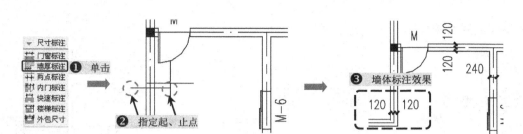

图7-47 墙厚标注

7.3.3 两点标注

"两点标注"命令为两点连线附近有关系的轴线、墙线、门窗、柱子等构件标注尺寸，并可标注各墙中点或者添加其他标注点，热键 U 可撤销上一个标注点，也使得不同构件的标注规范化。

在 TArch 2013 屏幕菜单中选择"尺寸标注 | 两点标注"命令，根据命令栏提示选取起点、终点，再选择不需要标注的轴线或墙体，最后选择需要标注的门窗和柱子，此时，系统会对两点间的轴线、墙体、门窗等进行标注，具体如图7-48所示。

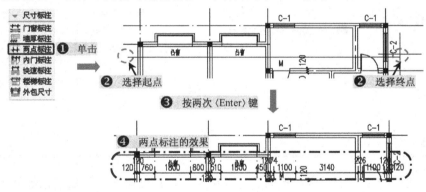

图7-48 两点标注

7.3.4 内门标注

使用"内门标注"命令可标注室内门窗的尺寸，以及门窗与邻近的正交轴线或墙角（墙垛）的尺寸。

在 TArch 2013 屏幕菜单中选择"尺寸标注 | 内门标注"命令，根据命令行提示，可选择标注门窗尺寸和门窗与邻近轴线的尺寸，也可选择标注门窗尺寸和门窗与邻近墙垛的尺寸，如图7-49所示。

7.3.5 快速标注

使用"快速标注"命令可快速识别图形的外轮廓线或对象节点并标注尺寸，特别适用于选取平面图后快速标注其外包尺寸线。

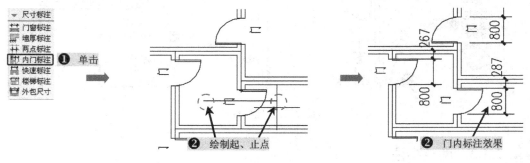

图 7-49　内门标注

在 TArch 2013 屏幕菜单中选择"尺寸标注 | 快速标注"命令，选择要标注的图形对象或平面图，再选择"整体""连续"或"连续加整体"标注选项，然后指定尺寸标注的位置，即可完成快速标注操作，具体如图 7-50 所示。

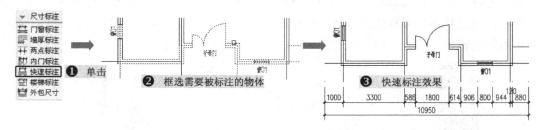

图 7-50　快速标注

7.3.6　楼梯标注

"楼梯标注"命令用于对楼梯梯间宽进行标注。选择该命令，然后根据命栏提示选择需要被标注的楼梯即可，如图 7-51 所示。

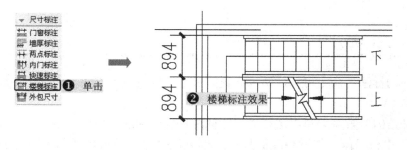

图 7-51　楼梯标注

7.3.7　外包尺寸

使用"外包尺寸"命令可将原有轴网标注修改为符合规范的外包尺寸标注（外包尺寸即

是包含外墙外侧厚度的总尺寸）。

在 TArch 2013 屏幕菜单中选择"尺寸标注 | 外包尺寸"命令，使用窗选方式选择建筑构件，然后分别选择轴网标注中第一、二道尺寸线，即可将其修改为外包尺寸标注，具体如图 7-52 所示。

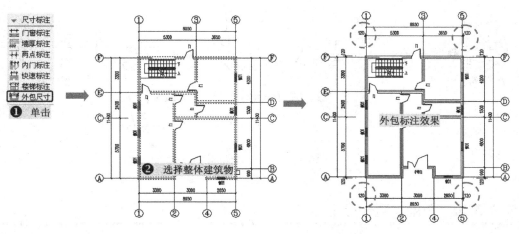

图 7-52　外包尺寸

7.3.8　逐点标注

使用"逐点标注"命令可对选取的一串给定点沿指定方向和选定的位置标注尺寸。特别适用于没有指定天正对象特征、需要取点定位标注的情况，以及其他标注命令难以完成的尺寸标注。

在 TArch 2013 屏幕菜单中选择"尺寸标注 | 逐点标注"命令，分别指定标注的起点和终点，再指定尺寸线的放置位置，然后选择其他标注点，即可完成逐点标注操作，如图 7-53 所示。

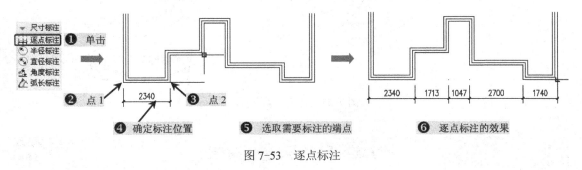

图 7-53　逐点标注

7.3.9　半径、直径标注

"半径标注"命令和"直径标注"命令类似于 AutoCAD 中相应的两个命令，可以标注弧线或圆弧墙的半径和直径，当尺寸文字容纳不下时，会按照制图标准规定自动引出标注在尺寸线外侧。

在 TArch 2013 屏幕菜单中选择"尺寸标注 | 半径标注/直径标注"命令，根据命令栏提示选取圆、圆弧或弧墙，即可在选取位置标注半径或直径，如图 7-54 所示。

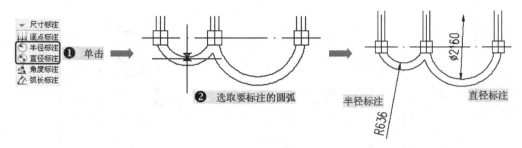

图 7-54 半、直径标注

7.3.10 角度、弧长标注

"角度标注"和"弧长标注"命令类似于 AutoCAD 中相应的两个命令，可标注两个直线之间的夹角和圆弧的弧长。

在 TArch 2013 屏幕菜单中选择"尺寸标注 | 角度标注/弧长标注"命令，根据命令栏提示分别选择不平行的两条直线，即可完成角度标注（根据选择两条直线的先后顺序按逆时针标注角度）。选择要标注的弧段，再指定尺寸线的放置位置，选择其他标注点，即可完成弧长标注，如图 7-55 所示。

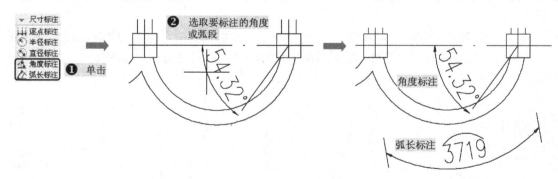

图 7-55 角度、弧长标注

 软件技能

7.4 尺寸标注的编辑

TArch 2013 的尺寸标注对象是天正自定义对象，支持"裁剪""延伸""打断"等命令，标注时涉及的对象很多，不可能一次完成所有对象的标注，甚至有可能出现标注错误现象，所以这里就需要对标注进行编辑。天正 TArch 2013 中有很多尺寸标注命令，如图 7-56 所示。

图 7-56 尺寸标注编辑命令

7.4.1 文字复位、复值

使用"文字复位"命令可将通过拖动夹点移动过的尺寸文字恢复到默认位置，即尺寸线中点的上方。

使用"文字复值"命令可将修改过的尺寸文字恢复为初始数值。有时为了方便起见，会将一些标注尺寸文字加以改动，在校核或提取工程量等需要尺寸和标注文字一致的场合，可以使用本命令按实测尺寸恢复文字的数值。

在 TArch 2013 屏幕菜单中选择"尺寸标注 | 尺寸编辑 | 文字复位/文字复值"命令，根据命令栏提示，选取需要恢复和剪裁的天正尺寸标注即可，如图 7-57 所示。

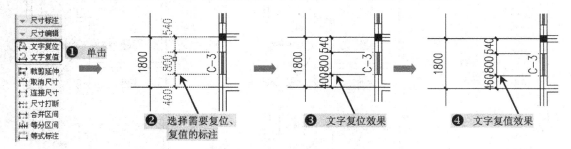

图 7-57 文字复位、复值操作

7.4.2 剪裁延伸

使用"剪裁延伸"命令可根据指定的位置剪裁或延伸尺寸线。

在屏幕菜单中选择"尺寸标注 | 尺寸编辑 | 剪裁延伸"命令，选择要延伸或裁剪到的位置，然后选择要延伸或裁剪的尺寸线，即可延伸或裁剪尺寸标注，如图 7-58 所示。

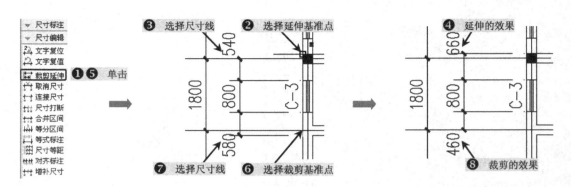

图 7-58　剪裁、延伸操作

7.4.3　取消、连接尺寸

使用"取消尺寸"命令可删除连续标注中的一个尺寸标注区间。有时为了提高标注效率，会对不需要标注的构件进行标注，此时可使用本命令将该段标注删除。

使用"连接尺寸"命令可将多个独立的直线或圆弧尺寸标注连接成为一个尺寸标注，如果需要连接的标注尺寸线之间不共线，连接后的标注以第一个选取的标注为主标注尺寸对齐。

在 TArch 2013 屏幕菜单中选择"尺寸标注︱尺寸编辑︱取消尺寸/连接尺寸"命令。当启动"取消尺寸"命令时，选择要删除的尺寸标注区间的文字，即可将其删除；当启动"连接尺寸"命令时，选择要对齐的主尺寸标注，然后选择要连接的尺寸标注，即可将其连接为一个尺寸标注，如图 7-59 所示。

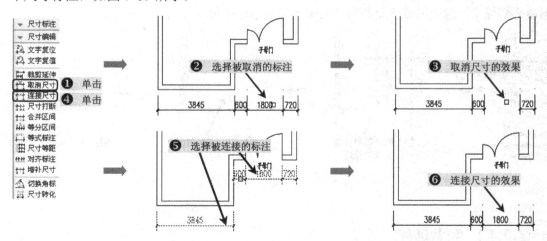

图 7-59　取消、连接尺寸

7.4.4　尺寸打断

使用"尺寸打断"命令可将一尺寸标注打断为两个独立的尺寸标注。

在屏幕菜单中选择"尺寸标注 | 尺寸编辑 | 尺寸打断"命令，选取要打断的尺寸标注，即可将一尺寸标注打断为两个尺寸标注，如图7-60所示。

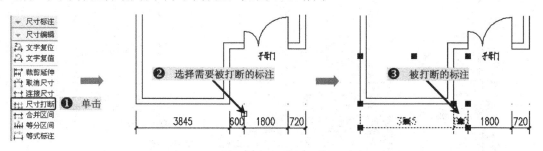

图 7-60　尺寸打断操作

 ### 7.4.5　合并、等分区间

使用"合并区间"命令可将多段需要合并的尺寸标注合并到一起。

使用"等分区间"命令可将一个尺寸标注区间等分为多个尺寸标注区间。

在屏幕菜单中选择"尺寸标注 | 尺寸编辑 | 合并区间/等分区间"命令。启动"合并区间"命令，选择要合并区间中的尺寸界限，即可将两个区间合并为一个区间；启动"等分区间"命令，选择要等分的尺寸标注区间，然后设置等分数，即可按照等分数将该区间等分，如图7-61所示。

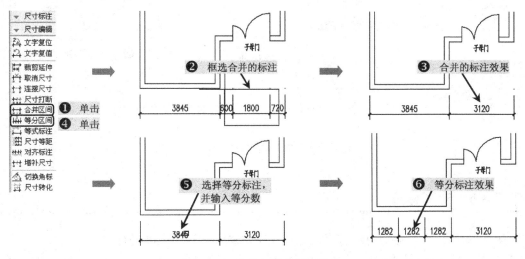

图 7-61　合并、等分区间操作

 ### 7.4.6　等式标注

使用"等式标注"命令可将一个尺寸标注区间等分为多个尺寸标注区间。

在屏幕菜单中选择"尺寸标注 | 尺寸编辑 | 等式标注"命令，选择要等分的尺寸标注区

间，在根据命令栏提示操作，即可按照等分数将该区间等分，如图 7-62 所示。

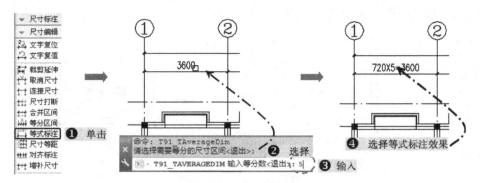

图 7-62　等式标注操作

7.4.7　尺寸等距

使用"尺寸等距"命令可将一个尺寸标注与同侧的另一个尺寸标注以一定的距离相隔。

在屏幕菜单中选择"尺寸标注｜尺寸编辑｜尺寸等距"命令，根据命令栏提示选取基准标注，然后选取另一个尺寸标注并输入距离即可，如图 7-63 所示。

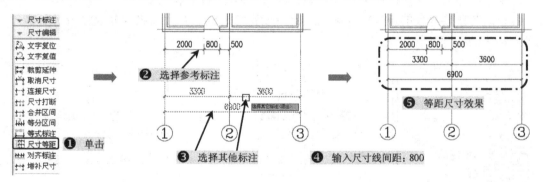

图 7-63　尺寸等距标注操作

7.4.8　对齐标注

使用"对齐标注"命令可将多个尺寸标注按照参考标注的高度进行对齐。

在屏幕菜单中选择"尺寸标注｜尺寸编辑｜对齐标注"命令，选择作为参考的尺寸标注，再选择要对齐的尺寸标注，即可将其对齐，如图 7-64 所示。

7.4.9　增补尺寸

使用"增补尺寸"命令可在已有的直线尺寸标注中增加标注区间，增补新的尺寸界线，断开原有区间。

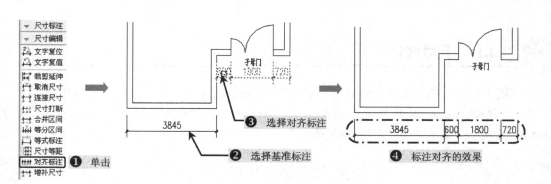

图 7-64 对齐标注操作

在 TArch 2013 屏幕菜单中选择"尺寸标注 | 尺寸编辑 | 增补尺寸"命令，选择要增加标注区间的尺寸标注，然后选取增加的标注点位置，即可为增加标注区间，如图 7-65 所示。

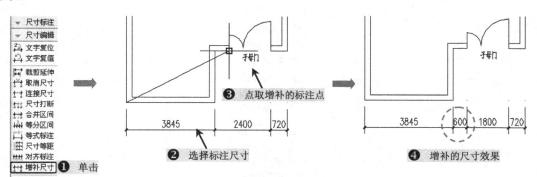

图 7-65 增补尺寸操作

 7.4.10 切换角标

使用"切换角标"命令可在角度标注、弧长标注和弦长标注之间进行切换。

在屏幕菜单中选择"尺寸标注 | 尺寸编辑 | 切换角标"命令，选择要切换角标的标注即可，如图 7-66 所示。

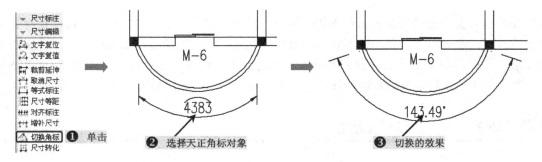

图 7-66 切换角标操作

7.4.11 尺寸转换

使用"尺寸转换"命令可将 AutoCAD 的尺寸标注对象转化为天正的尺寸标注对象。

在 TArch 2013 屏幕菜单中选择"尺寸标注 | 尺寸编辑 | 尺寸转换"命令，选择 AutoCAD 的尺寸标注对象，即可将其转化为天正的尺寸标注对象。

7.5 符号标注的创建

TArch 2013 软件提供了一整套自定义工程符号对象，这些符号对象可以方便地绘制剖切号、指北针、引注箭头，以及各种详图符号和引出标注符号。在天正屏幕菜单的"符号标注"选项中设有很多符号标注命令，如图 7-67 所示。

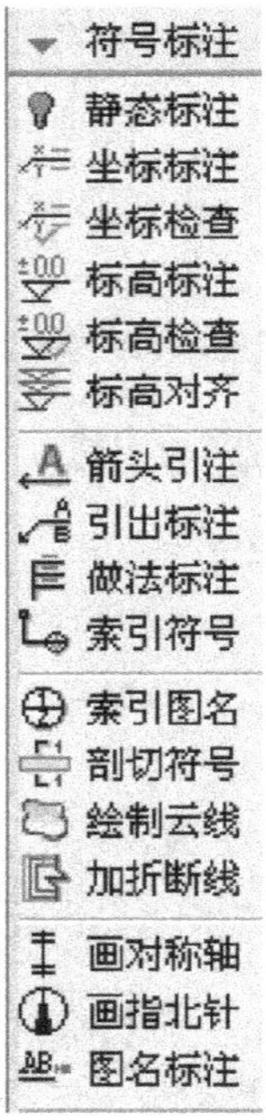

图 7-67 符号标注的相关命令

使用自定义工程符号对象，插入的工程符号对象提供了专业夹点定义，且内部保存有对象特性数据，读者除了可以在插入符号的过程中通过对话框的参数控制选项，根据绘图的不同要求，还可以在图上已插入的工程符号。拖动夹点或者按〈Ctrl+1〉组合键启动对象特性栏，在其中更改工程符号的特性，双击符号中的文字，启动在位编辑即可更改文字内容。

7.5.1 动、静态标注状态

标注的状态分为动态标注和静态标注两种，移动和复制后的坐标符号受"符号标注"菜单中的"静态（动态）标注"菜单项的控制。

> ➤ 动态标注状态：在该状态下移动和复制后的坐标数据将自动与世界坐标系一致，适用于整个 DWG 文件仅仅布置一个总平面图的情况。
> ➤ 静态标注状态：在该状态下移动和复制后的坐标数据不改变原值。例如，在一个 DWG 文件中复制同一总平面图，绘制绿化、交通等不同类别的图样时，只能使用静态标注。

 ### 7.5.2　坐标标注和检查

坐标标注在工程制图中用来表示某个点的平面位置，一般由政府的测绘部门提供。通过"坐标标注"命令可在平面图中标注某个点的坐标值；通过"坐标检查"命令可检查坐标标注的正确或错误。

在屏幕菜单中选择"符号标注 | 坐标标注"命令，选择要标注坐标的标注点，再指定坐标标注的方向，即可完成坐标标注，如图 7-68 所示。

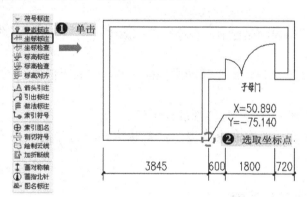

图 7-68　坐标标注操作

此时，在执行"坐标标注"命令时，在命令栏提示选择"设置（S）"项，会弹出"坐标标注"对话框，可以在对话框中设置绘图单位、标注单位、标注精度、箭头样式和坐标值等，如图 7-69 所示。

"坐标标注"对话框中各选项的含义如下。

◆ 绘图单位/标注单位：在此下拉列表中可以选择绘图时所使用的单位以及标注单位。

◆ 标注精度：读者可以设置小数的精确位数，小数后面有几位，就精确到几位小数。

◆ 箭头样式：可根据实际情况选择箭头的样式，有圆点、箭头和十字 3 种。

图 7-69　"坐标标注"对话框

◆ 坐标取值：读者可根据实际情况选择标注所采用的坐系。

◆ 坐标类型：读者可根据实际情况选择"测量坐标"或"施工坐标"。

◆ 设置坐标系：系统默认采用世界坐标系，如果单击该按钮，可在绘图区中单击指定坐标原点。

◆ 选指北针：图上有指北针符号，在对话框中单击该按钮，从图中选择指北针，系统以它指的方向为 X（A）方向标注新的坐标点。

◆ 北向角度：系统默认图形中的建筑座位朝南布置，向北角度为 90。如果正北方向不是图样的上方，单击该按钮可给出正北方向。

使用"坐标检查"命令可以检查世界坐标系 WCS 下的坐标标注和读者在坐标系 UCS 下的坐标标注。这里要注意，只能选择基于一个坐标系进行检查，而且应与绘制时的条件一致，此在对话框中可以设置绘图单位、标注单位和坐标取值等。

在屏幕菜单中选择"符号标注｜坐标检查"命令，弹出"坐标检查"对话框，如图 7-70 所示，通过此对话框选择标注单位和合适的坐标系类型，然后选择待检查的坐标，即可检查坐标，此时将在命令行中提示坐标正确或错误。

图 7-70 "坐标检查"对话框

根据命令栏提示，坐标错误时，应进行修改。

1）选择 C，纠正错误的坐标值，程序自动完成坐标纠正。

2）选择 D，不改坐标值，而是移动原坐标符号，在该坐标值的正确坐标位置进行坐标标注。

3）选择 A，对全部的错误坐标值都进行纠正。

单击"确定"按钮后返回命令行提示，默认坐标点符号的绘图方向服从当前读者坐标系。

 ### 7.5.3 标高标注和检查

"标高标注"命令用于表示某个点的高程或者垂直高度。标高分为绝对标高和相对标高，绝对标高的数值来自当地测绘部门，相对标高与绝对标高有相对关系，是由设计单位设计的，一般是室内一层地坪。

在屏幕菜单中选择"符号标注｜标高标注"命令，在弹出的"标高标注"对话框中设置标高值、选择标高符号样式等，然后在视图的指定位置单击即可，如图 7-71 所示。

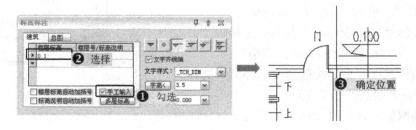

图 7-71 标高标注

"标高标注"对话框的"建筑"选项卡中各选项的含义如下。

标高的符号形式包括实心填充、普通、带基线和带引线几种，如图 7-72 所示。

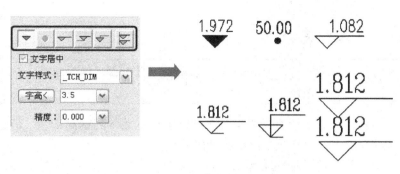

图 7-72 标高样式

◆ 楼层标高自动加括号：勾选此复选框后，除了第一个楼层标高以外，其他楼层的标高都加括号。

◆ 标高说明自动加括号：设置是否在标高数字后面的说明加括号，勾选该复选框后，文字说明自动添加括号。

◆ 手工输入：系统默认不勾选，自动进行标注；勾选该复选框后，即可在编辑框中输入指定的标高值。

◆ 多层标高：单击该按钮将会弹出"多层楼层标高编辑"对话框，在选择楼层数后单击"添加"按钮即可添加到左边楼层标高表格中，并且系统会自动根据当前层高数值来进行填写。勾选"自动填楼层号到标高表格"复选框时，系统以楼层顺序自动添加标高说明，具体如图 7-73 所示。

图 7-73 多层标高样式

"标高标注"对话框的"总图"选项卡如图 7-74 所示，各选项的含义如下。

◆ 标高符号按钮：与"建筑"选项卡中的相同。

◆ 自动换算绝对标高：勾选该复选框，将显示"换算关系"文本框，在"换算关系"文本框中输入标高关系，绝对标高自动算出并标注两者换算关系，当注释为文字时自动加括号作为注释。

图 7-74 "总图"选项卡

◆ 相对标高/注释：在其文本框中输入相对标高，系统自动计算出绝对标高框的内容。

◆ 上下/左右列排：用于标注绝对标高和相对标高的关系。

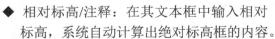

技巧提示——修改标高

> 在标高对象需要修改时，可以双击标高对象文字，进入在位编辑状态，从而直接修改标高数值，最后单击"确定"按钮。

使用"标高检查"命令可检查世界坐标系和读者坐标系下的标高标注，但只能选择基于其中一个坐标系进行检查，而且应与绘制标高时的条件一致。

在屏幕菜单中选择"符号标注｜标高检查"命令，选择要作为参考的标高，然后选择待检查的标高，命令行中将提示标高正确或错误。

如果标高有错误，将在第一个错误的标高位置显示红色方框，可根据命令行提示选择纠正标高的方法。

 7.5.4　标高对齐

"标高对齐"命令用于把选中的标高按新点取的标高位置或参考标高位置竖向对齐，如图 7-75 所示。

图 7-75　标高对齐

 7.5.5　箭头、引出和做法标注

使用"箭头标注"命令可绘制带有箭头和引线的标注。

使用"引出标注"命令可用于对多个标注点进行说明性的文字标注，并自动按端点对齐文字，具有拖动自动跟随的特性。

使用"作法标注"命令可在施工图样上标注工程的材料作法。

在屏幕菜单中选择"符号标注｜箭头标注/引出标注/做法标注"命令，根据命令栏提示操作即可，如图 7-76～图 7-78 所示。

技巧提示——标注文字引用词库

> 为了提高工作效率，在以上标注输入文字与天正词库相同时，都可选用天正词库中的文字内容，直接单击"词"按钮即可。

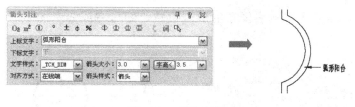

图 7-76 箭头标注

图 7-77 引出标注

图 7-78 做法标注

 7.5.6 索引符号和图名

使用"索引符号"命令可为图中另有详图的某一部分标注索引号,"索引图名"命令可为此索引的详图标注图名。

在屏幕菜单中选择"符号标注丨索引符号"命令,在弹出的"索引文字"对话框中输入文字内容,并设置文字样式和字高,再选择索引符号类别,即可完成索引符号的绘制,如图 7-79 所示。

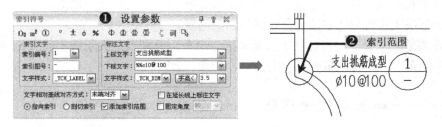

图 7-79 索引符号

在屏幕菜单中选择"符号标注丨索引图名"命令,从弹出的对话框中分别设置被索引的图号和索引编号，然后指定索引图名的放置位置，即可完成索引图名的绘制，如图 7-80 所示。

图 7-80　索引图名

7.5.7　剖切符号

使用"剖切符号"命令可在图中绘制国标规定的剖面剖切符号，它用于定义一个编号的剖面图，以表示剖切断面上的构件及从该处沿视线方向可见的建筑构件，根据此剖切符号生成剖面图。

在屏幕菜单中选择"符号标注｜剖切符号"命令，在弹出的对话框设置剖切编号，再指定剖切点，然后指定剖切方向，即可完成剖切符号的绘制，如图 7-81 所示。

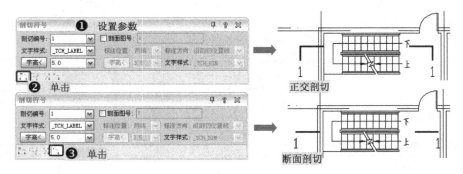

图 7-81　剖切符号

7.5.8　加折断线

使用"加折断线"命令可绘制符合制图规范的折断线，切割线一侧的天正建筑对象不予显示，用于解决天正对象无法从对象中间打断的问题。

在屏幕菜单中选择"符号标注｜加折断线"命令，分别指定折断线的起点和终点，再选择保留图形的范围，即可完成折断线的绘制，如图 7-82 所示。

技巧提示——加折断线的编辑

如果要对已创建好的折断线进行编辑，可双击折断线对象，在弹出的"编辑切割线"对话框中进行编辑，然后单击"确定"按钮即可，如图 7-83 所示。

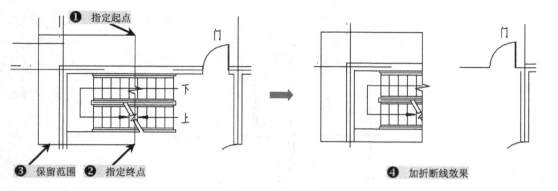

图 7-82 加折断线

"编辑切割线"对话框中各选项的含义如下。

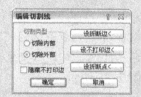

- ◆ 切除内部：表示折断线区域内的图形将会被隐藏，显示折断线区域以外的图形。
- ◆ 切除外部：表示折断线区域外的图形将会被隐藏，显示折断线区域以内的图形。
- ◆ 隐藏不打印边：如果勾选了该复选框，则将不打印边隐藏。

图 7-83 "编辑切割线"对话框

- ◆ 设打断边：在已创建的切割线上选择某一边，此时被选择的边将会转换为折断线。
- ◆ 设不打印边：在系统默认情况下，分割线由折断线和不打印边构成，如果读者需要另外指定分割线的不打印线，则可单击该按钮，再在绘图区中单击需要转换为不打印线的边。
- ◆ 设折断点：在系统默认情况下，折断线上只有一个断点，如果读者单击此按钮，再在绘图区中相应的边上单击，即可在单击位置创建一个断点，断点所在的边自动被转为折线。

7.5.9 对称轴和指北针的创建

使用"画对称轴"命令可在施工图中标注对称轴。

在屏幕菜单中选择"符号标注 | 画对称轴"命令，根据命令栏提示选定起点和终点即可。

使用"画指北针"命令可绘制符合国标规定的指北针符号。

在屏幕菜单中选择"符号标注 | 画指北针"命令，根据命令栏提示选定位置和方向即可，如图 7-84 所示。

7.5.10 图名标注

当图形中有多个图形或详图时，需要在每个图形下方标出该图的图名，使用"图名标注"命令可标注图名和比例。

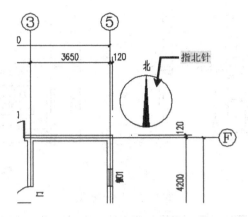

图 7-84　指北针的创建

在屏幕菜单中选择"符号标注 | 图名标注"命令，在弹出的"图名标注"对话框中输入图名和比例，并设置文字的参数，然后在图中指定图名的插入位置，即可完成图名的标注，如图 7-85 所示。

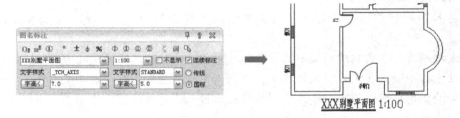

图 7-85　图名标注的创建

软件技能

7.6　经典实例——某别墅平面图的标注

素材
视频\07\某别墅平面图的标注 avi
案例\07\某别墅平面图的标注-效果.dwg

该案例是为某别墅平面图进行尺寸、文字和符号标注的操作。打开事先准备好的文件，并另存为新的文件；对其进行门窗标注，将所有的门窗对象进行尺寸标注，并进行标注对齐操作；对其进行单行文字的标注以及标高标注；最后进行指北针和图名的标注，其效果如图 7-86 所示。

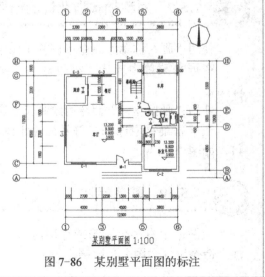

图 7-86　某别墅平面图的标注

1）正常启动天正 TArch 2013 软件，按〈Ctrl+O〉组合键打开"案例\07\某别墅平面图标注-平面.dwg"文件，如图 7-87 所示。

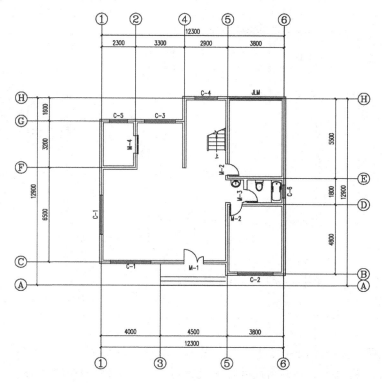

图 7-87　打开的文件

2）按〈Ctrl+Shift+S〉组合键将打开的文件另存为"案例\07\某别墅平面图标注-效果.dwg"文件。

3）在"图层控制"下拉列表框中，关闭"DOTE"图层（即轴线图层），在屏幕菜单中选择"尺寸标注 | 门窗标注"命令，根据命令栏提示选择需要标注的门窗的起点和终点，如图 7-88 所示。

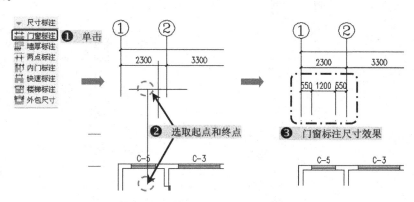

图 7-88　窗的标注

4）按照上一步的操作方法，对其他的窗对象进行尺寸标注，其效果如图 7-89 所示。

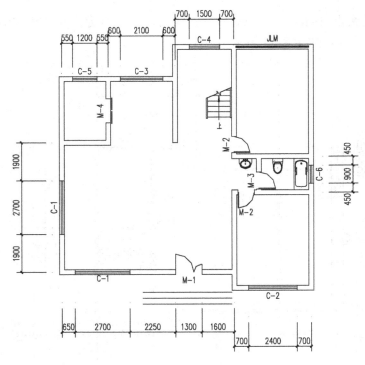

图 7-89 窗的标注

5）在屏幕菜单选择"尺寸标注｜尺寸编辑｜对齐标注"命令，选择参考标注后再选择需要对齐的标注，从而将所有的窗尺寸标注进行对齐，其效果如图 7-90 所示。

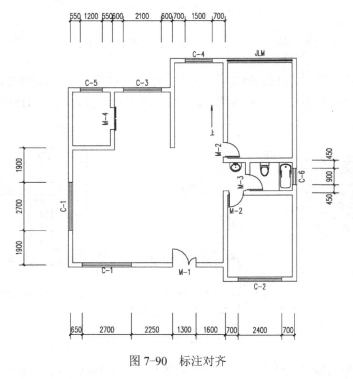

图 7-90 标注对齐

6）对室内的门进行标注，执行"门窗标注"命令，选取需要标注的门对象的起点和终点即可，再将标注对齐，再效果如图 7-91 所示。

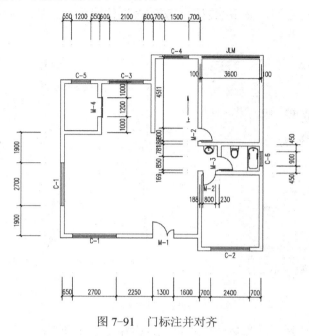

图 7-91　门标注并对齐

7）在屏幕菜单选择"文字表格｜单行文字"命令，在弹出的"单行文字"对话框中输入"客厅"，设置字高为5，在视图相应的房间区域位置单击。

8）双击创建好的文字，从而进入在位编辑状态，分别输入相应的文字内容，如图 7-92 所示。

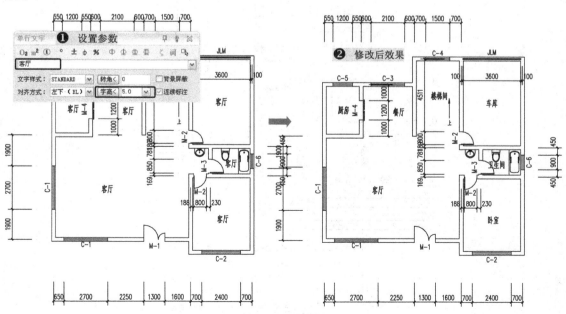

图 7-92　单行文字并编辑

9）在屏幕菜单中选择"符号标注 | 标高标注"命令，弹出"标高标注"对话框，勾选"手工输入"复选框，单击"多层标高"按钮，从弹出的对话框中分别输入该楼层的标高值，单击"确定"按钮返回；然后在视图左侧的客厅位置单击，从而标注出不同楼层的客厅标高，如图7-93所示。

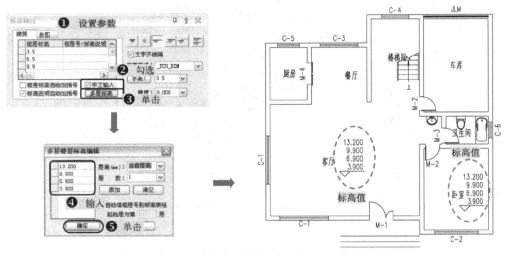

图7-93 标高标注

10）在屏幕菜单选择"符号标注 | 画指北针"命令，在图形的右上侧进行指北针标注，指北针方向为北<90.0>。执行"符号标注 | 图名标注"命令，弹出"图名标注"对话框，输入图名为"某别墅平面图"，设置比例为1∶100，分别设置字高为10和7，然后在图形的正下方位置单击，如图7-94所示。

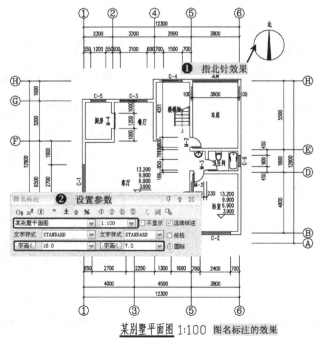

图7-94 指北针和图名标注

11）在屏幕菜单中选择"文字表格 | 新建表格"命令，弹出"新建表格"对话框，在对话框中设置相关参数，在图形的右上侧单击以指定位置。

12）在屏幕菜单选择"文字表格 | 单元合并"命令，根据命令栏提示选择要合并的单元格，然后单击"确定"按钮，其效果如图 7-95 所示。

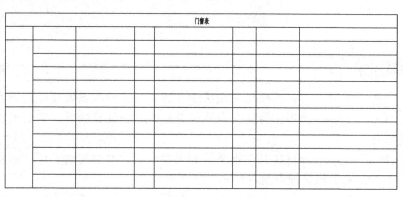

图 7-95　创建表格

13）在屏幕菜单选择"文字表格 | 表格编辑 | 全屏编辑"命令，根据命令栏提示选择所创建的表格对象，弹出"表格内容"对话框中，分别在表格的相应单元格内输入内容，其效果如图 7-96 所示。

图 7-96　全屏编辑表格内容

14）至此，某别墅平面图的标注已经完成，按〈Ctrl+S〉组合键进行保存即可。

第8章　天正立面和剖面图的绘制

![]本章导读 --

一座建筑物是否美观，在很大程度上取决于它在主要立面和剖面图上的表现，包括造型与装修两个方面。立面和剖面图主要用来表达建筑物的各种设计细节。它们对整个建筑物的创建起着至关重要的作用。

天正 TArch 2013 软件针对建筑三维模型的立面和剖面有专门的介绍，包括立面图与剖面图的生成条件、生成工程管理与生成的参数设置等。

本章对建筑工程图的一些立面窗套、阳台、屋顶、柱立面线等命令，以及建筑剖面图的构件、剖面墙、楼板、剖断梁、剖面门窗和过梁等进行了讲解。

![]主要内容 --

- 📖 掌握工程文件的创建和设置方法
- 📖 掌握立面图的创建和编辑方法
- 📖 掌握剖面图的创建和编辑发法
- 📖 掌握正立面图的绘制实例

![]效果预览 --

软件
技能

8.1 建筑立面图

天正建筑立面图也就是人们日常生活所说的立面图，是平行于房屋建筑立面的投影。立面图是通过工程的多个平面图中的参数建立三维模型，然后进行消隐计算生成的。立面图一般情况下是根据房屋的朝向来命名的。

TArch 2013 提供了建筑立面绘制的一些相关命令，如图 8-1 所示。

图 8-1 建筑立面绘制的相关命令

 ### 8.1.1 建筑立面

建筑立面图的生成是由 TArch 2013 软件中的"工程管理"功能来实现的。

在屏幕菜单中选择"文件布图 | 工程管理"命令，弹出"工程管理"面板，通过相关操作来建立工程，在工程的基础上定义平面图与楼层之间的关系，如图 8-2 所示。

图 8-2 "工程管理"面板

在"工程管理"面板最上面的下拉列表中，选择"新建工程"命令，在弹出的"另存为"对话框中设置工程文件的名称和保存位置，然后单击"保存"按钮，如图 8-3 所示。

图8-3 新建工程

工程创建好后，还需要将已绘制好的楼层平面图添加到当前工程，在"工程管理"面板的"平面图"类别上单击鼠标右键，在弹出的快捷菜单中执行"添加图纸"命令，在弹出的"选择图纸"对话框中选择已绘制好的平面图文件，单击"打开"按钮，如图8-4所示。

图8-4 添加图纸

在"工程管理"界面中展开"楼层"栏，其中的表格每行为一个楼层，在表中输入楼层号、楼层高和指定搂层平面图文件。在指定添加楼层平面图时，单击"选择标准层文件"按钮，弹出"选择标准层图形文件"对话框，选择相应的楼层图样，如图8-5所示。

在楼层设置完成完后，单击"框选楼层范围"按钮，再在绘图区中选择相应的平面图，并指定对齐点即可。

技巧提示——多楼层的对齐基点

不同楼层的工程图分别存放在不同的 dwg 文件，默认的对齐点为（0，0，0），如果读者需要修改，建议使用开间与进深方向的第一轴线交点（即 A1 交点）。确定所在每个楼层都在该点坐标上，如果不在该同一点坐标上，生成立面将是错误的。这里请读者多加注意。

图 8-5　设置楼层

添加好所有的图样并且设置好楼层后，即可生成建筑立面图。在 TArch 2013 屏幕菜单中选择"立面 | 建筑立面"命令，选择立面方向、需要显示在立面图中的轴线，最后设置参数和保存文件名，即可完成立面图的创建，如图 8-6 所示。

图 8-6　生成立面

"立面生成设置"对话框中各项参数含义如下所示。

◆ 多层消隐/单层消隐：前者考虑到两个相邻楼层的消隐，速度较慢，但可考虑楼梯扶手等伸入上层的情况，消隐精度比较好。

◆ 内外高差：室内地面与室外地坪的高差。

◆ 出图比例：立面图的打印出图比例。
◆ 左侧标注/右侧标注：是否标注立面图左右两侧的竖向标注，含楼层标高和尺寸。
◆ 绘层间线：楼层之间的水平横线是否绘制。
◆ 忽略栏杆：勾选此复选框时，为了优化计算，将忽略复杂栏杆的生成。

8.1.2 构件立面

通过"构件立面"命令可生成选定三维对象的立面图，并对立面图进行加深处理。该命令按照三维视图指定方向进行消隐计算，优化的算法使立面生成快速准确，生成立面图的图层名为原构件图层名加"E-"前缀。

在 TArch 2013 屏幕菜单中选择"立面｜构件立面"命令，选择生成构件立面图的方向、需要生成立面的建筑构件，然后指定立面图的放置位置，即可完成构件立面图的绘制，如图 8-7 所示。

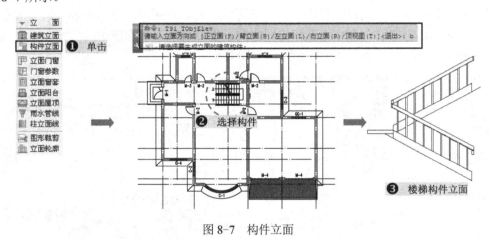

图 8-7 构件立面

8.1.3 立面门窗和门窗参数

使用"立面门窗"命令可在立面图上替换已有门窗的样式或直接创建门窗。

在 TArch 2013 屏幕菜单中选择"立面｜立面门窗"命令，在弹出的"天正图库管理系统"对话框中选择门窗的类型和样式，单击"替换"按钮，然后选择需要替换的门窗，如图 8-8 所示。

技巧提示——立面门窗直接插入

> 除了替换已有门窗外，使用"立面门窗"命令，在图库中双击所需门窗图块，然后选择"外框（E）"选项，可插入与门窗洞口外框尺寸相当的门窗。

如果要对已创建的门窗立面高度、宽度和标高进行更改，可执行"立面｜门窗参数"

命令，在绘图区中选择需要修改参数的门窗，根据命令栏提示输入底标高、高度和宽度尺寸即可。

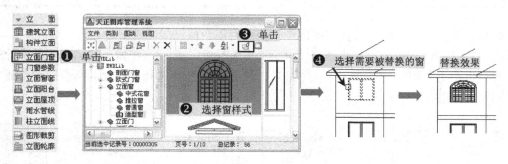

图8-8 立面门窗

8.1.4 立面窗套

在创建好的立面图中，默认的立面窗并没有窗套，这时需要读者通过"立面窗套"命令为已有的立面窗创建全包的窗套或者窗楣线和窗台线。

在 TArch 2013 屏幕菜单中选择"立面|立面窗套"命令，在立面图中指定窗套的左下角点和右上角点，再从弹出的对话框中进行设置，如图8-9所示。

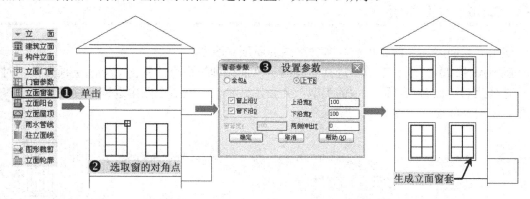

图8-9 立面窗套

"窗套参数"对话框中各个选项含义如下。

◆ 全包 A：如果选中该单选按钮，则绕体对象的四面都创建封闭的矩形窗套。

◆ 上下 B：如果选中该单选按钮，则只在窗体上的上下两方创建窗套。

◆ 窗上/下沿：如果取消勾选该复选框，责不会创建窗体的上、下沿。

◆ 上/下沿宽：可以输入一定的数值控制窗体上下沿的宽度。

◆ 两侧伸出 T：可以输入一定的数值控制窗体两个方向伸出的距离，这个距离指的是伸出窗体左右两侧的距离。

◆ 窗套宽：在选中"全包"单选按钮时，可在此文本框输入一定的数值控制窗套内侧向外偏移的宽度。

8.1.5 立面阳台

使用"立面阳台"命令可在立面图中替换已有阳台或直接创建阳台。

在 TArch 2013 屏幕菜单中选择"立面｜立面阳台"命令，在弹出的"天正图库管理系统"对话框中选择阳台的样式，单击"替换"按钮 ，然后选择要替换的阳台即可（或直接创建阳台），如图 8-10 所示。

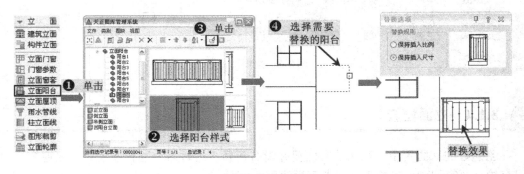

图 8-10 立面阳台

8.1.6 立面屋顶

使用"立面屋顶"命令可绘制多种形式的屋顶立面图。

在 TArch 2013 屏幕菜单中选择"立面｜立面屋顶"命令，弹出"立面屋顶参数"对话框，通过此对话框选择立面屋顶的类型，并设置其参数，然后在图中选取屋顶的定位点，完成立面屋顶的创建，如图 8-11 所示。

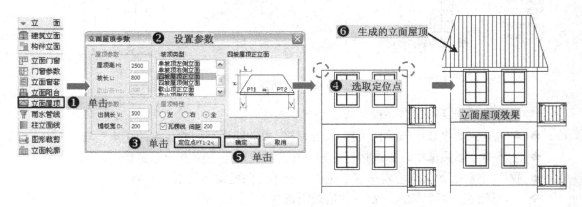

图 8-11 立面屋顶

"立面屋顶参数"对话框中各个选项的含义如下。

◆ 屋顶高：屋顶的高度，即从定位基点 PT1 到屋脊的高度。

◆ 坡长：坡屋顶倾斜部分的水平投影长度。

◆ 屋顶特性：屋顶特性表示屋顶与相邻墙体的关系，"全"单选按钮表示屋顶不与相邻墙体连接，完全显示。"左"单选按钮表示屋顶左侧显示，右侧与其他墙体连接。

◆ 出挑长：在正立面时为出山长，在侧立面时为出檐长。

◆ 檐板宽：指屋檐檐板宽度。

◆ 瓦楞线：当选取屋顶类型为正立面时，该复选框可用，勾选该复选框，则会在正立面上显示出人字物顶的瓦沟楞线。

◆ 定位点 PT1-2：单击该按钮可选取指定屋顶立面墙体顶部的左右两个端点。

8.1.7 雨水管线

使用"雨水管线"命令可在指定位置绘制雨水管的立面图。

在 TArch 2013 屏幕菜单中选择"立面｜雨水管线"命令，分别单击两点作为雨水管线的起点和终点，再设置其管径，即可完成雨水管线的绘制，如图 8-12 所示。

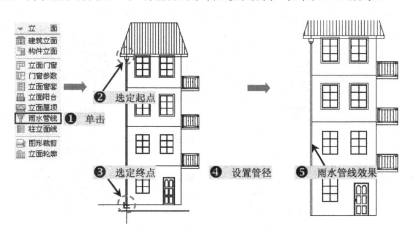

图 8-12 加雨水管线

8.1.8 柱立面线

使用"柱立面线"命令可绘制圆柱的立面效果，使圆柱更具有立体感。

在 TArch 2013 屏幕菜单中选择"立面｜柱立面线"命令，设置平面图中柱的起始角度和包含角度，以及立面图中柱的立面线数目，指定柱的立面边界，完成柱立面的绘制，如图 8-13 所示。

8.1.9 图形剪裁

"图形剪裁"命令主要用于将读者绘制的剪裁框内的对象修剪掉，常用来对立面图进行处理，如构件的遮挡或者楼层的消隐等。

单击"图形剪裁"命令，根据命令栏提示剪裁图形，被选择的对象将以虚线显示。

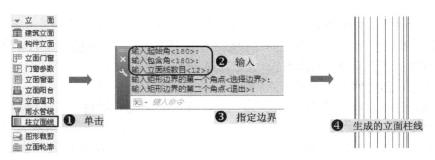

图 8-13　柱立面线

 8.1.10　立面轮廓

使用"立面轮廓"命令可对立面图进行自动搜索并生成轮廓线。

在 TArch 2013 屏幕菜单中选择"立面 | 立面轮廓"命令，窗选建筑立面图，然后设置轮廓线的宽度，即可完成立面轮廓线的绘制，如图 8-14 所示。

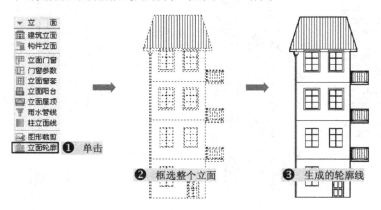

图 8-14　立面轮廓线

软件技能	**8.2　经典实例——绘制某住宅楼立面图**

素材　视频\08\绘制某住宅楼立面图.avi
　　　案例\08\绘制某住宅楼立面图\某住宅楼-立面.dwg

　　本实例旨在指导读者创建某住宅楼的立面图。新建一工程文件，将住宅楼的各层平面图添加入平面图中，并设置楼层表；执行"建筑立面"命令，系统会自动生成立面，最后将窗、阳台和屋定替换成其他效果，其效果如图 8-15 所示。

图 8-15　绘制某住宅立面

1）正常启动 TArch 2013，系统将自动创建一个 dwg 格式的空白文档.

2）在屏幕菜单中选择"文件布图｜工程管理"命令，按照图 8-16 所示新建"案例\08\绘制某住宅楼立面图\某住宅楼工程.tpr"工程文件。

3）创建好工程表后，在"楼层表"中输入层号为 1、层高为 3000，将光标放置于"文件"列中，单击"选择标准层"按钮，在弹出的对话框中选择事先准备好的"案例\08\绘制某住宅楼立面图\某住宅楼经典-01"文件，单击"打开"按钮。再以同样的方式设置 02 和顶层文件的参数，其层高均为 3000，依次添加即可，如图 8-17 所示。

图 8-16　新建工程表

4）在"工程管理"面板中，分别双击平面图在当前视图中打开，其效果如图 8-18 所示。

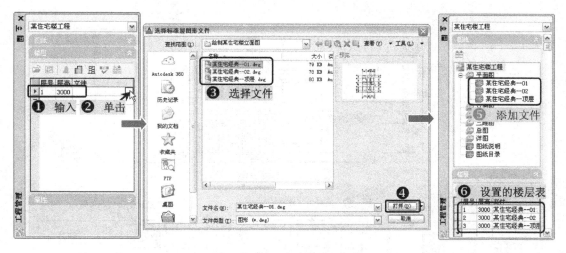

图 8-17　设置楼层和添加文件

5）在屏幕菜单中选择"立面｜建筑立面"命令，根据命令栏提示选择生成正立面，指定轴线，建立"案例\08\绘制某住宅楼立面图\某住宅楼-立面.dwg"文件，如图 8-19 所示。

6）在 TArch 2013 屏幕菜单中选择"立面｜立面门窗"命令，在弹出的"天正图库管理系统"对话框中选择指定的窗样式，然后选择需要被替换的窗，如图 8-20 所示。

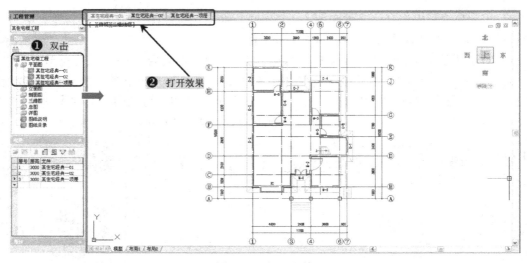

图 8-18 打开文件

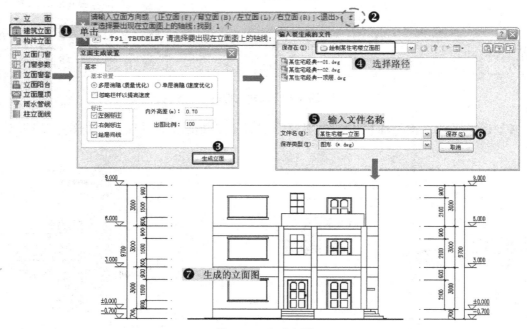

图 8-19 生成立面

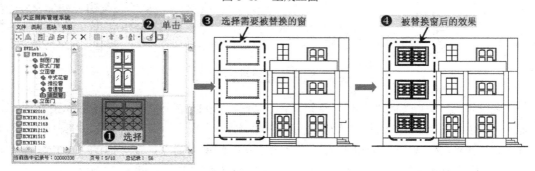

图 8-20 门窗立面

7）按照同样的方法，将立面图中阳台替换为另一种效果。在 TArch 2013 屏幕菜单中选择"立面 | 立面阳台"命令，选择阳台立面样式，然后选择需要替换的阳台，其效果如图 8-21 所示。

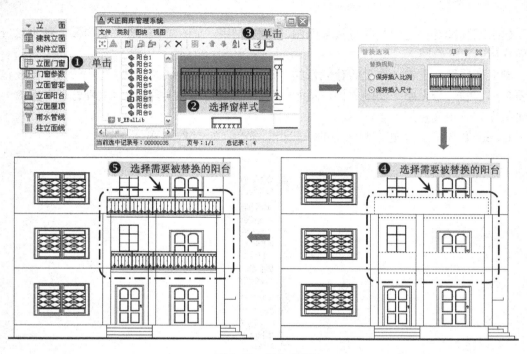

图 8-21 阳台立面

8）最后，在屋顶创建立面屋顶。在屏幕菜单中选择"立面 | 立面屋顶"命令，弹出"立面屋顶参数"对话框，在其中设置参数并选取顶角点，如图 8-22 所示。

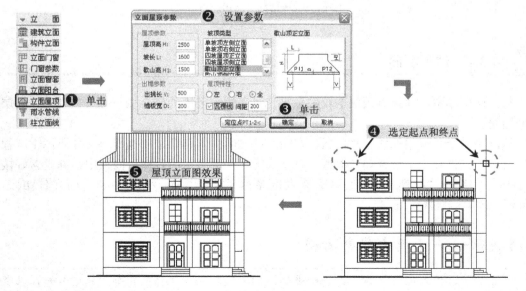

图 8-22 立面屋顶

9）至此，某住宅楼正立面图已创建完成，按〈Ctrl+S〉组合键将文件保存。

软件
技能

8.3 建筑剖面图

建筑剖面图是指建筑物的垂直剖面图，也就是用一个竖直平面去剖切房屋，移去靠近视线部分后的正投影图。

剖面图需要建立在一个已经建立好的"工程管理"面板中，这个"工程管理"面板包括平面图形下的一个完整平面图文件，从而使生成的剖面图可以添加到"工程管理"面板中与其他图样生成一套完整的建筑图。

TArch 2013 提供了建立剖面图的一些相关命令，如图 8-23 所示。

图 8-23　建筑剖面的相关命令

 8.3.1　建筑剖面

与立面图相似，建筑剖面图的绘制依据也是工程管理中的楼层表，并且需要先在首层绘制剖切线。

绘制完一个工程中的所有平面后，在 TArch 2013 屏幕菜单中选择"文件布图｜工程管理"命令，将打开"工程管理"面板，将平面图添加到"工程管理"面板中，并设置好楼层与层高，如图 8-24 所示。（这里为读者准备好了工程文件"案例\08\剖面文件\剖面工程.tpr"，读者可直接打开。）

技巧提示——生成建筑剖面图

到这一步，读者应该注意，在绘制平面图的时候，应该把相应的剖切线绘制好，只有绘制好剖切线才可以生成剖面图。根据上一章介绍的内容，在屏幕菜单中选择"符号标注｜剖

图 8-24　工程文件

切符号"命令，选择需要剖切建筑即可，其效果如图 8-25 所示。

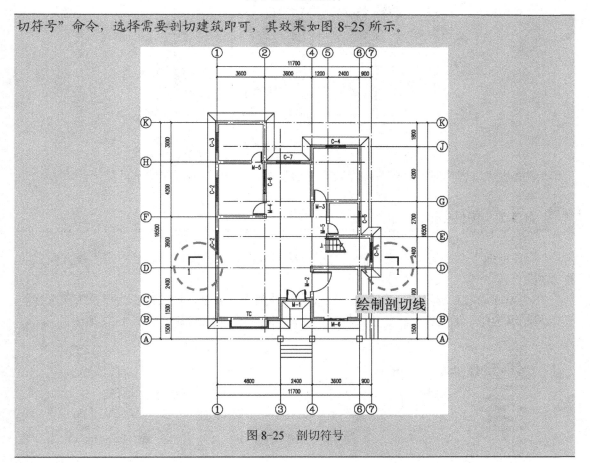

图 8-25　剖切符号

在 TArch 2013 屏幕菜单中选择"剖面｜建筑剖面"命令，选择一层平面图中的剖切线，再选择出现在剖面图中的轴线，打开"剖面生成设置"对话框，通过此对话框设置消隐计算方式、标注形式等参数，即可生成剖面图，如图 8-26 所示。

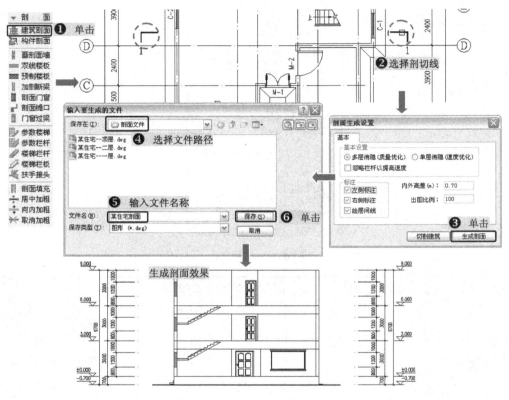

图 8-26　生成剖面图

"立面生成设置"对话框中各项参数含义参见 8.1.1 中的介绍，在此不再赘述。

8.3.2　构件剖面

"构件剖面"命令用于生成当前标准层、局部构件或三维图块对象在指定剖视方向上的剖视图。

在 TArch 2013 屏幕菜单中选择"剖面 | 构件剖面"命令，根据命令栏提示依次选择剖切线和建筑构件，指定剖面图的放置位置，完成构件剖面图的绘制，如图 8-27 所示。

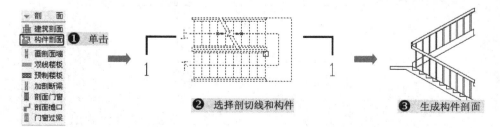

图 8-27　构件剖面

8.3.3 画剖面墙

"画剖面墙"命令可使用双线为剖面添加直线或弧线墙体。

在 TArch 2013 屏幕菜单中选择"剖面 | 画剖面墙"命令，分别指定剖面墙的起点和终点，并设置墙厚，完成剖面墙的绘制，如图 8-28 所示。

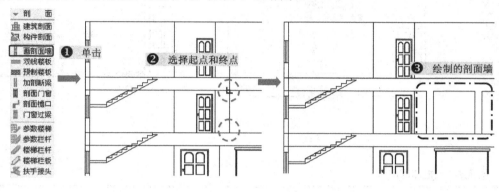

图 8-28 画剖面墙

8.3.4 双线楼板

"双线楼板"命令可使用双线绘制楼板剖面图。楼板是有一定厚度的。

在 TArch 2013 屏幕菜单中选择"剖面 | 双线楼板"命令，分别指定楼板的起点和终点，设置楼板顶面标高和楼板厚度，完成楼板的绘制，如图 8-29 所示。

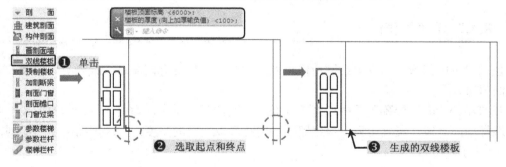

图 8-29 双线楼板

8.3.5 预制楼板

预制楼板是在工厂加工成型后运到施工现场进行安装的楼板，使用"预制楼板"命令可绘制预制楼板的剖面图。

在 TArch 2013 屏幕菜单中选择"剖面 | 预制楼板"命令，弹出"剖面楼板参数"对话框，通过此对话框选择楼板的类型，并设置其参数，然后分别指定预制楼板的插入点和插入方向，完成预制楼板的绘制，如图 8-30 所示。

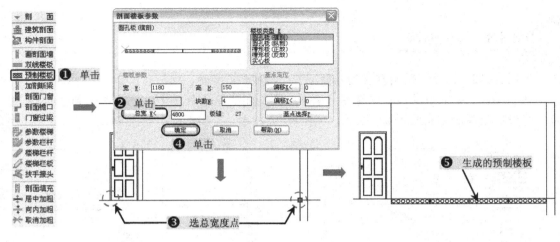

图 8-30　预制楼板

8.3.6　加剖断梁

使用"加剖断梁"命令可在剖面图中为剖断的梁绘制其剖面图。

在 TArch 2013 屏幕菜单中选择"剖面 | 加剖断梁"命令，选择剖断梁的定位参考点，分别设置梁左右两侧距参考点的距离，以及梁底边距参考点的距离，完成剖断梁的绘制，如图 8-31 所示。

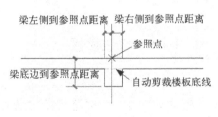

图 8-31　加剖断梁

8.3.7　剖面门窗

使用"剖面门窗"命令可绘制或修改剖面门窗（包括含有门窗过梁或开启门窗扇的非标准剖面门窗）。

在 TArch 2013 屏幕菜单中选择"剖面 | 剖面门窗"命令，弹出"剖面门窗样式"对话框，选择剖面墙线，设置门窗下口到墙下端的距离以及窗的高度，完成剖面门窗的绘制，如图 8-32 所示。

8.3.8　剖面檐口

使用"剖面檐口"命令可绘制檐口的剖面形式，如女儿墙、现浇挑檐和现浇坡檐等。

在 TArch 2013 屏幕菜单中选择"剖面 | 剖面檐口"命令，弹出"剖面檐口参数"对话框，通过此对话框选择檐口的类型，并设置其参数，然后指定檐口的插入点，完成剖面檐口的绘制，如图 8-33 所示。

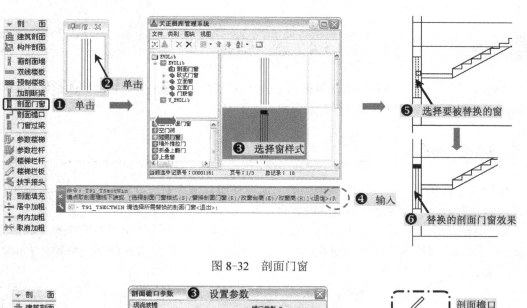

图 8-32 剖面门窗

图 8-33 剖面檐口

8.3.9 门窗过梁

使用"门窗过梁"命令可在剖面门窗上方绘制给定梁高的矩形过梁剖面，且带有灰度填充。

在 TArch 2013 屏幕菜单中选择"剖面 | 门窗过梁"命令，选择要添加过梁的剖面门窗，然后设置梁高，完成过梁剖面的绘制，如图 8-34 所示。

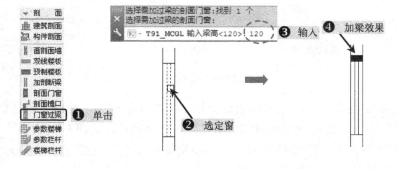

图 8-34 门窗过梁

8.4 楼梯剖面

TArch 2013 为楼梯的各剖面元素提供了多方面的命令设置，其中包括剖面楼梯和剖面栏杆，在本节中将对它们的用法进行详细讲解。

8.4.1 参数楼梯

使用"参数楼梯"命令可绘制楼梯的剖面。使用该命令可一次绘制双跑 U 形楼梯，条件是各跑步数相同，而且之间对齐（没有错步）。

在 TArch 2013 屏幕菜单中选择"剖面｜参数楼梯"命令，弹出"参数楼梯"对话框，通过此对话框选择楼梯的样式、形式，并设置楼梯的参数，指定楼梯的插入位置，完成剖面楼梯的绘制，如图 8-35 所示。

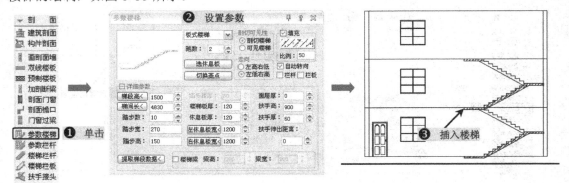

图 8-35 参数楼梯

"参数楼梯"对话框中各项参数含义如下所示。

◆ 梯段类型列表：选定当前梯段的形式，有 4 种可选：板式楼梯、梁式现浇 L 形、梁式现浇△形和梁式预制，如图 8-36 所示。

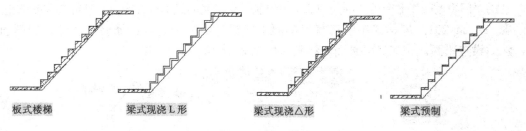

图 8-36 梯段类型

◆ 跑数：默认跑数为 1，在无模式对话框下可以连续绘制，此时各跑之间不能自动遮挡；跑数大于 2 时各跑间按剖切与可见关系自动遮挡，如图 8-37 所示。
◆ 剖切可见性：用以选择画出的梯段是剖切部分还是可见部分，以图层 S_STAIR 或 S_E_STAIR 表示，颜色也有区别。

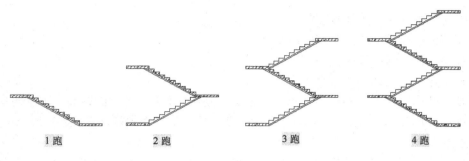

图 8-37　跑数

◆ 自动转向：在每次执行单跑楼梯绘制后，如勾选此复选框，楼梯走向会自动更换，便于绘制多层的双跑楼梯。

◆ 选休息板：用于确定是否绘出左右两侧的休息板，包括全有、全无、左有和右有 4 种类型。

◆ 切换基点：确定基点（绿色×）在楼梯上的位置，在左右平台板端部切换。

◆ 栏杆/栏板：一对互锁的复选框，切换栏杆或者栏板，也可两者都不勾选，如图 8-38 所示。

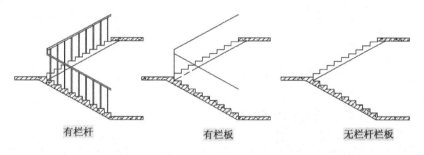

图 8-38　有无栏杆栏板

◆ 填充：勾选该复选框后单击下面的图像框，可选取图案或颜色（SOLID）填充剖切部分的梯段和休息平台区域，可见部分不填充。

◆ 比例：在此指定剖切部分的图案填充比例。

◆ 梯段高<：当前梯段左右平台面之间的高差。

◆ 梯间长<：当前楼梯间总长度，读者可以单击该按钮从图上取两点获得，也可以直接输入，其数值等于梯段长度加左右休息平台宽的常数。

◆ 踏步数：当前梯段的踏步数量，读者可以单击调整。

◆ 踏步宽：当前梯段的踏步宽度，由读者输入或修改，它的改变会同时影响左右休息平台宽，需要适当调整。

◆ 踏步高：当前梯段的踏步高，通过梯段高/踏步数算得。

◆ 踏步板厚：使用梁式预制楼梯和现浇 L 形楼梯时使用的踏步板厚度。

◆ 楼梯板厚：用于现浇楼梯板厚度。

◆ 左/右休息板宽<：当前楼梯间的左右休息平台（楼板）宽度，可由读者输入，也可以从图上取得或者由系统算出，均为 0 时梯间长等于梯段长。修改左休息板长后，

相应右休息板长会自动改变；反之亦然。

◆ 面层厚：当前梯段的装饰面层厚度。

◆ 扶手高：当前梯段的扶手高。

◆ 扶手厚：当前梯段的扶手厚度。

◆ 扶手伸出距离：从当前梯段起步和结束位置到扶手接头外边的距离（可以为0）。

◆ 提取楼梯数据<：从天正5以上平面楼梯对象提取梯段数据，双跑楼梯时只提取第一
跑数据。

◆ 楼梯梁：勾选该复选框后，分别在编辑框中输入楼梯梁剖面高度和宽度，如图 8-39
所示。

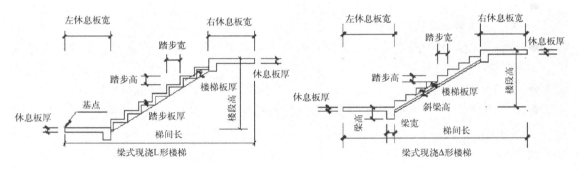

图 8-39 楼梯各元素名称

◆ 斜梁高：选择梁式楼梯后出现此参数，应大于楼梯板厚。

技巧提示——楼梯扶手遮挡问题

> 直接创建的多跑剖面楼梯带有梯段遮挡特性，逐段叠加的楼梯梯段不能自动遮挡栏杆，
> 可使用 AutoCAD "剪裁" 命令自行处理。

8.4.2 参数栏杆

使用"参数栏杆"命令可绘制楼梯栏杆的剖面图（"参数栏杆"可不依赖于楼梯而独立
创建）。

在 TArch 2013 屏幕菜单中选择"剖面 | 参数栏杆"命令，弹出"剖面楼梯栏杆参数"
对话框，通过此对话框选择栏杆的样式，并设置其参数，然后指定栏杆的插入位置，完成栏
杆的绘制，如图 8-40 所示。

"剖面楼梯栏杆参数"对话框中各项参数含义如下所示。

◆ 楼梯栏杆形式：列出已有的栏杆形式。

◆ 入库：用来扩充栏杆库。

◆ 删除：用来删除栏杆库中由读者添加的某一栏杆形式。

◆ 步长数：指栏杆基本单元所跨越楼梯的踏步数。

◆ 梯段长：指梯段始末点的水平长度，通过给出梯段两个端点给出。

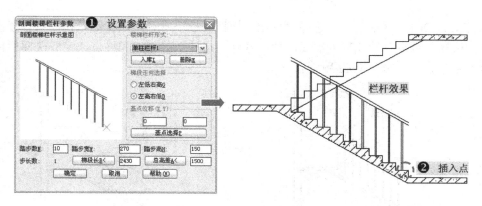

图 8-40 参数栏杆

◆ 总高差：指梯段始末点的垂直高度，通过给出梯段两个端点给出。
◆ 基点选择：从图形中按预定位置切换基点。

技巧提示——参数栏杆的注意

　　在图中绘制一段楼梯，以此楼梯为参照物，绘制栏杆基本单元，从而确定基本单元与楼梯的相对位置关系。注意栏杆高度由读者给定，一经确定，就不会随后续踏步参数的变化而变化。
　　在选择基点时要注意栏杆的几项参数，如图 8-41 所示。

 ### 8.4.3 楼梯栏杆和栏板

　　使用"楼梯栏杆"命令根据图层识别在双跑楼梯中剖切到的梯段与可见的梯段，按常用的直栏杆样式绘制栏杆的剖面图（"楼梯栏杆"可自动遮挡栏杆，且依赖于楼梯创建）。

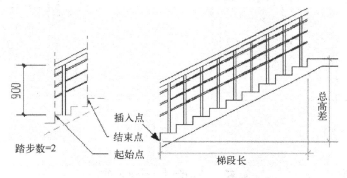

图 8-41 楼梯栏杆各项参数

　　在 TArch 2013 屏幕菜单中选择"剖面|楼梯栏杆"命令，根据命令栏提示设置楼梯扶手的高度，选择是否打断遮挡线，指定楼梯扶手的起点和终点，完成楼梯栏杆的绘制。
　　使用"楼梯栏板"命令可绘制楼梯实心栏板的剖面图，并根据图层识别的可见梯段和剖面梯段自动处理栏板的遮挡关系。

在 TArch 2013 屏幕菜单中选择"剖面 | 楼梯栏板"命令，根据命令栏提示设置楼梯扶手高度，选择是否将遮挡线变为虚线，然后分别指定扶手的起点和终点，完成楼梯栏板的绘制，两个命令的效果如图 8-42 所示。

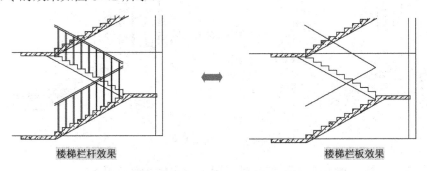

图 8-42 楼梯栏杆和栏板效果

8.4.4 扶手接头

使用"扶手接头"命令可对楼梯扶手和楼梯栏板的接头做倒角与水平连接处理。该命令与"剖面楼梯""参数栏杆""楼梯栏杆"和"楼梯栏板"各命令均可配合使用。

在 TArch 2013 屏幕菜单中选择"剖面 | 扶手接头"命令，根据命令栏提示设置扶手伸出距离，选择是否增加栏杆，然后窗选两段扶手（或栏板），完成扶手接头的绘制，如图 8-43 所示。

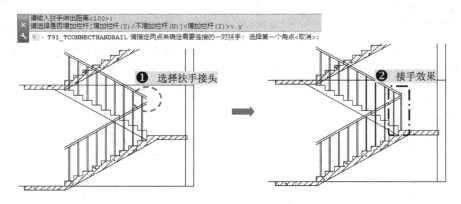

图 8-43 扶手接头

 8.5 剖面加粗填充

TArch 2013 建筑软件提供了相关的剖面加粗与填充修饰命令。与此同时，在绘制好剖面线框图后，可根据实际需要对线框的内部区域填充或是部分线条进行加粗处理，这时就需要执行"剖面填充""居中加粗"和"向内加粗"等命令，下面详细介绍这几个命令。

8.5.1　剖面填充

使用"剖面填充"命令可以使剖面墙线与楼梯按指定的材料图形做图案填充，执行该命令后，选择对象，此时的对象封闭墙端也可填充图案，然后在视图选择填充范围，按〈Enter〉键。

在 TArch 2013 屏幕菜单中选择"剖面｜剖面填充"命令，根据命令栏提示选择需要填充的剖面墙体或楼梯，在弹出的"请点取所需的填充图案"对话框中选择相应的图案，按〈Enter〉键，如图 8-44 所示。

图 8-44　剖面填充

 8.5.2　居中和向内加粗

使用"居中加粗"命令可以将剖面图中的墙线向墙两侧加粗，可以在视图中选择需要加粗显示的墙线，按〈Enter〉键，就可以得到固定宽度居中加粗的墙线。

"向内加粗"命令的效果类似"居中加粗"命令，唯一不同的是该命令将选择的墙体向内以一定的厚度加粗，可以在视图中选择剖面墙体，按〈Enter〉键，就可以得到固定宽度向内加粗的墙线。

 8.5.3　取消加粗

使用"取消加粗"命令，可使执行了"居中加粗"和"向内加粗"命令后的效果还原为原来墙体的固定墙线。操作步骤为选择加粗后的墙体，然后选择"取消加粗"命令。

软件 技能	**8.6　经典实例——绘制某住宅楼剖面图**	

 素 视频\08\绘制某住宅楼剖面图.avi
材 案例\08\绘制某住宅楼剖面图\某住宅楼-剖面.dwg

该案例旨在详解某住宅楼剖面图的创建方法。新建工程文件，并将准备好的一、二和屋顶层平面图文件置入工程中；设置各楼层号、层高及相关平面图文件；生成建筑剖面图文件，然后对剖面图添加楼梯、门窗、联台、剖面墙等，其效果如图 8-45 所示。

图 8-45　绘制某住宅楼剖面图

1）正常启动 TArch 2013 软件，在屏幕菜单中执行"文件布图｜工程管理"命令，在"工程管理"下拉列表中执行"新建工程"命令，新建工程"案例\08\绘制某住宅楼剖面图\某住宅楼工程.tpr"文件，如图 8-46 所示。

图 8-46 新建工程

2）创建好工程表后，在"楼层表"中输入层号为 1、层高为 3000，将光标放置于"文件"列中，再单击"选楼层文件"按钮，在弹出的对话框中选择事先准备好的"案例\08\绘制某住宅楼剖面图\绘制某住宅楼-01"文件，然后单击"打开"按钮。

3）按照同样的方式设置 2 层和顶层楼的参数，其层高均为 3000，依次添加即可，然后在平面图中分别双击其平面图，将每层的平面图打开，如图 8-47 所示。

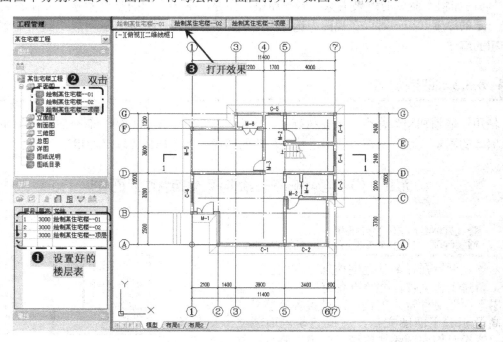

图 8-47 设置楼层表并打开文件

4）在 TArch 2013 屏幕菜单中执行"剖面|建筑剖面"命令，在绘图区中选 1-1 剖切线，右击结束选择；在弹出的"剖面生成设置"对话框中单击"生成剖面"按钮，并设置保存为"案例\08\绘制某住宅楼剖面图\某住宅楼-剖面.dwg"文件，如图 8-48 所示。

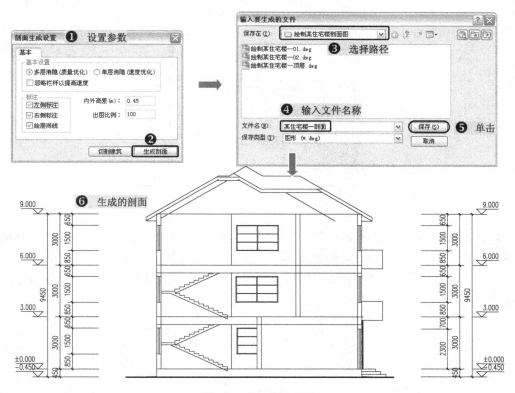

图 8-48　生成剖面图

5）在 TArch 2013 屏幕菜单中执行"剖面|双线楼板"命令，生成厚为 200 的双线楼板，如图 8-49 所示。

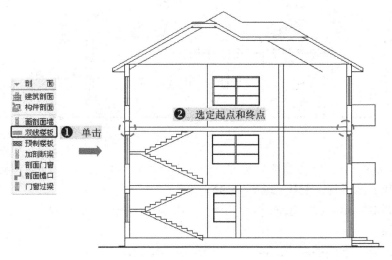

图 8-49　生成双线楼板

6）执行"向内加粗"命令，选中上一步创建好的双线楼板，单击该双线楼梯对象，从而对其进行向内加粗操作，如图 8-50 所示。

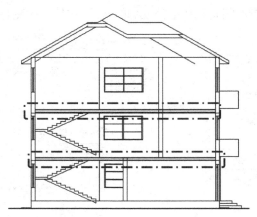

图 8-50 向内加粗双线楼板

7）在 TArch 2013 屏幕菜单中执行"剖面 | 加剖断梁"命令，在指定位置插入剖断梁。

8）执行"剖面填充"命令，将剖面墙体填充为"钢筋混凝土"样式。

9）执行"立面阳台"和"立面门窗"命令，选择立面阳台和门窗样式，在指定位置插入立面阳台和门窗，如图 8-51 所示。

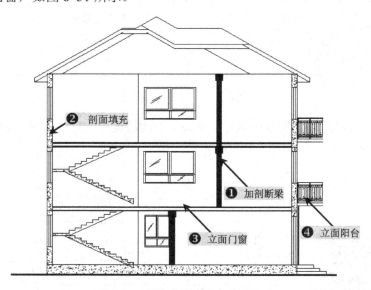

图 8-51 插入立面门窗和立面阳台

10）在 TArch 2013 屏幕菜单中执行"剖面 | 参数栏杆"命令，在根据一、二层平面图双跑楼梯的参数创建栏杆，其操作如图 8-52 所示。

11）在屏幕菜单中执行"剖面 | 扶手接头"命令，将创建好的楼梯栏杆扶手将其连接，如图 8-53 所示。

12）至此，整个剖面图制作完成，按〈Ctrl+S〉组合键保存文件。

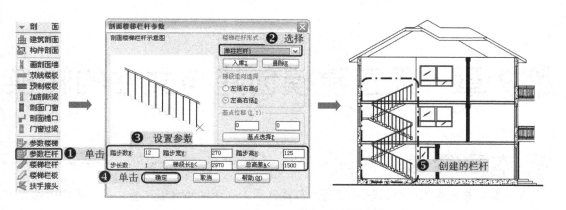

图 8-52 创建楼梯栏杆

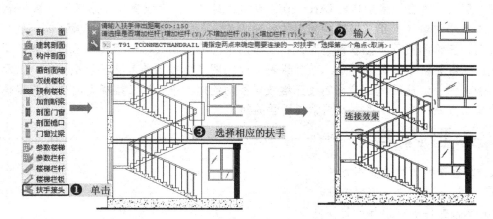

图 8-53 扶手连接

第9章 天正建模创建与文件的转换

本章导读

在一套完整的施工图中，设计说明、图样目录、平面图和立面图生成的三维图形都是可见的，但是在绘制建筑图后，并不是所有的三维模型都会生成的，有些部件的三维构件（如楼板等）需要读者自己来创建，TArch 2013专门针对这些问题设置了三维模型的相关命令。

在本章中讲解了天正三维造型对象的创建方法，包括平板、竖板、变截面体、栏杆库、路径排列、三维网架等；接着讲解了天正三维对象的编辑工具，包括线转面、实体转面、面片合成、三维切割、线面加厚等；然后讲解了天正图形对象的导入导出转换操作，以及图形文件的加密保护；最后通过某住宅楼三维效果图的创建，来贯穿三维模型的创建与编辑各个工具的使用方法，从而使读者牢固掌握所学的知识。

主要内容

- 掌握造型工具的使用方法
- 掌握三维对象的编辑方法
- 掌握文件的导出导入转换操作
- 演练住宅楼三维效果图的创建方法

效果预览

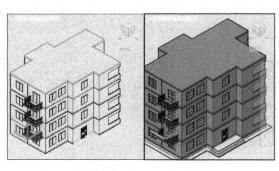

9.1　三维造型对象

造型对象在建筑专业属于常见三维设计，三维造型有 3 种层次的建立方法，即线框、曲面和实体，分别对应于用一维的线、二维的面和三维的体来构造形体，表达了设计者的设计思想，验证了布局的合理性、建筑空间的尺度感等。TArch 2013 提供了一系列专门用于创建三维图形的命令，如图 9-1 所示。

图 9-1　造型对象工具

9.1.1　平板

使用"平板"命令可绘制板式构件，如楼板、平屋顶、楼梯休息平台、装饰板和雨篷挑檐等。平板对象不仅支持水平方向的板式构件，如果预先设置好 UCS，还可以创建其他方向的斜向板式构件。

在 TArch 2013 屏幕菜单中选择"三维建模 | 造型对象 | 平板"命令，根据命令栏提示选择平板轮廓线、不可见的边，以及作为板内洞口的封闭的多段线或圆，并设置板厚，完成平板的绘制，具体如图 9-2 所示。

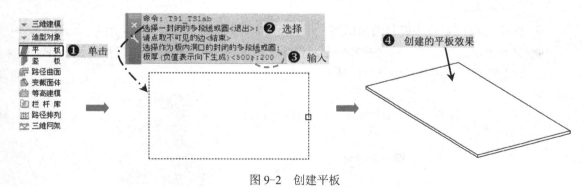

图 9-2　创建平板

技巧提示——平板编辑

创建好平板后，可以双击创建好的平板对象，根据命令栏提示选择相应的选项，即可完成对平板的编辑操作。

如要修改平板参数，可选取平板对象并右击，从弹出的快捷菜单中选取"对象编辑"命令，命令行将显示如下提示：

[加洞（A）/减洞（D）/边可见性（E）/板厚（H）/标高（T）/参数列表（L）]/<退出>:

提示选项中各个参数含义如下。

◆ 加洞（A）：在平板中添加通透的洞口，命令行提示"选择封闭的多段线或圆："时，选中平板中定义洞口的闭合多段线，则在平板上增加若干洞口，如图9-3所示。

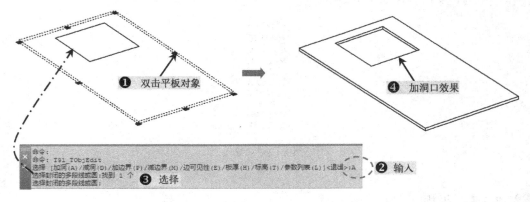

图9-3 平板加洞口

◆ 减洞（D）：移除平板中的洞口，命令行提示"选择要移除的洞"时，选中平板中定义的洞口并按〈Enter〉键结束，从平板中移除该洞口。

◆ 边可见性（E）：控制哪些边在二维视图中不可见，洞口的边无法逐个控制可见性。命令行提示"点取不可见的边或[全可见（Y）/全不可见（N）]<退出>"时，选取要设置成不可见的边。

◆ 板厚（H）：平板的厚度。正数表示平板向上生成，负数向下生成；厚度为0时，表示一个薄片。

◆ 标高（T）：更改平板基面的标高。

◆ 参数列表（L）：相当于LIST命令，程序会提供该平板的一些基本参数属性，便于读者查看和修改，具体如图9-4所示。

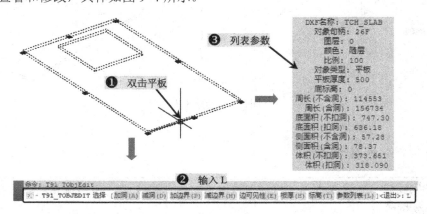

图9-4 平板参数属性

9.1.2 竖板

使用"竖板"命令可绘制竖直方向的板式构件,如遮阳板、阳台隔断等。

在 TArch 2013 屏幕菜单中选择"三维建模│造型对象│竖板"命令,分别指定竖板的起点和终点,设置起点标高和终点标高、起边和终边高度以及板厚,完成竖板的绘制,具体如图 9-5 所示。

图 9-5　创建竖板

"竖板"命令行各参数的含义具体如图 9-6 所示。

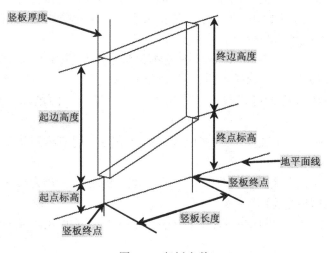

图 9-6　竖板参数

9.1.3 路径曲面

使用"路径曲面"命令可沿着路径放样截面图形,从而创建三维模型。路径可以是圆、圆弧、二维或三维多段线等(多段线不要求封闭),生成后的路径曲面对象可以编辑修改。

在 TArch 2013 屏幕菜单中选择"三维建模│造型对象│路径曲面"命令,弹出"路径曲面"对话框,通过此对话框选择路径曲线和截面曲线,完成路径曲面的绘制,具体如图 9-7 所示。

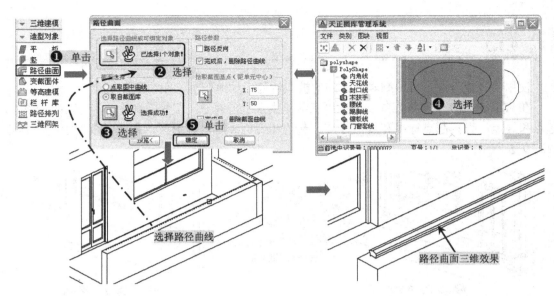

图 9-7　路径曲面生成

"路径曲面"对话框中各个选项含义如下。

◆ 路径选择：单击该按钮进入图中选择路径，选取成功后出现 V 形手势，并有文字提示。路径可以是直线、圆弧、圆、多段线或可绑定对象路径曲面、扶手和多坡屋顶边线，墙体不能作为路径。

◆ 截面选择：选取图中曲线或进入图库选择，选取成功后出现 V 形手势，并有文字提示。截面可以是直线、圆弧、圆、多段线等对象。

◆ 点取图中曲线：读者可以根据实际情况在图中绘制截面图形，从而代替图库中的截面。

◆ 路径反向：路径为有方向性的多段线，如预览时发现三维结果反向了，可选择该选项将使结果反转。

◆ 拾取截面基点：选定截面与路径的交点，默认的截面基点为截面外包轮廓的形心，可单击按钮在截面图形中重新选取。

◆ 预览<：该按钮用于预览生成路径曲面后的效果，读者可根据实际情况返回修改。

技巧提示——路径曲面编辑

创建好路径曲面后，可以双击创建好的路径曲面对象，根据命令栏提示选择相应的选项，完成对曲面的编辑操作。

如要修改路径曲面参数，可选取路径曲面对象并右击鼠标，从弹出的快捷菜单中选择"对象编辑"命令，则在命令行显示如下提示信息：

请选择[加顶点（A）/减顶点（D）/设置顶点（S）/截面显示（W）/改截面（H）/关闭二维（G）]<退出>：

◆ 加顶点（A）：可以在完成的路径曲面对象上增加顶点，详见"添加扶手"一节。

◆ 减顶点（D）：在完成的路径曲面对象上删除指定顶点。

◆ 设置顶点（S）：设置顶点的标高和夹角，提示参照点是取该点的标高。

◆ 截面显示（W）：重新显示用于放样的截面图形。

◆ 关闭二维（G）：有时需要关闭路径曲面的二维表达，由读者自行绘制合适的形式。

◆ 改截面（H）：提示选取新的截面，可以以新截面替换旧截面重建新的路径曲面。

技巧提示——路径曲面特点

> 截面是路径曲面的一个剖面形状，截面没有方向性，路径有方向性，路径曲面的生成方向总是沿着路径的绘制方向，以基点对齐路径生成。
>
> 截面曲线封闭时，形成的是一个有体积的对象。
>
> 路径曲面的截面显示出来后，可以拖动夹点改变截面形状，路径曲面会动态更新。
>
> 路径曲面可以在 UCS 下使用，但是作为路径的曲线和断面曲线的构造坐标系应平行。

9.1.4　变截面体

使用"变截面体"命令可沿着路径曲线放样两个或三个截面，从而创建三维造型，可用于建筑装饰造型等。

在 TArch 2013 屏幕菜单中选择"三维建模｜造型对象｜变截面体"命令，选择路径曲线，然后选择第一个截面，并设置其对齐点；再分别选择第二、第三个截面，并设置其对齐点，然后指定第二个截面在路径曲线上的位置，完成变截面体的绘制，如图 9-8 所示。

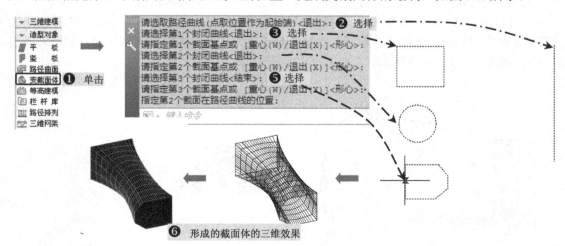

图 9-8　变截面体

技巧提示——变截面体的路径必须为多段线

> 创建的路径线必须是多段线对象，否则在执行"变截面体"命令选择路径时不予支持。

9.1.5 等高建模

"等高建模"命令主要用于创建地面模型，通过一组闭合的多段线生成自定义的三维地面模型，在绘图区绘制好多段线图形，然后通过"移动"命令便闭合的多段线有高差之分。

在 TArch 2013 屏幕菜单中选择"三维建模｜造型对象｜等高建模"命令，然后直接框选绘制好的有高差的闭合多段线图形，系统会自动形成三维的地面模型，如图 9-9 所示。

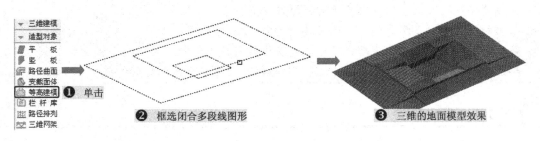

图 9-9 等高建模

9.1.6 栏杆库

使用"栏杆库"命令可从栏杆单元库中调出栏杆单元，对其编辑后可生成栏杆。

在 TArch 2013 屏幕菜单中选择"三维建模｜造型对象｜栏杆库"命令，弹出"天正图库管理系统"对话框，选择栏杆单元，设置栏杆单元的尺寸，指定放置栏杆的位置，完成栏杆单元的绘制，如图 9-10 所示。

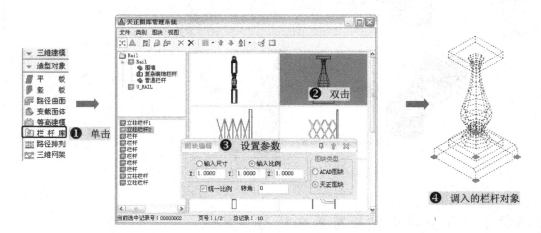

图 9-10 栏杆库

9.1.7 路径排列

使用"路径排列"命令可沿着路径排列生成指定间距的图块对象，常用于生成楼梯栏杆或其他位置的装饰栏杆。

在 TArch 2013 屏幕菜单中选择"三维建模 | 造型对象 | 路径排列"命令，选择路径曲线和要排列的对象，打开"路径排列"对话框，通过此对话框设置单元宽度、初始距离等参数，即可完成路径排列操作，如图 9-11 所示。（用户可打开"案例\09\路径排列.dwg"文件进行演练。）

图 9-11　路径排列

"路径排列"对话框中各个选项含义如下。

◆ 单元宽度<：排列物体时的单元宽度，由选中的单元物体获得单元宽度的初值，但有时单元宽度与单元物体的宽度是不一致的，例如栏杆立柱之间有间隔，单元物体宽加上这个间隔才是单元宽度。

◆ 初始间距<：栏杆沿路径生成时，第一个单元与起始端点的水平间距，初始间距与单元对齐方式有关。

◆ 中间/左边对齐：单元对齐的两种不同方式，栏杆单元从路径生成方向起始端起排列。

◆ 单元基点：是用于排列的基准点，默认是单元中点，可取点重新确定；重新定义基点时，为准确捕捉，最好在二维视图中点取。

◆ 二维视图、三维视图、二维和三维：通常生成后的栏杆属于纯三维对象，不提供二维视图，如果需要二维视图，则选择"二维和三维"。

◆ 预览<：参数输入后可以单击"预览"按钮，在三维视口获得预览效果，这时注意在二维视口中是没有显示的，所以事先应该设置好视口环境，单击"确认"按钮执行。

9.1.8 三维网架

使用"三维网架"命令可以绘制有球节点的等直径三维钢管网架。

在 TArch 2013 屏幕菜单中选择"三维建模 | 造型对象 | 三维网架"命令，选择已有的杆件中心线，打开"网架设计"对话框，通过此对话框设置球半径、杆半径等参数，创建三

维网架，如图 9-12 所示。（用户可打开"案例\09\三维网格.dwg"文件进行演练。）

图 9-12　三维网架

技巧提示——"三维网架"命令的注意事项

"三维网架"命令生成的空间网架模型不能指定逐个杆件与球节点的直径和厚度。

技巧提示——三维网格线的生成

在 AutoCAD 中要生成三维网格线，可以通过以几个步骤进行。

1）首先选择"绘图|建模|网格|图元|长方体"命令，或者在"网格"选项卡的"图元"面板中单击"网格长方体"按钮田，生成一个网格对象。

2）在"实体"选项卡的"实体编辑"面板中单击"提取边"按钮回提取边，系统提示网格长方体的各条边。

3）选择生成的网格长方体对象，并按〈Del〉键，将网格对象删除，则只剩下三维网格线对象了，如图 9-13 所示。

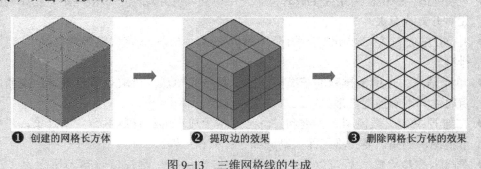

❶ 创建的网格长方体　　　　❷ 提取边的效果　　　　❸ 删除网格长方体的效果

图 9-13　三维网格线的生成

9.2　编 辑 工 具

TArch 2013 为创建完成的三维模型提供了一些编辑工具，利用这些工具可对模型或三维图形进行一系列的编辑处理，如图 9-14 所示。

三维建模
编辑工具
线　转　面
实体转面
面片合成
隐去边线
三维切割
厚线变面
线面加厚

图 9-14　三维编辑的相关命令

9.2.1　线转面

使用"线转面"命令可以将线构成的二维图形转换为三维网格面。

在 TArch 2013 屏幕菜单中选择"三维建模｜编辑工具｜线转面"命令，选择构成面的边，然后根据命令栏提示按〈Enter〉键，如图 9-15 所示。

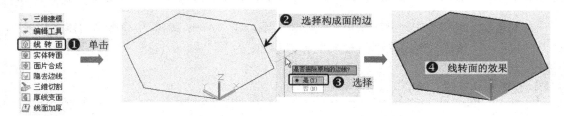

图 9-15　线转面

技巧提示——线转面注意事项

完成"线转面"命令后，将视图样式转为实体，即可看到效果。

9.2.2　实体转面

使用"实体转面"命令可将 AutoCAD 的三维实体转化为网格面。

使用 AutoCAD 的"建模"工具创建长方体、锥体和球体等三维实体，再执行"实体转面"命令即可，AutoCAD 的"建模"工具如图 9-16 所示。

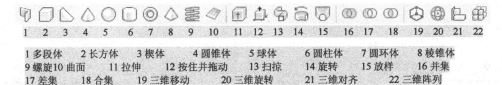

| 1 | 2 | 3 | 4 | 5 | 6 | 7 | 8 | 9 | 10 | 11 | 12 | 13 | 14 | 15 | 16 | 17 | 18 | 19 | 20 | 21 | 22 |

1 多段体　2 长方体　3 楔体　4 圆锥体　5 球体　6 圆柱体　7 圆环体　8 棱锥体
9 螺旋 10 曲面　11 拉伸　12 按住并拖动　13 扫掠　14 旋转　15 放样　16 并集
17 差集　18 合集　19 三维移动　20 三维旋转　21 三维对齐　22 三维阵列

图 9-16　Auto CAD 中的"建模"工具

在 TArch 2013 软件中执行"实体转面"命令，可以将这些实体模型转换为空心的面模型，其面的厚度为 0。

 9.2.3　面片合成

"面片合成"命令用于将三维面对象转化为网格面对象，然后将三维面对象模型转换为三维网格面对象模型。如果选择集中包括了邻接的三维面，该命令可以将它们合成一个更大的单位网格面，但仍保持源三维面边的可见性，不会自动隐藏内部边界线。该命令主要用于把零散的三维面组合成为一个网格面对象，以方便操作。

技巧提示——面片合成注意事项

> "面片合成"命令只识别三维面，无法将三维面与网格面进行合并。

 9.2.4　隐去边线

在创建的三维模型中，有时部分边线不用出现，在 TArch 2013 中设置了"隐去边线"命令，用于将三维面对象与网格面对象的指定边线变为不可见。

 9.2.5　三维切割

使用"三维切割"命令可将三维模型切割为两部分，切割处自动添加红色面。

在 TArch 2013 屏幕菜单中选择"三维建模｜编辑工具｜三维切割"命令，选择要剖切的三维对象，分别制定切割线的起点和终点，完成三维切割操作，如图 9-17 所示。

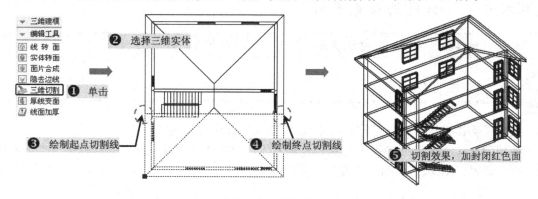

图 9-17　三维切割

 9.2.6　厚线变面

使用"厚线变面"命令可将选中的有厚度的线、弧、多段线等对象转化为三维网格面。

在 TArch 2013 屏幕菜单中选择"三维建模｜编辑工具｜厚线变面"命令，根据命令栏提示选择有厚度的一个或多个曲线对象，然后按〈Enter〉键即可，如图 9-18 所示。

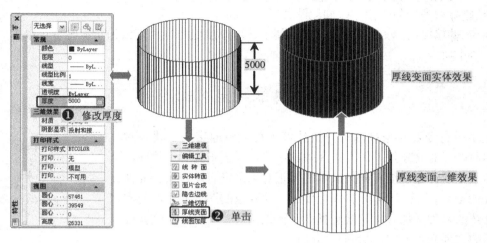

图 9-18 厚线变面

9.2.7 线面加厚

使用"线面加厚"命令可将选中的二维对象沿 Z 轴方向进行拉伸，生成三维网格面或实体。

在 TArch 2013 屏幕菜单中选择"三维建模丨编辑工具丨线面加厚"命令，选择要进行拉伸的二维对象，在弹出的"线面加厚参数"对话框中设置拉伸的高度，将其拉伸为三维网格面或实体，如图 9-19 所示。

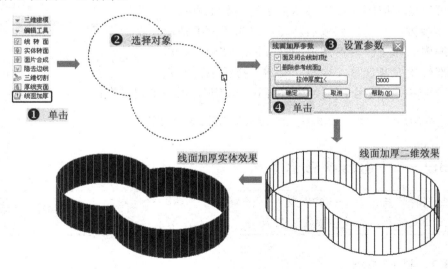

图 9-19 线面加厚

"线面加厚参数"对话框中各个选项含义如下。

◆ 面及闭合线封顶：对封闭的线对象或平面对象起作用，在确定拉伸厚度后顶部加封平面。

◆ 删除参考线面：指定拉伸加厚之后，将已有对象删除。

◆ 拉伸厚度<：输入厚度值，或从图上选取厚度值，当厚度值为负值时，可以生成凹入的图形。

 9.3 文件的导出格式转换

使用带有专业对象技术的建筑软件不可避免地带来了建筑对象兼容问题，非对象技术的天正 3 版本不能打开天正高版本软件，低版本天正软件也不能打开高版本的天正对象，没有安装天正插件的 AutoCAD 不能打开天正 5 以上使用专业对象的图形文件，而本节所介绍的多种文件导出转换工具以及天正插件，可以解决这些读者之间的文件交流问题，如图 9-20 所示。

图 9-20 文件的导出格式
转换工具

9.3.1 旧图转换

由于天正升版后图形格式变化较大，为了读者升级时可以重复利用旧图资源继续设计，"旧图转换"命令用于对 TArch 3 格式的平面图进行转换，将原来用 AutoCAD 图形对象表示的内容升级为新版的自定义专业对象格式。

在 TArch 2013 屏幕菜单中选择"文件布图 | 旧图转换"命令，弹出"旧图转换"对话框，设置相应的参数，即可完成转换，如图 9-21 所示。

读者可以在"旧图转换"对话框中为当前工程设置统一的三维参数，在转换完成后，还可以对不同的情况进行对象编辑。如果仅转换图上的部分旧版图形，可以勾选"局部转换"复选框，单击"确定"按钮后只对指定的范围进行转换，适用于转换插入的旧版本图形。此时的提示为：

图 9-21 "旧图转换"对话框

> 选择需要转换的图元<退出>：   // 选择局部需要转化的图形

技巧提示——旧图转换注意事项

完成旧图转换后，读者还应该运用"连接尺寸"命令对连续的尺寸标注加以连接，否则尽管是天正标注对象，但是依然是分段的。

9.3.2 图形导出

"图形导出"命令将 TArch 2013 图档导出为天正各版本的 DWG 图或者各专业条件图，如果下行专业使用天正给水排水、电气的同版本号，则不必进行版本转换，否则应选择导出低版本号，达到与低版本兼容的目的。"图形导出"命令支持图纸空间布局的导出。

在 TArch 2013 屏幕菜单中选择"文件布图｜图形导出"命令，弹出"图形导出"对话框，选择路径保存文件，如图 9-22 所示。

图 9-22　图形导出

"图形导出"对话框中各个选项含义如下。

◆ 保存类型：提供天正 3、天正 5～天正 9 版本的图形格式转换，其中 8 版本表示格式不作转换，会自动在文件名加_tX 的扩展名（X=3、5、6、7、8），2007 以上平台在导出天正 3 格式时会自动把平台格式转换为 R14 格式。

◆ 导出内容：在下拉列表中选择如下的多
个选项，系统按各公用专业要求导出图
中的不同内容，如图 9-23 所示。

√ 全部内容：一般用于解决与其他天正
低版本之间图档交流的兼容问题。

图 9-23　导出内容下拉列表

√ 三维模型：不必转到轴测视图，在
平面视图下即可导出天正对象构造的三维模型。

√ 结构基础条件图：为结构工程师创建基础条件图，此时门窗洞口被删除，墙体
连续；砖墙可选保留，填充墙根据配置的不同而删除或者转化为梁；删除矮
墙、矮柱、尺寸标注、房间对象；混凝土墙保留（门改为洞口），其他内容均
保留不变。

√ 结构平面条件图：为结构工程师创建楼层平面图，根据配置的不同，砖墙可选保
留（门改为洞口）或转化为梁；其他的处理包括删除矮墙、矮柱、尺寸标注、房
间对象；混凝土墙保留（门改为洞口），其他内容均保留不变。

√ 设备专业条件图：为暖通、水、电专业创建楼层平面图，隐藏门窗编号，删除门

窗标注；其他内容均保留不变。

✓ 配置：默认配置是按框架结构转为结构平面条件图设计的，砖墙保留，填充墙删除，如果要转基础图请单击配置选择即可。

9.3.3 图形保护

"图形保护"命令通过对读者指定的天正对象和 AutoCAD 基本对象的合并处理，创建不能修改的只读对象，使得读者发布的图形文件保留原有的显示特性，只可以观察和打印，但不能修改，也不能导出，通过"图纸保护"命令对编辑与导出功能的控制，达到保护设计成果的目的。

在 TArch 2013 屏幕菜单中选择"文件布图 | 图纸保护"命令，根据命令栏提示，选择需要被保护的图形后按〈Enter〉键，弹出"图形保护设置"对话框，设置相应的参数，如图 9-24 所示。

"图纸保护设置"对话框中各项参数含义如下。

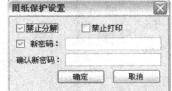

图 9-24 "图纸保护设置"对话框

◆ 禁止分解：勾选此复选框，使当前图形不能被 Explode 命令分解。

◆ 禁止打印：勾选此复选框，使当前图形不能被 Plot、Print 命令打印。

◆ 新密码：首次执行图样保护，而且勾选"禁止分解"复选框时，应输入一个新密码，以备将来以该密码解除保护。

◆ 确认新密码：输入新密码后，必须再次输入一遍新密码确认，避免密码输入发生错误。

技巧提示——图形保护密码设置

密码可以是字符和数字，最长为 255 个英文字符，区分大小写。被保护后的图形不能嵌套执行多次保护，更严禁通过 Block 命令建块，插入外部文件除外。为防止误操作或密码忘记，执行图样保护前请先备份源文件。

读者不能通过另存为 DXF 等格式导出保护后的图形后再导入恢复源图，否则会发现导入 DXF 后，受保护的图形无法显示。

设有分解密码的只读对象初始执行"分解"命令后，命令行提示"无法分解 TCH_PROTECT_ENTITY"。如果读者要把它分解，双击只读对象，命令行提示"输入密码<退出>："，这时读者输入密码回应，只要密码正确，只读对象即可改变为可分解状态。

在这种状态下，可通过 Explode 命令将其分解为非保护的天正对象，只读对象的可分解状态信息是临时的，存盘时不会保存。在可分解状态下，双击只读对象进行对象编辑，显示图 9-24 所示的对话框，可在其中重新设置密码，前提是知道原有的密码。特性表中（按〈Ctrl+1〉组合键）可以看到只读对象的属性，如图 9-25 所示。

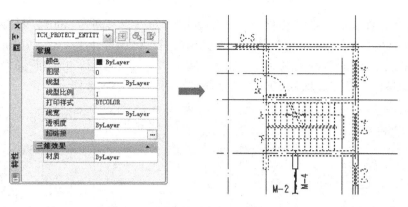

图 9-25　受保护对象的"特性"面板

软件技能

9.4　经典实例——创建某住宅楼三维效果图

素材　视频\09\创建某住宅楼三维效果图.avi
案例\09\某住宅三维效果图\三维效果.dwg

　　本实例旨在指导读者创建某住宅楼的三维效果图。创建工程管理文件，将 01、02、03 和顶层平面图文件置入工程中，设置楼层参数表；分别在各楼层添加阳台平板、阳台杆杆、阳台扶手等；分别创建各楼层的楼板，添加楼梯洞口；最后根据要求生成三维效果图，其效果如图 9-26 所示。

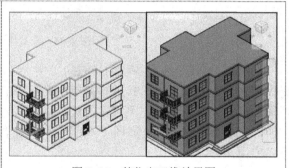

图 9-26　某住宅三维效果图

　　1）正常启动 TArch 2013 软件，系统将自动创建一个 dwg 格式的空白文档，然后在 TArch 2013 屏幕菜单中选择"文件布图|工程管理"命令，按照图 9-27 所示新建"案例\09\某住宅三维效果图\某住宅楼三维工程.tpr"工程文件。

图 9-27　新建工程表

2）创建好工程表后，在"楼层表"中输入层号为 1、层高为 3000，再将光标放置于"文件"列中，单击"选择标准层"按钮，在弹出的对话框中选择事先准备好的"案例\09\某住宅三维效果图\某住宅三维效果-01"文件，单击"打开"按钮。再按照同样的方式设置02、03 和顶层参数，其层高均为 3000，依次添加即可，如图 9-28 所示。

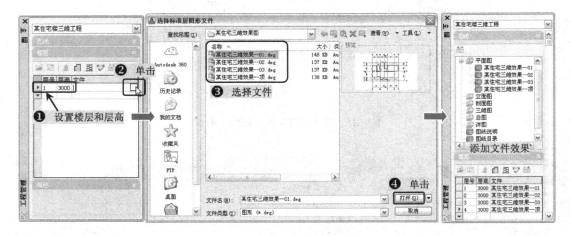

图 9-28　设置楼层和添加文件

3）分别打开事先准备好的相应的文件，将 2 层平面图在编号为 C-1 的窗位置绘制一个平板阳台。在 TArch 2013 屏幕菜单中选择"三维建模｜造型对象｜平板"命令，根据命令栏提示选择平板轮廓线、不可见的边，以及作为板内洞口的封闭的多段线或圆，设置板厚为-200，完成平板的绘制，如图 9-29 所示。（注意，对图中标注和基线执行"局部隐藏"命令可以方便操作。）

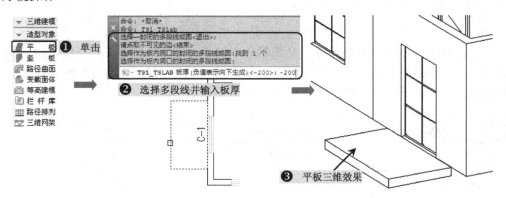

图 9-29　创建平板

4）使用 AutoCAD 的"多段线"命令，在上一步完成的平板上绘制一条多段线路径。

5）在 TArch 2013 屏幕菜单中选择"三维建模｜造型对象｜栏杆库"命令，选择相应的栏杆样式，并置入视图空白位置。

6）选择"三维建模｜造型对象｜路径排列"命令，根据命令栏提示，选择绘制好的路径曲线，并同时选择上一步置入空白位置的栏杆对象，按〈Enter〉键，在弹出的对话框中设置相应的参数，如图 9-30 所示。

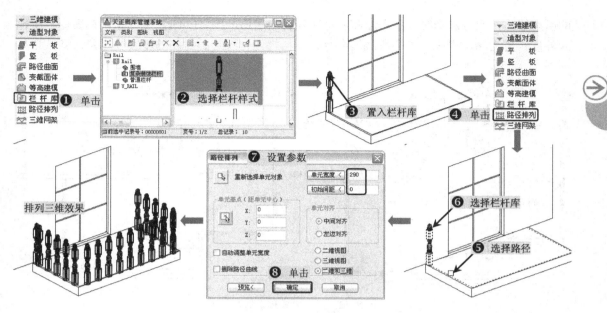

图 9-30　布置栏杆

7）使用 CAD 的"多段线"命令（PL），在栏杆上方绘制扶手路径。

8）在 TArch 2013 屏幕菜单中选择"三维建模｜造型对象｜路径曲面"命令，在图库中选择扶手样式，然后根据命令栏提示选择路径，如图 9-31 所示。

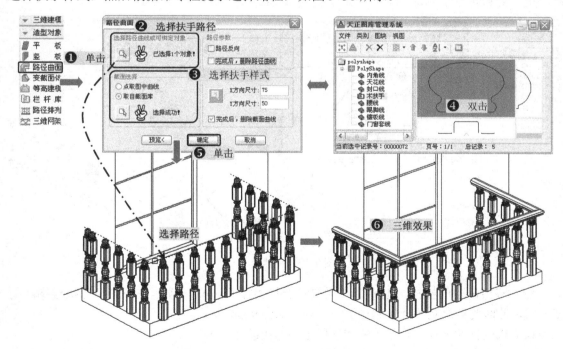

图 9-31　创建扶手

9）按照前面步骤 3）～8）的方法，为 3 层和顶层平面图依次绘制平板、栏杆和扶手。

10）打开一层平面图，执行"搜屋顶线"命令，根据命令栏提示选择构成一完整建筑物的所有墙体，此时选择第一层平面图所有建筑物的墙体，按〈Enter〉键结束，在命令栏中输入外皮距离为 0，再执行"多段线"命令，在楼梯间位置绘制封闭的多段线对象，其效果如图 9-32 所示。

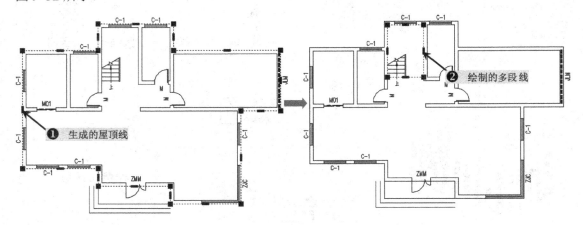

图 9-32　搜屋顶线和绘制多段线

11）在 TArch 2013 屏幕菜单中选择"三维建模 | 造型对象 | 平板"命令，选择层顶线，输入生成的平板厚为 200，创建好一层楼的地板。

12）使用了 AutoCAD 的"复制"命令，将上一步生成的地板对象垂直向上（+Z 轴）复制一份，复制间距即层高 3000，得到一层楼的楼板对象，如图 9-33 所示。

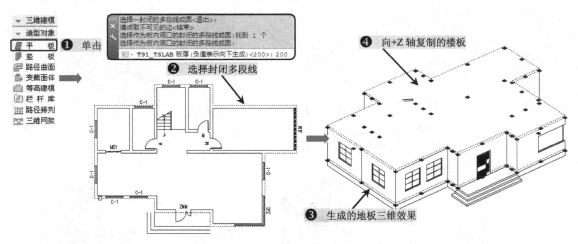

图 9-33　创建楼板

13）双击创建的楼板，根据命令栏提示选择"加洞（A）"项，在视图中选择楼梯间的多段线，此时为被复制的楼板添加了一个洞，如图 9-34 所示。

14）以同样的方式，将二、三和顶层也创建楼板并加洞。

15）最后，单击"三维组合建筑模型"按钮 🏛，弹出"楼层组合"对话框，单击"分解成实体模型"单选按钮，单击"确定"按钮，弹出"输入要生成的三维文件"对话框，把文件保存为"案例\09\某住宅三维效果图\三维效果.dwg"文件，然后单击"保存"按钮，这时系统会自动创建三维模型，如图 9-35 所示。

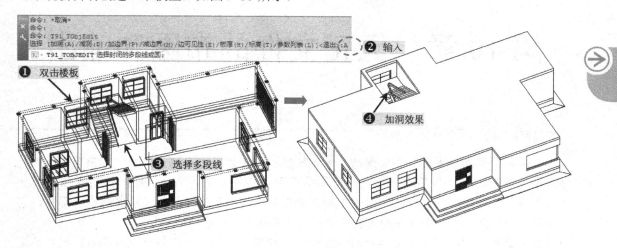

图 9-34　楼板加洞

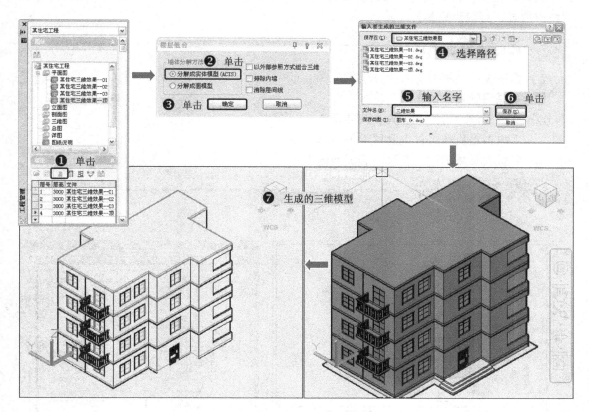

图 9-35　三维组合建筑模型

16）至此，住宅楼三维效果已完成，最后按〈Ctrl+S〉组合键将文件进行保存。

第 10 章　天正文件的布图和输出

本章导读

　　建筑图形都是以实际比例绘制的，绘制完成后，图样空间中的这些构件对象都按出图的比例同等缩小。改变出图的比例，不会影响图形中构件对象的实际大小，而对于图中的文字、工程符号和尺寸标注以及断面填充和带有度宽的线段等注释对象，情况则有所不同，它们在创建时的尺寸大小相当于输出图样中的大小乘以当前比例。

　　在本章中，首先讲解了文件的布图方法，包括图框的插入、图样目录的提取、视口的定义与放大、注释比较的改变、布局的旋转和图形的切割等；再讲解了图形的打印方法，包括页面的设置、打印预览和打印输出等。

主要内容

- 📖 掌握图框的插入与布局方法
- 📖 掌握图纸目录的生成方法
- 📖 掌握视口的定义、放大和旋转方法
- 📖 掌握图形比例的修改及图形的切割方法
- 📖 掌握天正施工图的打印、预览和输出方法

效果预览

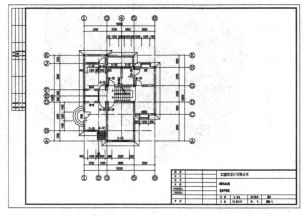

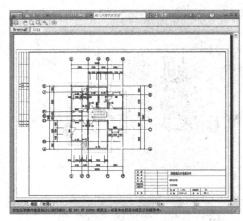

10.1 文 件 布 图

建筑对象在模型空间设计时都是按 1:1 的实际尺寸创建的，建筑构件无论当前比例多少都是按 1:1 创建，当前比例和改变比例并不改变构件对象的大小，而图中的文字、工程符号和尺寸标注，以及断面填充和带有宽度的线段等注释对象，则与比例参数密切相关。

TArch 2013 提供了一些与文件布图相关的命令，如图 10-1 所示。

图 10-1　文件布图的相关命令

10.1.1　插入图框

在当前模型空间或图纸空间插入图框，新增"通长标题栏"复选框以及"直接插图框"复选框，预览图像框提供鼠标滚轮缩放与平移功能，插入图框前按当前参数拖动图框，用于测试图幅是否合适。图框和标题栏统一由图框库管理，能使用的标题栏和图框样式不受限制，新的带属性标题栏支持图样目录生成。

在 TArch 2013 屏幕菜单中选择"文件布图｜插入图框"命令，弹出"图框选择"对话框，通过此对话框选择图纸规格、标题栏和会签栏样式等，并设置图框比例，然后指定图框的插入位置，完成插入图框的操作，如图 10-2 所示。

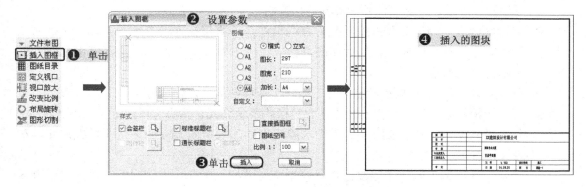

图 10-2　插入图框

"插入图框"对话框中各项参数的含义如下。

◆ 标准图幅：有 A4～A0 共 5 种标准图幅，单击某一图幅的按钮，就选定了相应的图幅。

◆ 图长/图宽：通过输入数字，直接设定图纸的长宽尺寸或显示标准图幅的图长与图宽。

◆ 横式/立式：选定图纸格式为立式或横式。

◆ 加长：选定加长型的标准图幅，单击右边的箭头，出现国标加长图幅供选择。

◆ 自定义：如果在图长和图宽栏中输入过非标准图框尺寸，系统会把此尺寸作为自定义尺寸保存在此下拉列表中，单击右边的箭头可以从中选择已保存的 20 个自定义尺寸。

◆ 比例：设定图框的出图比例，此数字应与"打印"对话框的"出图比例"一致。此比例可从列表中选取，如果列表没有，也可直接输入。勾选"图纸空间"复选框后，此控件暗显，比例自动设为 1∶1。

◆ 图纸空间：勾选此复选框后，当前视图切换为图纸空间（布局），"比例 1∶"自动设置为 1∶1。

◆ 会签栏：勾选此复选框，允许在图框左上角加入会签栏，单击右边的按钮可从图框库中选取预先入库的会签栏。

◆ 标准标题栏：勾选此复选框，允许在图框右下角加入国标样式的标题栏，单击右边的按钮可从图框库中选取预先入库的标题栏。

◆ 通长标题栏：勾选此复选框，允许在图框右方或者下方加入读者自定义样式的标题栏，单击右边的按钮可从图框库中选取预先入库的标题栏，命令自动从读者所选中的标题栏尺寸判断插入的是竖向还是横向的标题栏，采取合理的插入方式并添加通栏线。

◆ 右对齐：图框在下方插入横向通长标题栏时，勾选"右对齐"复选框时可使得标题栏右对齐，左边插入附件。

◆ 附件栏：勾选"通长标题栏"复选框后，"附件栏"复选框可选，勾选"附件栏"复选框后，允许图框一端加入附件栏，单击右边的按钮可从图框库中选取预先入库的附件栏，可以是设计单位徽标或者是会签栏。

◆ 直接插图框：勾选此复选框，允许在当前图形中直接插入带有标题栏与会签栏的完整图框，而不必选择图幅尺寸和图纸格式，单击右边的按钮可从图框库中选取预先入库的完整图框。

在图库中选取预设的标题栏和会签栏，实时组成图框插入，使用方法如下。

√ 可在图幅栏中先选定所需的图幅格式是横式还是立式，然后选择图框尺寸是 A4～A0 中的某个尺寸，需加长时从加长中选取相应的加长型图幅，如果是非标准尺寸，在图长和图宽栏内输入。

√ 图纸空间下插入时勾选该复选框，模型空间下插入则选择出图比例，再确定是否需要标题栏、会签栏，使用标准标题栏还是通长标题栏。

√ 如果勾选了"通长标题栏"复选框，单击其右侧按钮后，进入图框库选择按水平图签还是竖置图签格式布置。

√ 如果还有附件栏要求插入，单击其右侧按钮后，进入图框库选择合适的附件，是插入院徽还是插入其他附件。

√ 确定所有选项后，单击插入，屏幕上出现一个可拖动的蓝色图框，移动光标拖动图框，在合适位置选取点插入图框；如果图幅尺寸或者方向不合适，右键或按〈Enter〉键返回对话框，重新选择参数，如图 10-3 所示。

直接插入事先入库的完整图框，使用方法如下。

✓ 勾选"直接插图框"复选框，并单击其右侧的按钮，进入图框库选择完整图框，其中每个标准图幅和加长图幅都要独立入库，每个图框都是带有标题栏和会签栏、院标等附件的完整图框。

✓ 勾选"图纸空间"复选框，则在模型空间下插入时可通过其下的"比例 1："来选择所需的比例。

✓ 确定所有选项后，单击"插入"按钮，其他与前面叙述相同。

✓ 单击"插入"按钮后，如果当前为模型空间，基点为图框中点，拖动显示图框，命令行提示"请点取插入位置<返回>："，选取图框位置即可插入图框，右键或按〈Enter〉键返回对话框重新更改参数，如图 10-4 所示。

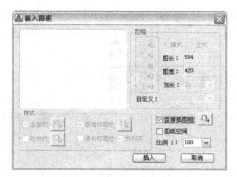

图 10-3 "插入图框"对话框

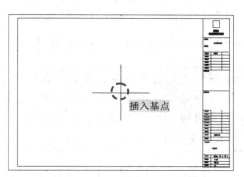

图 10-4 插入图框基点

技巧提示——图纸与模型空间插入图框的特点

在模型空间中图框插入基点居中拖动套入已经绘制的图形，在对话框中勾选"图纸空间"复选框后，绘图区切换到图纸空间"布局 1"，图框的插入基点则自动定为左下角，默认插入点为（0，0），提示为"请点取插入位置[原点（Z）]<返回>Z："，选取图框插入点即可在其他位置插入图框，选择"Z"项，默认插入点为（0，0），按〈Enter〉键返回重新更改参数。其图纸与模型空间插入图框的效果如图 10-5 所示。

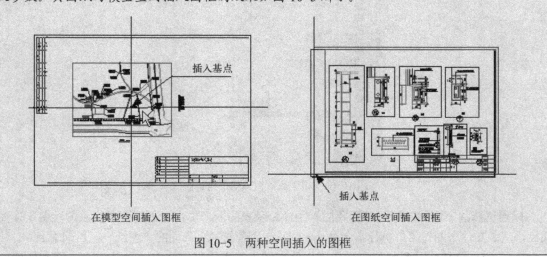

在模型空间插入图框　　　　　　　　　在图纸空间插入图框

图 10-5 两种空间插入的图框

技巧提示——预览图像框的使用

预览图像框支持鼠标滚轮和中键，可以放大和平移在其中显示的图框，可以清楚地看到所插入的标题栏详细内容。

10.1.2 图样目录

图样目录自动生成功能是按照国标图集 04J801《民用建筑工程建筑施工图设计深度图样》4.3.2 条文的要求，参考图样目录实例和一些甲级设计院的图框编制规则设计的。

技巧提示——图样目录执行条件

1）图框的图层名与当前图层标准中的名称一致（默认是 PUB_TITLE）。
2）图框必须包括属性块（图框图块或标题栏图块）。
3）属性块必须有以图号和图名为属性标记的属性，图名也可用图样名称代替，其中图号和图名字符串中不允许有空格。

"图样目录"命令要求配合具有标准属性名称的特定标题栏或者图框使用，图框库中的图框横栏提供了符合要求的实例，读者应参照该实例进行标题栏的定制，入库后形成该单位的标准图框库或者标准标题栏，在各图上双击标题栏即可将默认内容修改为实际工程内容，如图 10-6 所示。图样目录的样式也可以由读者参照样板重新修改后入库，方法详见表格的定制相关内容，在此不再赘述。

图 10-6 "增强属性编辑器"对话匡

标题栏修改完成后，即可打开要插入图样目录表的图形文件，创建图样目录的准备工作完成后，从"文件布图"菜单执行本命令了，或从"工程管理"界面的"图纸"栏启动本命令。

在 TArch 2013 屏幕菜单中选择"文件布图 | 工程管理"命令，打开一个工程文件后，

单击"图纸目录"选项，会自动新建并打开以"图纸目录"来命名的 DWG 文件。执行"文件布图 | 图纸目录"命令，弹出"图纸文件选择"对话框，系统会自动添加文件，根据实际情况选择相应的表格，最后单击"生成目录"按钮，如图 10-7 所示。

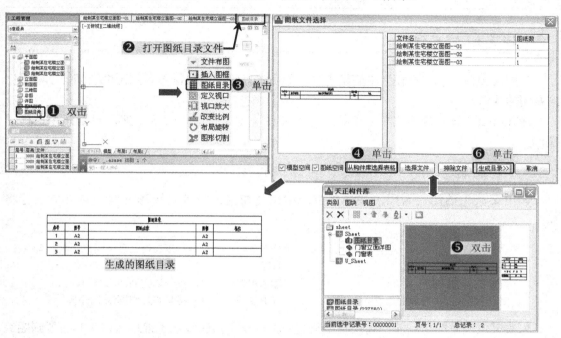

图 10-7　图纸目录的插入

"图纸文件选择"对话框中各项参数含义如下。

◆ 模型空间：默认勾选表示在已经选择的图形文件中包括模型空间里插入的图框，取消勾选则表示只保留图纸空间图框。

◆ 图纸空间：默认勾选表示在已经选择的图形文件中包括图纸空间里插入的图框，取消勾选则表示只保留模型空间图框。

◆ 从构件库选择表格：从"构件库"命令打开表格库，在其中选择并双击预先入库的读者图样目录表格样板，所选的表格显示在左边图像框。

◆ 选择文件：进入标准文件对话框，选择要添加入图样目录列表的图形文件，按〈Shift〉键可以一次选择多个文件。

◆ 排除文件：选择要从图样目录列表中排除的文件，按〈Shift〉键可以一次选择多个文件，单击按钮把这些文件从列表中去除。

◆ 生成目录>>：完成"图纸目录"命令，关闭对话框，由读者在图上插入图样目录。

技巧提示——图样目录执行注意事项

　　实际工程中，一个项目的专业图样有几十张，生成的图样目录会很长，为了便于布图，读者可以使用"表格拆分"命令把图样目录拆分成多个表格；有些图样目录表格样式会采用单元格合并，使得一列的内容在对象编辑返回电子表格后显示为多列，此时只有其中右边的一列有效。

在本书配套光盘的工程范例目录 Sample 中有两个实例使用了图样目录功能：家装工程，商住楼施工。有兴趣的读者请打开这两个实例的 dwg 文件，学习"图纸目录"命令以及相关的插入图框命令。

10.1.3 定义视口

"定义视口"命令将模型空间指定区域的图形以给定的比例布置到图纸空间，创建多比例布图的视口。

在 TArch 2013 屏幕菜单中选择"文件布图｜定义视口"命令，然后根据命令栏提示操作：

请给出图形视口的第一点<退出>：　　　// 选取视口的第一点。

如果采取先绘图后布图，在模型空间中围绕布局图形外包矩形外取一点，命令行将显示：

第二点<退出>：　　　　　　　　　// 选取外包矩形对角点作为第二点把图形套入，命令行提示。

该视口的比例 1：<100>：　　　　　// 输入视口的比例，系统切换到图纸空间。

请点取该视口要放的位置<退出>：　　// 选取视口的位置，将其布置到图纸空间中。

如果采取先布图后绘图，则在模型空间中框定一空白区域选定视口后，将其布置到图纸空间中。此比例要与即将绘制的图形的比例一致。

可一次建立比例不同的多个视口，读者可以分别进入到每个视口中，使用天正软件的命令进行绘图和编辑工作。

10.1.4 视口放大

"视口放大"命令把当前工作区从图纸空间切换到模型空间，并提示选择视口按中心位置放大到全屏，如果原来某一视口已被激活，则不出现提示，直接放大该视口到全屏。

执行"视口放大"命令，此时工作区回到模型空间，并将此视口内的模型放大到全屏，同时"当前比例"自动改为该视口已定义的比例。

10.1.5 改变比例

"改变比例"命令改变模型空间中指定范围内图形的出图比例（包括视口本身的比例），如果修改成功，会自动作为新的当前比例。"改变比例"命令可以在模型空间使用，也可以在图纸空间使用，执行后建筑对象大小不会变化，但工程符号的大小、尺寸和文字的字高等注释相关对象的大小会发生变化。

在 TArch 2013 屏幕菜单中选择"文件布图｜改变比例"命令，根据命令栏提示输入相应的比例数值。"改变比例"命令除了在菜单执行外，还可单击状态栏左下角的"比例"按钮（AutoCAD 2002 平台下无法提供）执行，此时请先选择要改变比例的对象，再单击该按钮，设置要改变的比例，如图 10-8 所示。

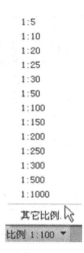

图 10-8 设置出图比例

 10.1.6 布局旋转

"布局旋转"命令把要旋转布置的图形进行特殊旋转，以方便布置竖向的图框。

在 TArch 2013 屏幕菜单中选择"文件布图 | 布局旋转"命令，根据命令栏提示输入要设定的布局转角数值。

为了出图方便，可以在一个大幅面的图纸上布置多个图框，按要求把一些图框旋转 90°，以便更好地利用纸张。这要求把图纸空间的图框、视口以及相应的模型空间内的图形都旋转 90°。

然而用一个命令完成视口的所有旋转是有问题的，由于在图纸空间旋转某个视口的内容，无法预知其是否会与其他视口内的内容发生碰撞，因此"布局旋转"命令设计为在模型空间使用。本命令是把要求做布局旋转的部分图形先旋转好，然后删除原有视口，重新布置到图纸空间。

技巧提示——布局旋转的注意事项

"布局旋转"命令与 AutoCAD "旋转"命令的区别在于：对注释相关对象的处理，默认这些对象都是按水平视向显示的，如使用 AutoCAD 的"旋转"命令，这些对象依然维持默认水平视向，但使用"布局旋转"命令后，除了旋转图形外，还专门设置了新的图纸观察方向，强制旋转注释相关对象，获得预期的效果。两种旋转命令的对比实例如图 10-9 所示。

旋转角度总是从 0 起算的角度参数，如果已有一个 45° 的布局转角，此时再输入 45 是不发生任何变化的。

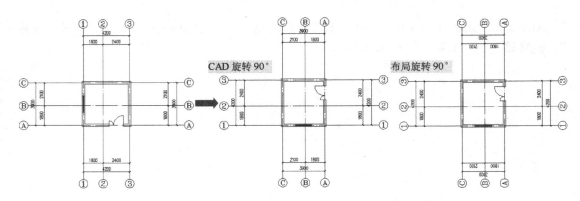

图 10-9　CAD "旋转" 命令与 "布局旋转" 命令的对比

 10.1.7　图形切割

　　"图形切割" 命令以选定的矩形窗口、封闭曲线或图块边界在平面图内切割，并提取带有轴号和填充的局部区域用于详图该命令使用了新定义的切割线对象，能在天正对象中间切割，遮挡范围可随意调整，可把切割线设置为折断线或隐藏。

　　在 TArch 2013 屏幕菜单中选择 "文件布图 | 图形切割" 命令，根据命令栏提示选择切割图形形状以及需要切割的区域，选取插入点，如图 10-10 所示。

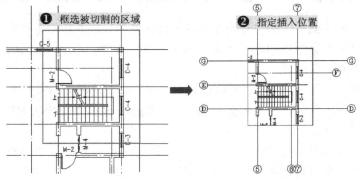

图 10-10　图形切割

　　双击切割线可显示 "编辑切割线" 对话框，设置其中某些边为折断边（显示折断线），并隐藏不打印的切割线，如图 10-11 所示。

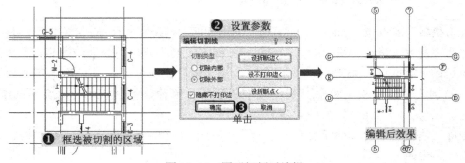

图 10-11　图形切割后编辑

10.2 打 印 输 出

整套设计图纸的最后一步就是将图纸整理后打印输出，在这之前需要做一些准备工作，进行"页面设置""打印预览"和"打印输出"等的设置，下面分别介绍这些命令的操作方法。

10.2.1 页面设置

在打印输出前，将平面图图框插入完毕后，进行打印的页面设置，这样会使图样更清晰合理地显示在指定尺寸的图纸上。

在 AutoCAD 屏幕上单击"文件 | 打印 | 页面设置"选项，弹出"页面设置管理器"对话框，通过此对话框设置打印设备、图纸规格、打印比例等内容，如图 10-12 所示。

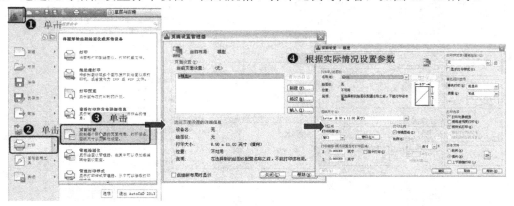

图 10-12　打印页面设置

10.2.2 打印预览

设置好打印页面后，选择"文件 | 打印预览"菜单，单击"打印预览"按钮，可预览图形，如图 10-13 所示。

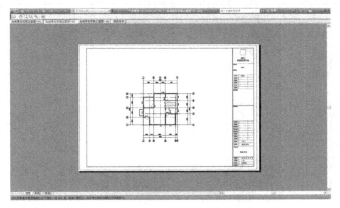

图 10-13　打印预览

在预览图形中单击右键，打开一个快捷菜单，通过此菜单可以执行打印、缩放、平移（缩放和平移是对整个图样的缩放和平移操作，此操作不会对打印结果造成影响）或者退出预览等操作。

10.2.3 打印输出

使用 AutoCAD 的"文件 | 打印"菜单命令，打开"打印"对话框，选择前面设置好的页面，设置好打印机/绘图仪设备，打印的图纸尺寸和打印份数，以及打印区域范围、打印比例和打印样式表，单击"确定"按钮，如图 10-14 所示。

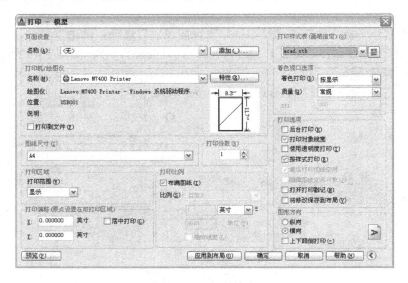

图 10-14　打印输出

技巧提示——打印黑白图纸

如果打印设置不支持色彩打印，可以在屏幕菜单中执行"文件布图 | 图变单色"命令，也可以在命令栏中直接输入"TBDS"，系统将把图形中的色彩转为单色。

第 11 章　别墅住宅建筑施工图的绘制

本章导读

　　以为某别墅住宅建筑施工小区为例，运用介绍的命令绘制该别墅的建筑施工图，其主要外墙厚为 240，柱子的尺寸与墙体对象宽度相同。本建筑楼分为两个单元，每个单元有两个户型结构。则从平面图来看，有 4 个平面图需要读者绘制完成，即一层平面图、二至五层平面图、六层平面图和顶层平面图，其楼层高度均为 3000。

　　本章通过这一案例介绍之前所学的知识，并从多个角度分别介绍各个命令的使用方法和技巧，读者可以将学过的知识与本案例结合运用。

主要内容

- 掌握别墅一层平面图的详细绘制方法
- 掌握二至五层平面图的绘制方法
- 掌握六层和顶层平面图的绘制发放
- 掌握工程管理创建、立面图和剖面图的绘制方法

效果预览

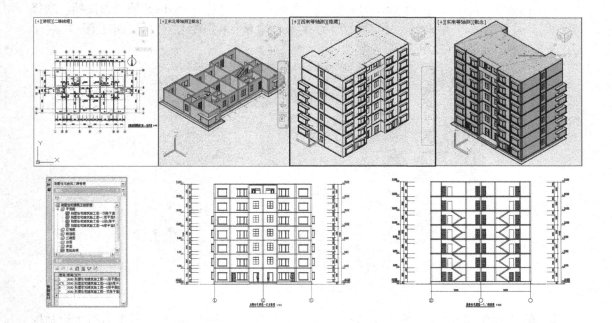

11.1 别墅住宅建筑一层平面图的绘制

素 视频\11\别墅住宅建筑一层平面图的绘制.avi
材 案例\11\案例\11\别墅住宅建筑施工图-1层平面.dwg

该别墅平面图有两个单元,在绘制别墅住宅平面图时可以先绘制左侧单元住房结构的轴网、墙体、柱子、门窗和其他对象,然后进行水平镜像,即可完成一层平面图的绘制;最后进行散水、地板、台阶的创建,以及进行尺寸标注和其他标注,其效果如图 11-1 所示。

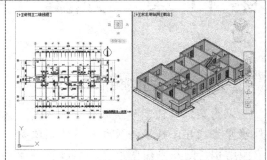

图 11-1　别墅住宅建筑一层平面图

11.1.1　绘制别墅住宅轴网和墙体

绘制别墅住宅一层平面图时,可根据绘图的先后顺序按照表 11-1 所示的轴网数据要求进行相应轴网的创建。

表 11-1　轴网参数

上开间	3300　2100　1800　3000
下开间	2100　1200　3900　3000
左进深	1200　4500　1800　5100
右进深	1200　2700　1800　1800　600　2700　1800

1)正常启动天正建筑 TArch 2013 软件,系统将自动创建一个 dwg 的空白文档,选择"文件 | 另存为"菜单命令,将该文档另存为"案例\11\别墅住宅建筑施工图-1 层平面.dwg"文件,如图 11-2 所示。

图 11-2　保存文件

2)在 TArch 2013 屏幕菜单中选择"轴网柱子 | 绘制轴网"命令,在弹出的"绘制轴

网"对话框中依照表11-1所示的数据进行创建,如图11-3所示。

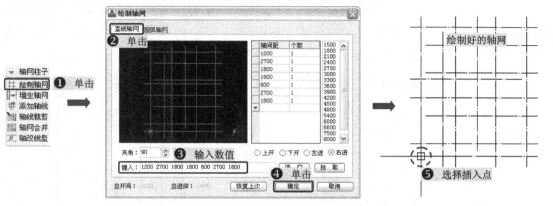

图11-3 创建轴网

3)在 TArch 2013 屏幕菜单中选择"轴网柱子│轴网标注"命令,在弹出的"轴网标注"对话框中选择"双侧标注"选项,并在水平方向上指定起始和终止轴并按〈Enter〉键,即可标注水平轴网对象,如图11-4所示。

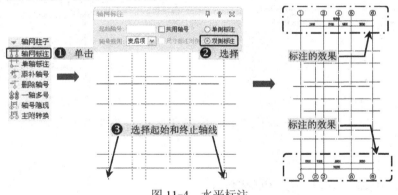

图11-4 水平标注

4)按照与上一步同样的方法,在轴网左侧标注尺寸和轴号,这里选择"单侧标注"单选按钮,选择起始轴和终止轴线后按〈Enter〉键,其效果如图11-5所示。

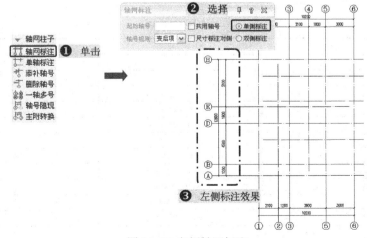

图11-5 左侧轴网标注

5）在 TArch 2013 屏幕菜单中选择"墙体 | 绘制墙体"命令，在弹出的"绘制墙体"对话框中设置相应的参数，选择墙体材质为"砖墙"，并按〈F8〉键开启正交模式，在轴网中依次指定交点进行外墙体的创建，如图 11-6 所示。

6）按照与上一步同样的方法，创建内墙，其效果如图 11-7 所示。

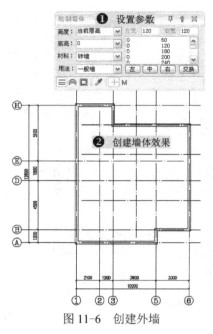

图 11-6　创建外墙

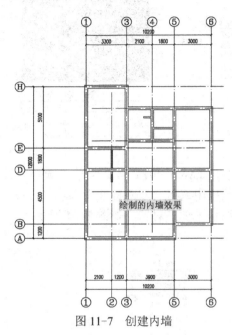

图 11-7　创建内墙

7）至此，别墅住宅建筑一层平面图的轴网和墙体对象绘制完毕，按〈Ctrl+S〉组合键保存。

 11.1.2　绘制别墅住宅门窗和柱子

接下来创建柱子和门窗。可直接在墙体的基础上插入柱子，然后依照表 11-2 所示插入相应位置的门窗，具体步骤如下。

表 11-2　门窗表

类　型	编　号	尺寸/mm	数　量	备　注
普通门	M-1	900×2100	2	
	M-2	900×2100	2	
	M-3	900×2100	2	
	M-4	900×2100	1	
	M-5	850×2100	1	
子母门	ZMM-1	1200×2100	1	
普通窗	C-2	800×1500	2	
	C-3	1200×1500	1	
凸窗	TC-1	1800×1500	1	
	TC-2	1800×1500	1	
转角窗	ZJC	(1500+1500)×1500	1	
洞口	MD	900×2000	3	

1）在 TArch 2013 屏幕菜单中选择"轴网柱子 | 标准柱"命令，弹出"标准柱"对话框，在其中设置相应的参数，然后插入到相应轴线交点位置，如图 11-8 所示。

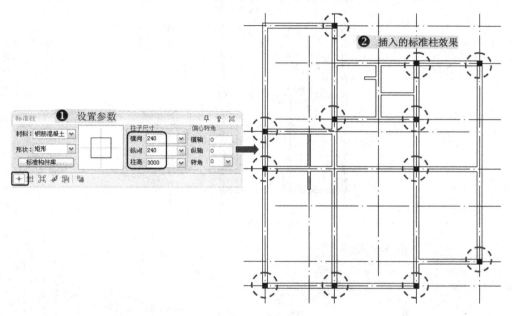

图 11-8 创建柱子

2）在 TArch 2013 屏幕菜单中选择"门窗 | 门窗"命令，弹出"门窗"对话框，单击"子母门"按钮，设置相应的参数，然后将门窗放置在指定位置，如图 11-9 所示。

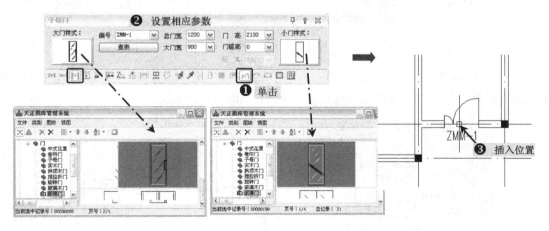

图 11-9 创建子母门

3）按照与上一步同样的方法，依照表 11-2 所示的尺寸在相应位置插入其他门，其效果如图 11-10 所示。

4）选择"门窗 | 门窗"命令，在弹出的对话框单击"插凸窗"按钮，设置相应的参数并插入到指定位置，如图 11-11 所示。

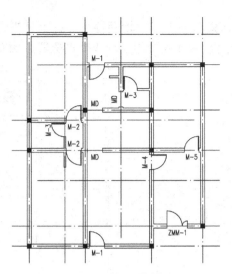

图 11-10 插入其他门

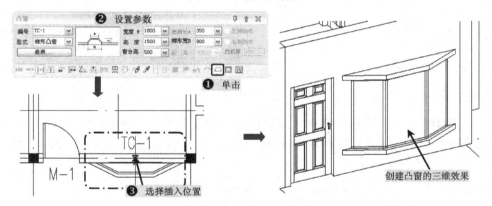

图 11-11 插入凸窗

5）在 TArch 2013 屏幕菜单中选择"门窗｜转角窗"命令，在弹出的"绘制角窗"对话框中设置参数，并根据命令栏提示选择插入位置，如图 11-12 所示。

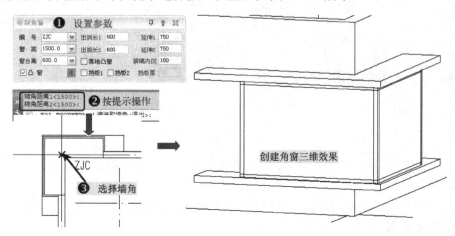

图 11-12 插入角窗

6）重复以上步骤，插入其他普通窗，其效果如图 11-13 所示。

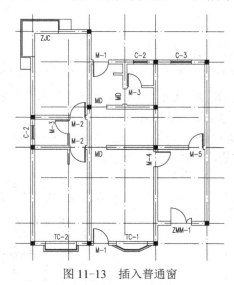

图 11-13　插入普通窗

7）至此，别墅住宅建筑一层平面图的门窗和柱子对象绘制完毕，按〈Ctrl+S〉组合键进行保存。

 11.1.3　室内洁具的布置

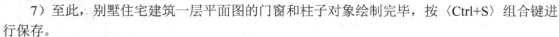

门窗创建完成后，布置相应的洁具对象，在天正软件中可直接插入相应的图块对象。

1）在 TArch 2013 屏幕菜单中选择"房间屋顶 | 房间布置 | 布置洁具"命令，在弹出的"天正洁具"对话框中选择相应的洁具，并插入到指定位置，如图 11-14 所示。

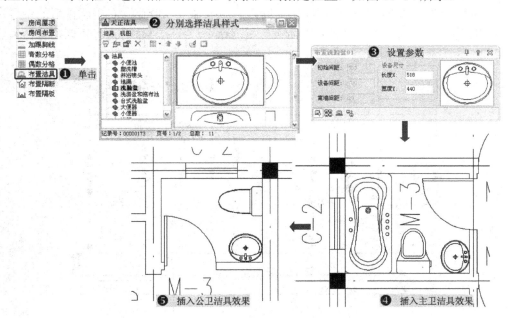

图 11-14　插入洁具

2）至此，别墅住宅建筑一层平面图的洁具对象布置完毕，按〈Ctrl+S〉组合键进行保存。

11.1.4 绘制单元楼和楼梯

在一侧单元楼绘制完成后，用 AutoCAD 的"镜像"命令将右侧的单元楼进行水平镜像操作，再创建两单元楼的楼梯，操作步骤如下。

1）打开当前关闭的图层对象，使用 AutoCAD 的"镜像"命令，以纵向 6 号轴为镜像基线来创建水平右侧单元楼对象，如图 11-15 所示。

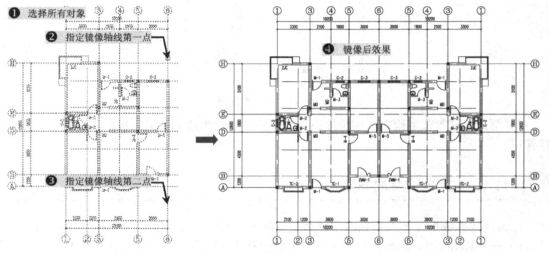

图 11-15　镜像单元楼

2）右击镜像后的轴号，对后几位轴号执行"倒排轴号"命令；右击倒排后的轴号，在弹出的下拉列表框中选择"重排轴号"命令，根据命令栏提示将轴号进行重新排号，最终效果如图 11-16 所示。

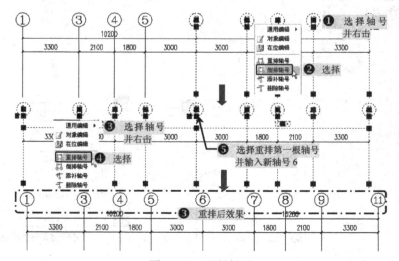

图 11-16　重排轴号

3）在 TArch 2013 屏幕菜单中选择"尺寸标注 | 尺寸编辑 | 合并区间"命令，根据命令栏提示选择需要合并的尺寸线，如图 11-17 所示。

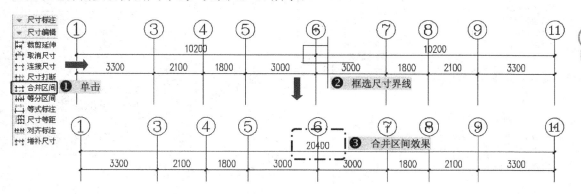

图 11-17 合并区间

技巧提示

这里请读者注意，在执行"合并区间"命令前，必须先对待合并的尺寸执行"连接尺寸"命令，否则系统将不予以合并。

4）在 TArch 2013 屏幕菜单中选择"楼梯其他 | 双跑楼梯"命令，在弹出的"双跑楼梯"对话框中设置参数，并插入图中相应位置，然后将创建好的楼梯复制到右侧单元楼内相应位置，再用其他的命令进行调整，如图 11-18 所示。

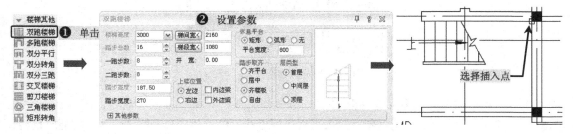

图 11-18 创建双跑楼梯

5）至此，别墅住宅建筑一层平面图的绘制单元楼和楼梯绘制完毕，按〈Ctrl+S〉组合键进行保存。

11.1.5 绘制散水和地板

在创建完成的一层楼的房屋主体结构对象后，使用"散水"命令进行楼底散水的创建，并绘制矩形创建平板对象，即可完成一层楼梯地板对象的创建。

1）在 TArch 2013 屏幕菜单中选择"楼梯其他 | 散水"命令，设置参数，然后框选整个平面图对象，并在命令栏输入散水距离数值，如图 11-19 所示。

2）在 TArch 2013 屏幕菜单中选择"房间屋顶 | 搜屋顶线"命令，根据命令栏提示选择整体建筑物，输入距离数值为 0，搜索出整个建筑物的外轮廓线，如图 11-20 所示。

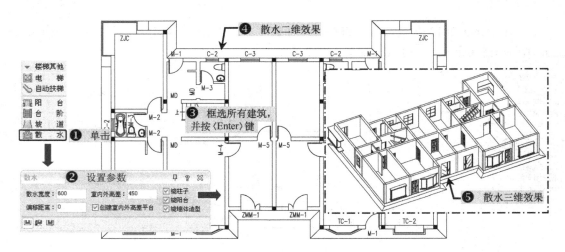

图 11-19　创建散水

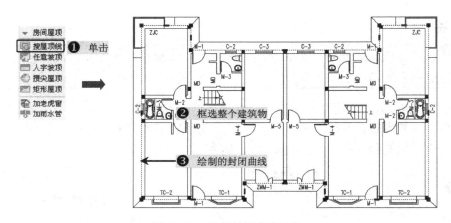

图 11-20　绘制封闭曲线对象

　　3）在 TArch 2013 屏幕菜单中选择"三维建模｜造型对象｜平板"命令，根据命令栏提示选择上一步绘制的封闭曲线对象，输入平板的厚度为 100，按〈Enter〉键，效果如图 11-21 所示。

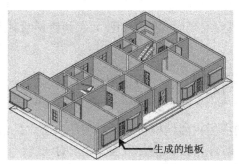

图 11-21　创建楼板对象

　　4）至此，别墅住宅建筑一层平面图的散水和地板对象绘制完毕，按〈Ctrl+S〉组合键进行保存。

11.1.6 门窗尺寸、文字和其他标注

别墅住宅楼的平面图附属件基本创建完毕，接下来将对其进行尺寸以及其他标注。

1）在 TArch 2013 屏幕菜单中选择"尺寸标注 | 门窗标注"命令，根据命令栏提示选择门外侧进行门窗尺寸标注，如图 11-22 所示。

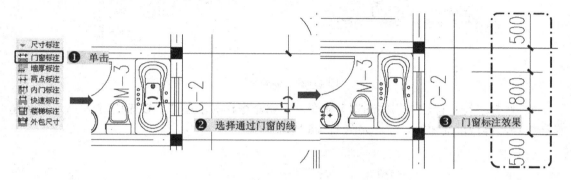

图 11-22 门窗标注

2）按照与上一步同样的方法，对其他门窗进行标注，其效果如图 11-23 所示。

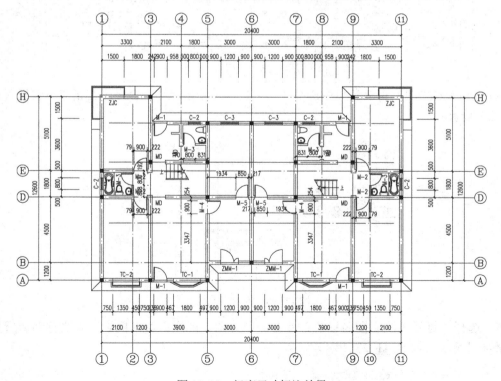

图 11-23 门窗尺寸标注效果

3）在 TArch 2013 屏幕菜单中选择"符号标注 | 标高标注"命令，在"标高标注"对话框中勾选"手工输入"复选框，输入标高值，将其插入到指定位置，如图 11-24 所示。

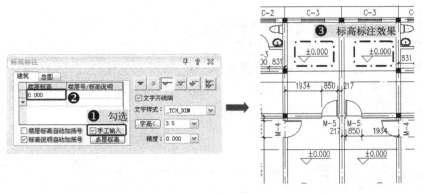

图 11-24　标高标注

4）选择"符号标注 | 剖面剖切"命令，根据命令栏提示在 E、D 轴号之间指定剖切起点和终点，再指定剖切的方向，如图 11-25 所示。

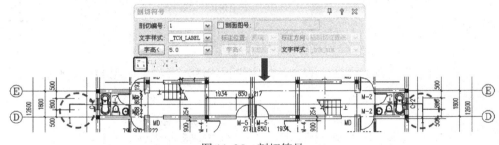

图 11-25　剖切符号

5）在 TArch 2013 屏幕菜单中选择"符号标注 | 画指北针"命令，在指定位置插入，如图 11-26 所示。

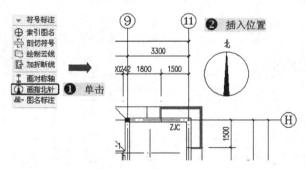

图 11-26　创建指北针

6）选择"符号标注 | 图名标注"命令，在"图名标注"对话框中输入名称并放置到平面图形右下角处，如图 11-27 所示。

图 11-27　图名标注

7）至此，"别墅住宅建筑施工图-1 层平面"已经绘制完毕，如图 11-28 所示，按〈Ctrl+S〉组合键进行保存。

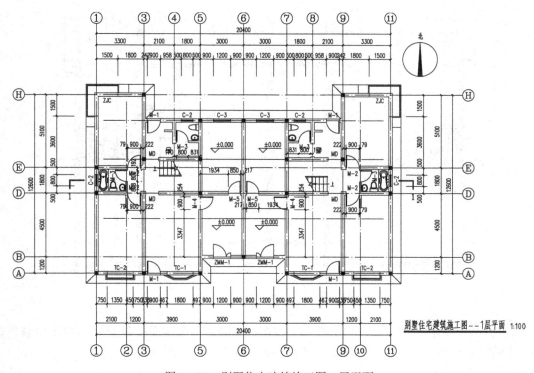

图 11-28　别墅住宅建筑施工图一层平面

软件技能

11.2　别墅住宅建筑二至五层平面图的绘制

素材视频\11\别墅住宅建筑二至五层平面图的绘制.avi
案例\11\别墅住宅建筑施工图-二至五层平面.dwg

在绘制别墅住宅楼二至五层平面图时，可以看出，由于都是同样一住宅楼对象，它们的结构基本相同，因此，在绘制时只需要打开前面绘制的一层平面图，在它的基础上进行部分修改，即可完成二至五层平面图，其效果如图 11-29 所示。

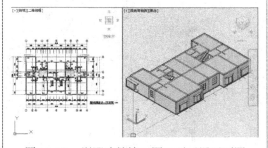

图 11-29　别墅建筑施工图二至五层平面图

二至五层平面图的具体绘制步骤如下。

1）在 AutoCAD 菜单中选择"文件|打开"命令，找到"案例\11\别墅住宅建筑施工图-1 层平面.dwg"文件并打开，将该文件另存为"案例\11\别墅住宅建筑施工图-二至五层平面.dwg"文件。

2）将图形中的指北针、标注等图层对象关闭，并将台阶散水和相应的门窗删除，如图 11-30 所示。

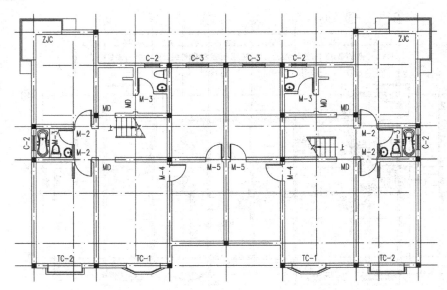

图 11-30 关闭图层并删除相应的块

3）在上一步相应的位置添加窗户，在 TArch 2013 屏幕菜单中选择"门窗｜门窗"命令，设置相应的参数，并选择相应位置插入门窗，如图 11-31 所示。

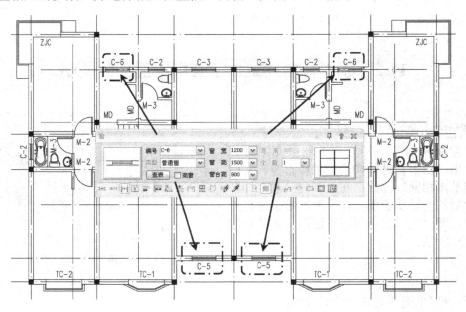

图 11-31 添加窗户

4）将一层楼板复制并向+Z 轴方向移动距离 3000；选择"矩形"命令，在两个楼梯位置绘制两个矩形对象；双击楼板对象，根据命令栏提示选择"加洞（A）"选项，再选择楼梯处的矩形对象，从而对楼梯进行添加洞口的操作，如图 11-32 所示。

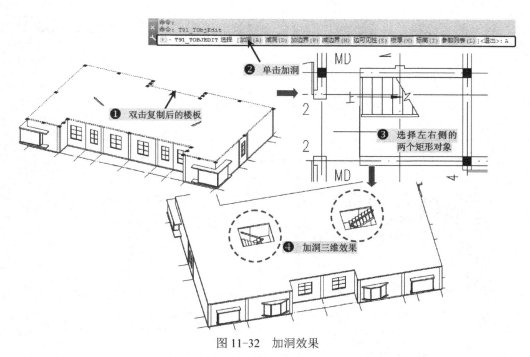

图 11-32　加洞效果

5）双击楼梯对象，弹出"双跑楼梯"对话框，将"首层"调整为"中间层"，如图 11-33 所示。

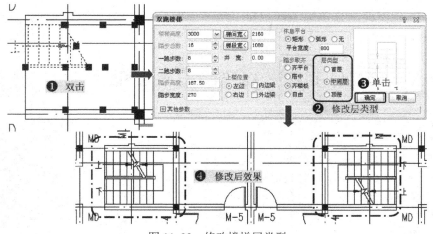

图 11-33　修改楼梯层类型

6）选择"符号标注｜标高标注"命令，在对话框中输入二至五层标高数值，再放置到相应位置处，如图 11-34 所示。

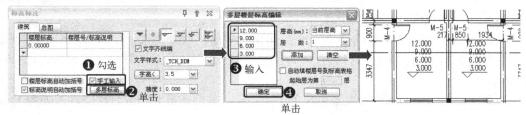

图 11-34　标高标注

7）双击图名标注，将它改为"别墅住宅建筑施工图-二至五层平面"，如图 11-35 所示。

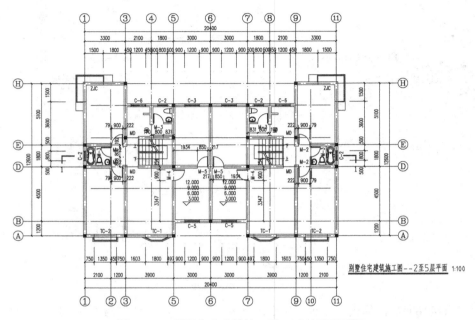

图 11-35   别墅住宅建筑施工图二至五层平面图

8）至此，别墅住宅建筑施工图二至五层平面图绘制完毕，按〈Ctrl+S〉组合键进行保存。

11.3   别墅住宅建筑六层平面图的绘制

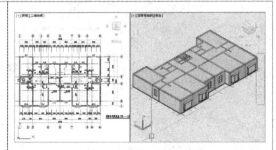

素 视频\11\别墅住宅建筑六层平面图的绘制.avi
材 案例\11\别墅住宅建筑施工图-六层平面.dwg

别墅住宅楼六层平面图与前面二至五层的结构基本相同，因此，在绘制时只需要打开前面绘制的二至五层平面图，然后在它的基础上进行部分修改，即可完成六层平面图，其效果如图 11-36 所示。

图 11-36   别墅住宅建筑施工图-六层平面

二至五层平面图的具体绘制步骤如下。

1）在 AutoCAD 菜单中选择"文件 | 打开"命令，找到"案例\11\别墅住宅建筑施工图-二至五层平面.dwg"文件并打开，将该文件另存为"案例\11\别墅住宅建筑施工图-六层平面.dwg"文件。

2）将打开图形中的标注等图层对象关闭或隐藏，并将角窗和相应模块删除，如图 11-37 所示。

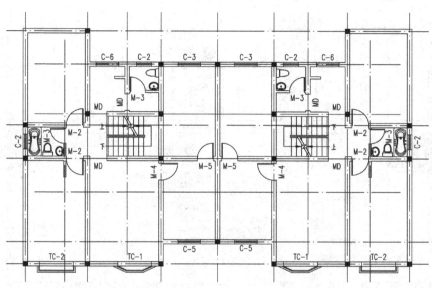

图 11-37　关闭隐藏图层和删除对象

3）在上一步相应的角窗位置添加普通窗窗户，在 TArch 2013 屏幕菜单中选择"门窗｜门窗"命令，设置相应的参数，并选择相应位置插入门窗，如图 11-38 所示。

4）选择"符号标注"命令，对六层进行标高标注。

5）在屏幕菜单中选择"楼梯其他｜双跑楼梯"命令，在该楼层指定位置创建楼梯，如图 11-39 所示。

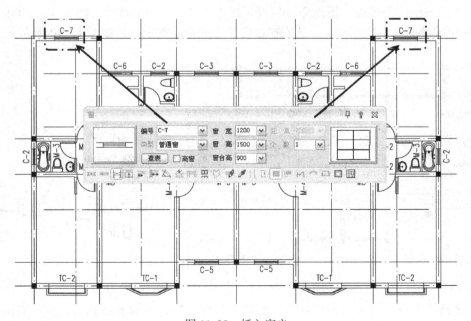

图 11-38　插入窗户

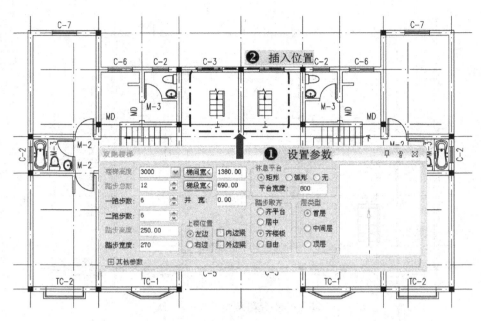

图 11-39　插入楼梯

6）使用 AutoCAD 的"矩形"命令在上一步插入楼梯的位置绘制同样大小的矩形对象；再在原来"顶层"楼梯位置分别绘制两个矩形对象。

7）双击该楼层的楼板，根据命令栏提示选择"加洞（A）"选项，再选择上一步"首层"楼梯位置处的两个矩形对象，从而在该楼梯上进行加洞操作。

8）双击该楼层的楼板，根据命令栏提示操作选择"减洞（D）"选项，再选择前面"顶层"楼梯位置处的两个矩形对象，从而在该楼梯上进行减洞操作。如图 11-40 所示。

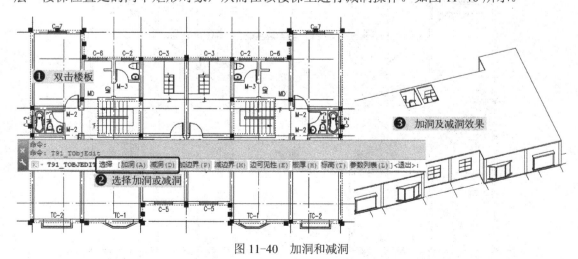

图 11-40　加洞和减洞

9）选择"工具 | 恢复可见"命令，对门窗尺寸标注进行调整或修改。然后双击图名进行修改，如图 11-41 所示。

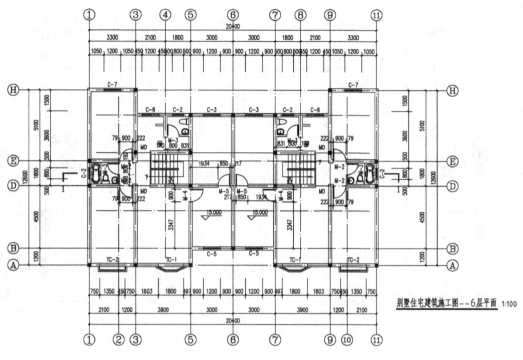

图 11-41 别墅住宅建筑施工图-六层平面

10）至此，"别墅住宅建筑施工图-六层平面"已经绘制完毕，按〈Ctrl+S〉组合键进行保存。

 11.4 别墅住宅建筑顶层平面图的绘制

素视频\11\别墅住宅建筑顶层平面图的绘制.avi
材案例\11\别墅住宅建筑施工图-顶层平面.dwg

别墅住宅楼顶层平面图与六层的结构基本相同，因此，在绘制时只需要打开前面绘制的六层平面图，然后在它的基础上进行部分修改，即可完成顶层平面图，其效果如图 11-42 所示。

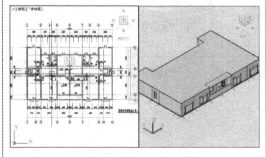

图 11-42 别墅住宅建筑施顶层平面图

1）在 AutoCAD 菜单中选择"文件 | 打开"命令，找到"案例\11\别墅住宅建筑施工图-六层平面.dwg"文件并打开，将该文件另存为"案例\11\别墅住宅建筑施工图-顶层平面.dwg"文件。

2）将打开图形中的标注等图层对象关闭或隐藏，并将角窗和相应模块删除，如图 11-43 所示。

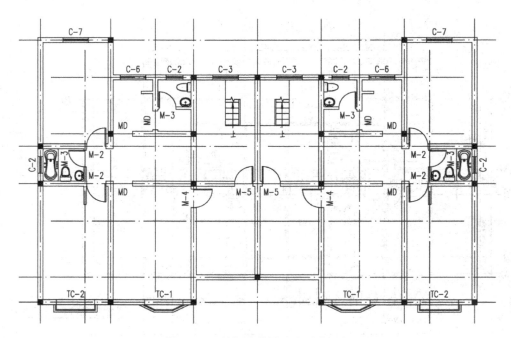

图 11-43　关闭隐藏图层和删除对象

3）然后对单元楼梯的操作，双击创建楼层的楼梯，弹出"双跑楼梯"对话框，然后将"中间层"调整为"顶层"，如图 11-44 所示。

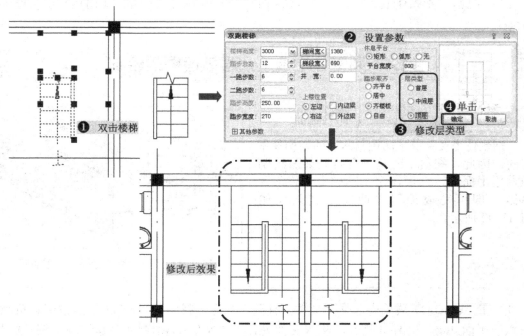

图 11-44　修改楼梯效果

4）在 TArch 2013 屏幕菜单中选择"门窗｜门窗"命令，设置相应的参数，并在墙体相应位置插入门连窗，如图 11-45 所示。

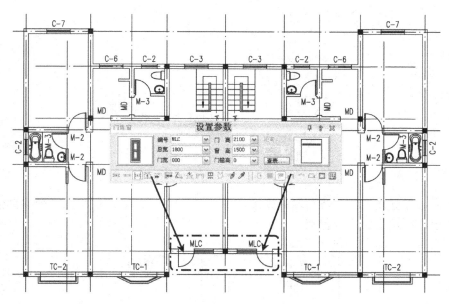

图 11-45 插入门连窗

5）在门连窗位置创建一凹阳台。在 TArch 2013 屏幕菜单中选择"楼梯其他｜阳台"命令，在弹出的对话框设置相应的参数，然后选取阳台的起点和终点，如图 11-46 所示。

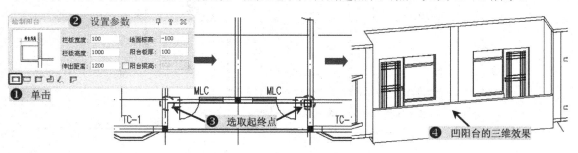

图 11-46 插入凹阳台

6）在 TArch 2013 屏幕菜单中选择"三维建模｜造型对象｜竖板"命令，根据命令栏提示指定起点和终点，再指定起边 100 和终边 300，板厚为 5760，如图 11-47 所示。

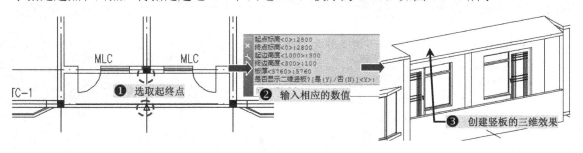

图 11-47 创建竖板

7）双击顶层楼板对象，选择"减洞（D）"选项，按照前面的方法将屋顶位置的楼梯洞口删除，如图 11-48 所示。

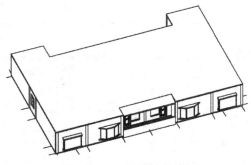

图 11-48 顶层楼板效果

8）最后进行标高标注以及图名的修改，如图 11-49 所示。顶层平面图效果创建到此完毕，按〈Ctrl+S〉组合键进行保存。

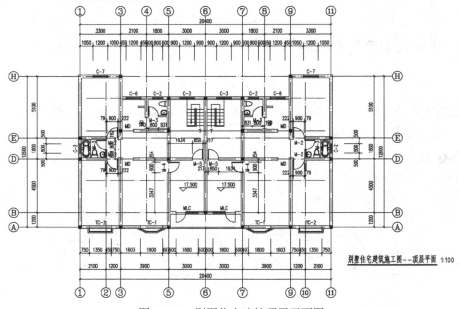

图 11-49 别墅住宅建筑顶层平面图

软件
技能

11.5 别墅住宅建筑施工图的工程管理

素 视频\11\别墅住宅建筑工程管理的建立.avi
材 案例\11\别墅住宅建筑工程管理.tpr

绘制完所有的工程平面图文件后，选择"文件布图 | 工程管理"命令，新建一个工程文件，然后将所有的平面图文件置入工程的"平面图"中，并分别设置其楼层参数，如图 11-50 所示。

图 11-50 别墅住宅建筑工程管理

1）创建完成所有平面图后，在 TArch 2013 屏幕菜单中选择"文件管理 | 工程管理"命令，在"工程管理"面板的下拉列表中选择"新建工程"命令，这时可设置工程文件为"案例\11\别墅住宅建筑工程管理.tpr"并进行保存，如图 11-51 所示。

图 11-51　创建别墅住宅建筑工程文件

2）在"住宅楼工程管理"面板中的"平面图"子类别上右击，在弹出的快捷菜单中选择"添加图纸"命令，再在弹出的"选择图纸"对话框中按住〈Ctrl〉键同时多选文件夹"案例\11"下的一层平面、二至五层平面、六层平面和顶层平面图对象，然后单击"打开"按钮将其添加到"平面图"子类别中，如图 11-52 所示。

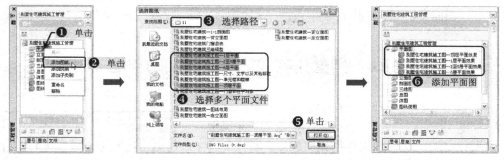

图 11-52　添加平面图

3）添加平面图完成后，在"住宅楼工程管理"面板中的"楼层"栏设置层号为 1，层高为 3000，再将光标指定最后一列单元格中，单击"选择标准层"按钮，打开"选择标准层图形文件"对话框，选择"别墅住宅建筑施工图-一层平面"文件，单击"打开"按钮，如图 11-53 所示。

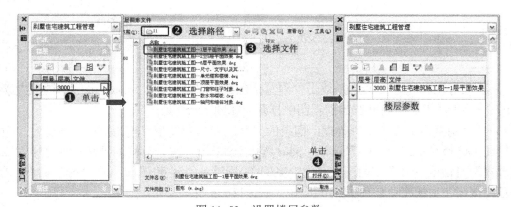

图 11-53　设置楼层参数

4）按照与上一步同样的方法对其他平面图进行添加并设置层高与层号等，如图 11-54 所示。

5）至此，别墅住宅建筑工程管理已完成，可在"工程管理"面板中的下拉列表框中选择"保存工程"命令来保存该工程，如图 11-55 所示。

图 11-54　设置楼层表

图 11-55　保存工程

11.6　别墅住宅建筑正立面图的创建

素 视频\11\别墅住宅建筑正立面图的创建.avi
材 案例\11\别墅住宅建筑-正立面图.dwg

别墅住宅的工程管理文件创建完成后，可根据要求创建别墅住宅建筑的立面图、剖面图和三维模型图等。执行"建筑立面"命令，选择"正立面（F）"选项，再选择出现的轴标号 1、6、11，然后在图形的下侧进行图名标注，其效果如图 11-56 所示。

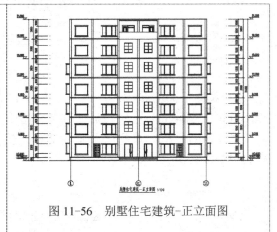

图 11-56　别墅住宅建筑-正立面图

1）建立好工程管理文件后，双击"别墅住宅建筑工程管理"面板中的"别墅住宅建筑施工图-一层平面"文件将其在当前视图中打开，如图 11-57 所示。

2）在"别墅住宅建筑工程管理"面板的"楼层"栏中单击"建筑立面"按钮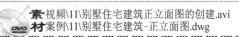，根据命令栏提示选择"正立面（F）"选项，同时选择平面图中的 1、6 和 11 号轴线，弹出"立面生成设置"对话框，将正立面图保存为"案例\11\别墅住宅建筑-正立面图.dwg"文件，单击"保存"按钮，系统将会自动生成立面图，如图 11-58 所示。

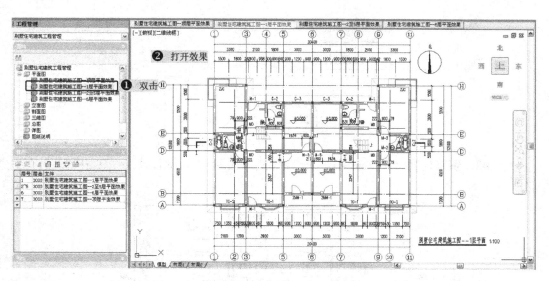

图 11-57　打开文件

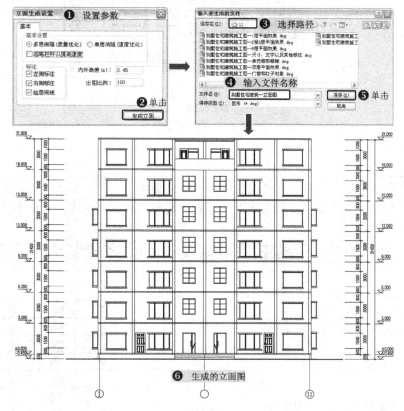

图 11-58　生成立面图

3）在 TArch 2013 屏幕菜单中选择"符号标注丨图名标注"命令，在弹出的对话框中输入"别墅住宅建筑-正立面图"，并放置于图形下侧的正中位置，如图 11-59 所示。

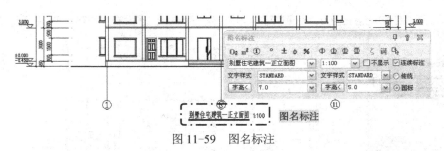

图 11-59　图名标注

4）至此，别墅住宅楼正立面图已经创建完成，如图 11-60 所示。按〈Ctrl+S〉组合键进行保存。

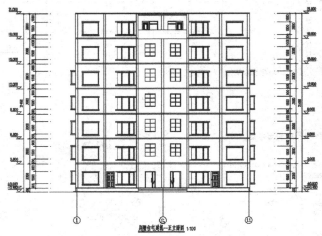

图 11-60　正立面图效果

提示

如果还需要创建其他立面图，可按照同样的方法创建。另外，如果生成的立面图不够深入，可以使用天正软件自带的立面工具进行立面图的加深处理，使其更加完善。

11.7　别墅住宅建筑 1-1 剖面图的创建

素材 视频\11\别墅住宅建筑 1-1 剖面图的创建.avi
　　　案例\11\别墅住宅建筑 1-1 剖面图.dwg

别墅住宅的工程管理文件创建完成后，可根据要求创建别墅住宅建筑的剖面图。需要先在指定的平面图层上创建剖切符号，在"工程管理"面板上单击"建筑剖面"按钮 ，选择相应的剖切符号和显示的轴编号，从而生成剖面图，然后进行剖面图的加深与完善，其效果如图 11-61 所示。

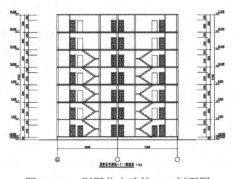

图 11-61　别墅住宅建筑 1-1 剖面图

1）切换到"别墅住宅建筑施工图-一层平面.dwg"文件，在"别墅住宅建筑工程管理"面板的"楼层"栏内单击"建筑剖面"按钮 ，根据命令栏提示选择剖切符号"1-1"，选择轴号 1、6、11，从弹出的"剖面生成设置"对话框设置参数，单击"生成剖面"按钮，然后保存为"案例\11\别墅住宅建筑 1-1 剖面图.dwg"文件，如图 11-62 所示。

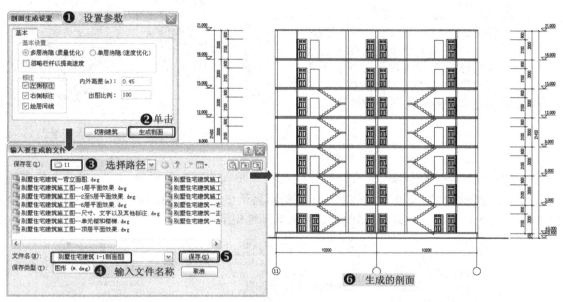

图 11-62　生成剖面

2）在 TArch 2013 屏幕菜单中选择"符号标注 | 图名标注"命令，在弹出的对话框中输入"别墅住宅建筑 1-1 剖面图"，并放置于图形下侧的正中位置处。

3）至此，别墅住宅楼施工图 1-1 剖面图绘制完毕，如图 11-63 所示，按〈Ctrl+S〉组合键进行保存。

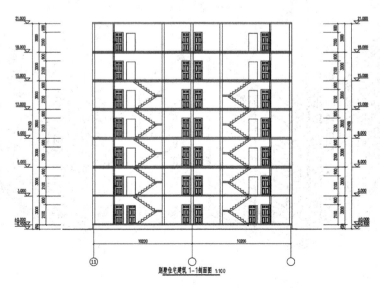

图 11-63　1-1 剖面图效果

11.8 别墅住宅建筑三维模型的创建

素 视频\11\别墅住宅建筑三维模型的创建.avi
材 案例\11\别墅住宅建筑三维模型.dwg

别墅住宅的工程管理文件创建完成后，可根据要求创建别墅住宅建筑的三维模型图，需在"别墅住宅建筑工程管理"面板上单击"三维组合建筑模型"按钮，本案例将讲解创建三维模型的创建，其效果如图 11-64 所示。

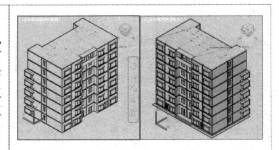

图 11-64　别墅住宅建筑三维模型

在生成三维模型图形时，可在"别墅住宅建筑工程管理"面板中单击"楼层"栏中的"三维组合建筑模型"按钮 ，按照命令栏提示将生成的文件保存为"案例\11\别墅住宅建筑三维模型.dwg"文件，这时，系统会自动生成三维模型效果图，如图 11-65 所示。

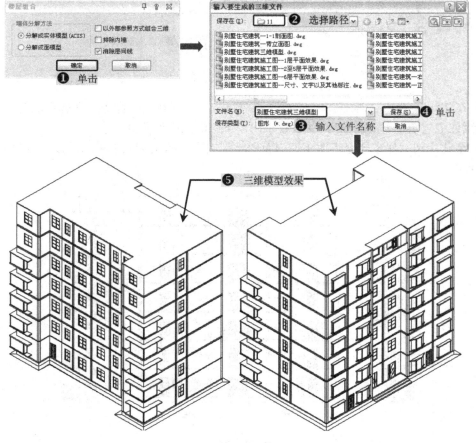

图 11-65　别墅住宅建筑三维模型效果

11.9 别墅住宅建筑门窗表的生成

> **素材** 视频\11\别墅住宅建筑门窗总表的生成.avi
> 案例\11 别墅住宅建筑门窗总表.dwg

在创建完成别墅住宅工程图后，为了对别墅的门窗附件进行统一管理与查询，在天正"别墅住宅建筑工程管理"面板的"楼层"栏中单击"门窗总表"按钮，系统会自动搜索该工程的所有门窗参数并放入到表格中，将该表保存为"案例\11\别墅住宅建筑门窗总表.dwg"文件，如图 11-66 所示。

门窗表

类型	设计编号	洞口尺寸(mm)	数量					图集选用			备注
			1	2~5	6	7	合计	图集名称	页次	选用型号	
普通门	M-1	900X2100	4				4				
	M-2	900X2100	4	4X4=16	4	4	28				
	M-3	800X2100	4	4X4=16	4	4	28				
	M-4	900X2100	2	2X4=8	2	2	14				
	M-5	850X2100	2	2X4=8	2	2	14				
门连窗	MLC	1800X2100			2		2				
子母门	ZMM-1	1200X2100	2				2				
普通窗	C-2	800X1500	4	4X4=16	4	4	28				
	C-3	1200X1500	2	2X4=8	2	2	14				
	C-5	1200X1500		2X4=8	2		10				
	C-6	1200X1500		2X4=8	2	2	12				
	C-7	1200X1500			2	2	4				
凸窗	TC-1	1800X1500	2	2X4=8	2	2	14				
	TC-2	1800X1500	2	2X4=8	2	2	14				
转角窗	ZJC	(1500+1500)X1500	2	2X4=8			10				
洞口	MD	900X2000	6	6X4=24	6	6	42				

图 11-66　别墅住宅建筑门窗总表

11.10 别墅住宅建筑图样的布局与输出

> **素材** 视频\11\别墅住宅建筑图样的布局.avi
> 案例\11\别墅住宅建筑-图样布局.dwg

别墅住宅建筑的每个图样文件分别保存在一个单独的文件，为了使这些图样能够布局在同一个文件中，可以创建一个新的文件，将此工程中的所有图形参照插入到新文件中，再分别插入图框，设置图框的属性并进行布局，其效果如图 11-67 所示。

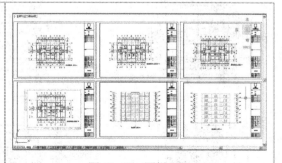

图 11-67　图样布局

1）在天正 TArch 2013 环境中，按〈Ctrl+N〉组合键重新创建一个新的 dwg 空白文档，再按〈Ctrl+Shift+S〉组合键，将该文档另存为"案例\11\别墅住宅建筑-图样布局.dwg"文件。

2）这时，在 AutoCAD 菜单中选择"插入 | DWG 参照"命令，在弹出的"选择参照文件"对话框中选择"案例\11\别墅住宅建筑施工图-1 层平面效果.dwg"文件，单击"打开"按钮，如图 11-68 所示。

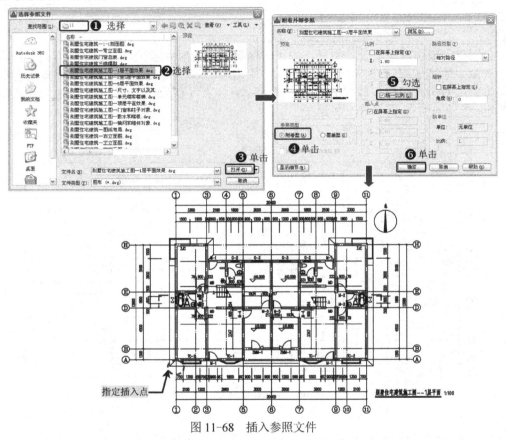

图 11-68　插入参照文件

3）按照与上一步相同的操作方法插入其他的参照文件，其效果如图 11-69 所示。

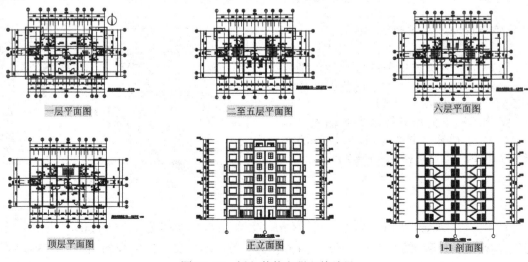

一层平面图　　　　　　　二至五层平面图　　　　　　六层平面图

顶层平面图　　　　　　　　正立面图　　　　　　　　1-1 剖面图

图 11-69　插入其他参照文件效果

4）在 TArch 2013 屏幕菜单中选择"文件布图 | 插入图框"命令，在弹出的"插入图框"对话框中选择 A3 横式图幅，如图 11-70 所示。

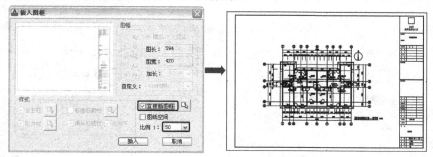

图 11-70　插入图框

5）双击插入的图框，弹出"增强属性编辑器"对话框，这时读者可根据需要对其进行修改操作，然后单击"确定"按钮，如图 11-71 所示。

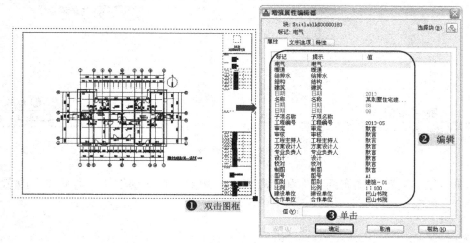

图 11-71　编辑标题栏

6）使用 AutoCAD 的"复制"命令，将前两步所插入的 A3 图框复制到其他平面图上，并修改标题栏文字内容，其效果如图 11-72 所示。

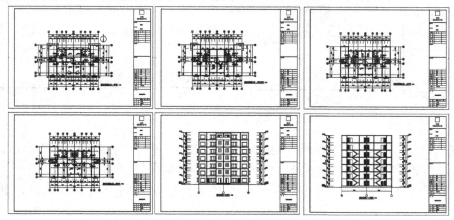

图 11-72　复制图框及编辑标题栏

7）在 TArch 2013 屏幕菜单中选择"插入｜布局｜创建布局向导"命令，按照提示依次选择 A3 图纸、无标题栏和无视口，如图 11-73 所示。

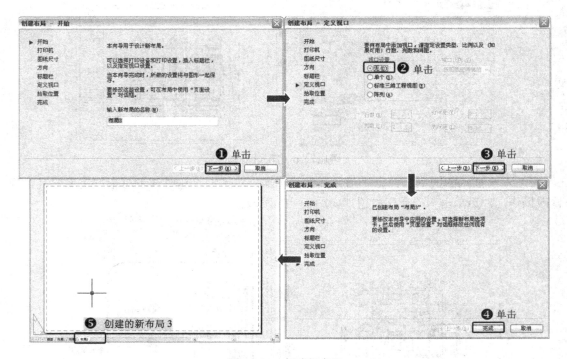

图 11-73　创建新布局

8）单击鼠标右键将"布局一"和"布局二"删除，将新创建的"布局 3"改名为"一层平面图"，如图 11-74 所示。

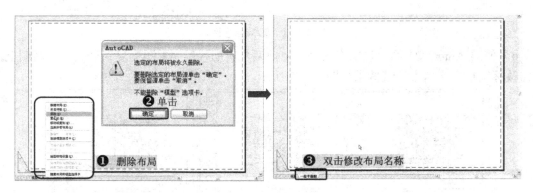

图 11-74　删除布局并修改布局名称

9）右击"一层平面图"标签，在弹出的快捷菜单中选择"移动或复制"命令，这时会出现"移动或复制"对话框，按照图 11-75 所示的步骤操作。

10）按照上一步的方法进行更名布局操作，然后切换到"模型"窗口，其效果如图 11-76 所示。

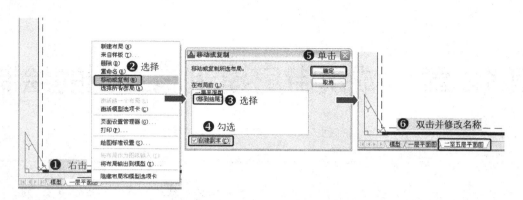

图 11-75　布局复制与修改

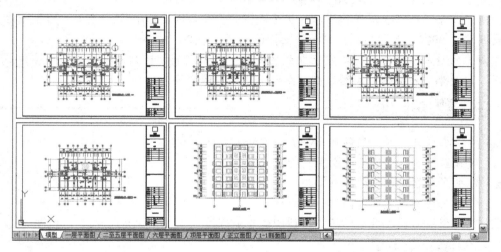

图 11-76　更改布局标签

11）切换到"一层平面图"布局，在空白处单击鼠标右键，选择"定义视口"命令，此时系统会切换到"模型"窗口，通过鼠标捕捉一层平面图的对角点对其进行布局操作，如图 11-77 所示。

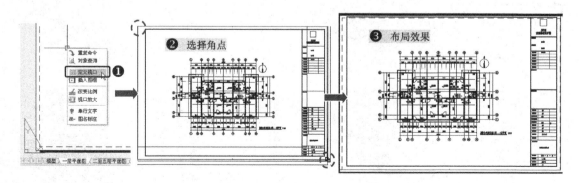

图 11-77　捕捉一层平面图的对角点

12）采用与上一步同样的方法，对其他平面图局部进行操作。

13）至此，别墅住宅建筑施工图纸布局就完成了，按〈Ctrl+S〉组合键进行保存。

第 12 章　城镇街房建筑施工图的绘制

本章导读

本章以某城镇街房建筑施工图样为案例。该建筑以砖混结构建造，外墙厚度为 240，其钢筋混凝土柱子尺寸为 240×240。分成左、右两户，每户都有单独的结构。从整个工程图来看，共有 5 个平面图，首层平面图和二层平面图的层高均为 4000，用于商业；三至七层平面图的层高均为 3000，为住宅楼；顶层平面图的层高为 3000。

本章通过这一案例将介绍之前所学过的知识，包括创建相应的施工平面图、该建筑的工程管理，以及生成所需的立面图、剖面图和三维模型图文件。

主要内容

- 📖 掌握街房首层和二层商业层平面图的绘制方法
- 📖 掌握三至七层住宅楼平面图的绘制方法
- 📖 掌握屋顶层平面图的绘制方法
- 📖 掌握工程管理文件和门窗表的创建方法
- 📖 掌握街房立面、剖面和三维模型图的生成方法

效果预览

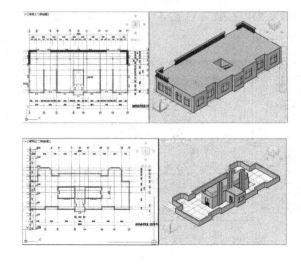

12.1　城镇街房建筑施工首层平面图的绘制

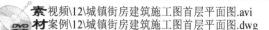

素 视频\12\城镇街房建筑施工图首层平面图.avi
材 案例\12\城镇街房建筑施工图首层平面图.dwg

绘制城镇街房建筑建筑首层平面图的步骤为：根据已有的尺寸，利用前面所介绍的知识绘制轴网，对轴网对象进行尺寸标注，并创建柱子、楼梯等，其效果如图 12-1 所示。

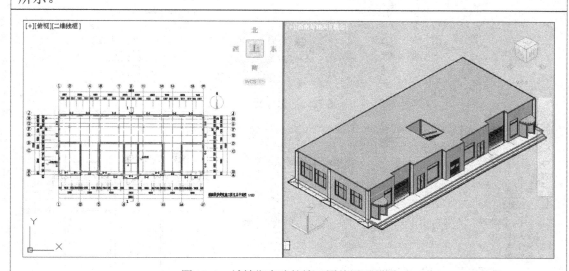

图 12-1　城镇街房建筑施工图首层平面图

12.1.1　绘制建筑首层平面图轴网

绘制城镇街房建筑施工图首层平面图时，可根据绘图的先后顺序按照表 12-1 所示的轴网数据要求进行相应轴网的创建。

表 12-1　轴网参数

上开间	1950	3600	1950	3300	2200	2200	3300	1950	3600	1950
下开间		3900	3300	4500	2600	4500	3300	3900		
左、右进深		600	3900	1500	1500	1500	600	900	600	

1）正常启动天正建筑 TArch 2013 软件，系统将自动创建一个 dwg 的空白文档，选择"文件 | 另存为"菜单命令，将该文档另存为"案例\12\城镇街房建筑施工图首层平面图.dwg"文件，如图 12-2 所示。

2）在 TArch 2013 屏幕菜单中选择"轴网柱子 | 绘制轴网"命令，在弹出的"绘制轴网"对话框中按照表 12-1 所示的数据进行创建，如图 12-3 所示。

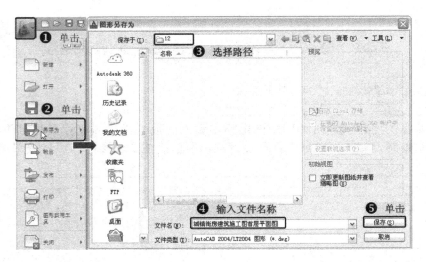

图 12-2　保存文件

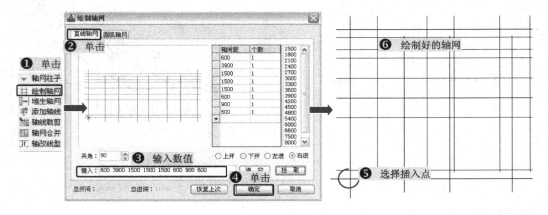

图 12-3　创建轴网

3）在 TArch 2013 屏幕菜单中选择"轴网柱子｜轴网标注"命令，在弹出的"轴网标注"对话框中选择"双侧标注"选项，在水平方向上指定起始和终止轴线并按〈Enter〉键，标注水平轴网对象，如图 12-4 所示。

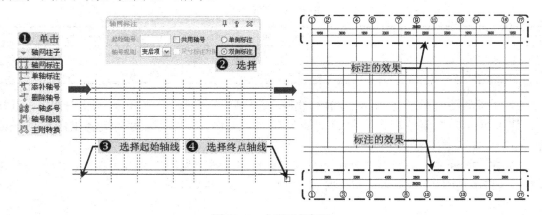

图 12-4　水平双侧标注

4）按照与上一步同样的方法，在轴网左右侧标注尺寸和轴号，随后选择起始和终止轴线，按〈Enter〉键，其效果如图 12-5 所示。

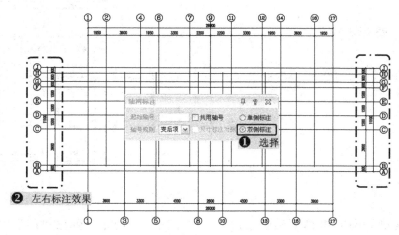

图 12-5　左右侧轴网标注

5）至此，城镇街房建筑的轴网对象绘制完毕，按〈Ctrl+S〉组合键进行保存。

 12.1.2　绘制城镇街房建筑墙体、柱子和门窗

创建完轴网后，创建墙体和柱子，随后直接在墙体的基础上插入柱子和门窗，具体步骤如下。

1）在 TArch 2013 屏幕菜单中选择"墙体｜绘制墙体"命令，在弹出的"绘制墙体"对话框中设置参数，墙体高设置为 4000，并按〈F8〉键开启"正交"模式，随后在指定位置绘制墙体，如图 12-6 所示。

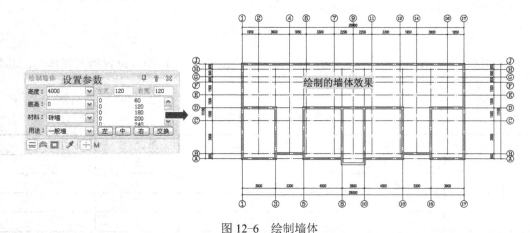

图 12-6　绘制墙体

2）在 TArch 2013 屏幕菜单中选择"轴网柱子｜标准柱"命令，弹出"标准柱"对话框，设置相应的参数，然后插入到相应的轴线交点位置，如图 12-7 所示。

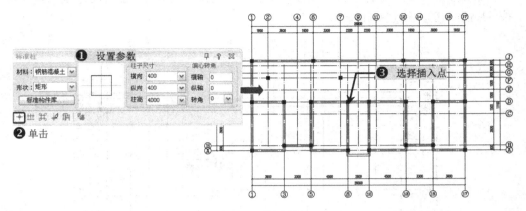

图 12-7　创建柱子

3）在 TArch 2013 屏幕菜单中选择"门窗 | 门窗"命令，弹出"门"对话框，单击 "普通门"按钮，设置相应的参数，然后将门窗放置在指定位置，如图 12-8 所示。

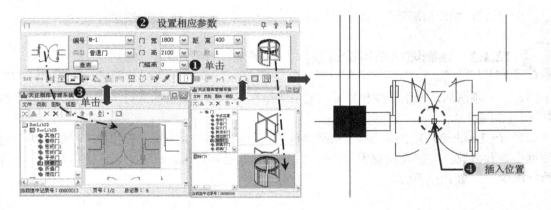

图 12-8　创建子母门

4）按照与上一步同样的方法，依照表 12-2 所示的尺寸，在相应位置插入其他门，其效果如图 12-9 所示。

表 12-2　普通门尺寸

类　　型	设计编号	洞口尺寸/mm	数　量	备　注
普通门	JLM	2700×2100	2	
	M-1	1800×2100	2	
	M-2	1100×2100	2	
	M-3	1500×2100	1	

5）选择"门窗 | 门窗"命令，在弹出的对话框中单击"插窗"按钮，设置相应的参数，并根据表 12-3 所示的尺寸在指定的位置插入，如图 12-10 所示。

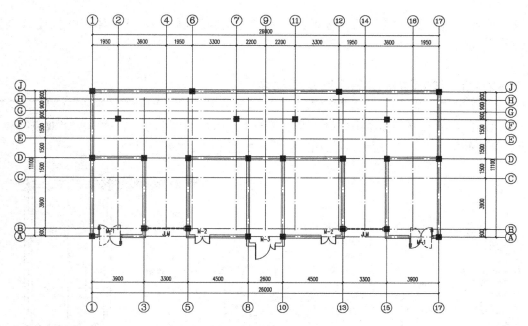

图 12-9 插入其他门

表 12-3 普通窗尺寸

类 型	设 计 编 号	洞口尺寸/mm	数 量	备 注
普通窗	C-1	1200×2300	2	
	C-2	1800×2300	2	
	C-3	1800×2000	15	

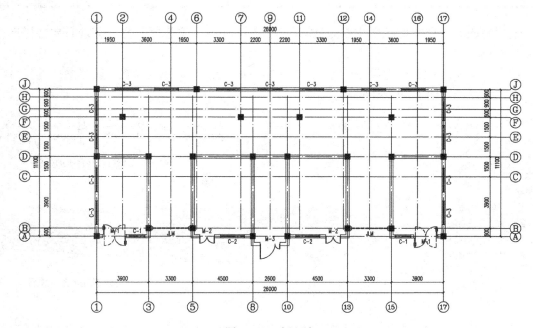

图 12-10 插入窗

6）至此，城镇街房建筑的墙体、柱子和门窗对象绘制完毕，按〈Ctrl+S〉组合键进行保存。

12.1.3 绘制城镇街房建筑首层楼梯

在 TArch 2013 屏幕菜单中选择"楼梯其他｜双跑楼梯"命令，在弹出的"双跑楼梯"对话框中设置参数，并插入到图中的相应位置，如图 12-11 所示。

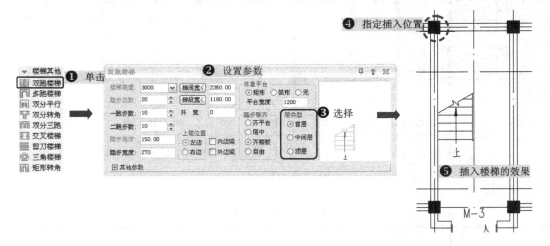

图 12-11　创建双跑楼梯

12.1.4 绘制城镇街房建筑台阶、楼板和散水

创建完成首层楼的房屋主体结构对象后，绘制门前台阶和平板对象，完成首层楼梯地板对象的创建。

1）在 TArch 2013 屏幕菜单中选择"楼梯其他｜台阶"命令，设置台阶参数，选择台阶的起点和终点，如图 12-12 所示。

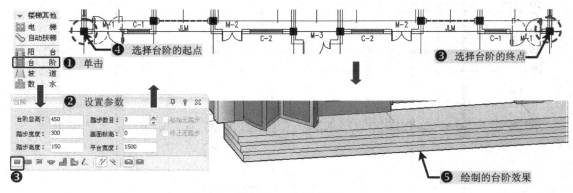

图 12-12　创建台阶

2）在 TArch 2013 屏幕菜单中选择"房间屋顶｜搜屋顶线"命令，根据命令栏提示选择

整体建筑物，输入偏移距离数值为0，如图12-13所示。

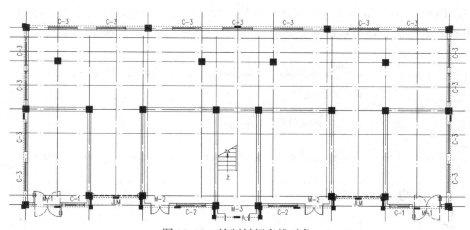

图12-13　绘制封闭多线对象

3）在TArch 2013屏幕菜单中选择"三维建模｜造型对象｜平板"命令，根据命令栏提示选择外侧绘制好的封闭多线对象，输入平板的厚度为100，按〈Enter〉键，其效果如图12-14所示。

4）用"移动"工具将绘制好的楼板对象沿Z轴方向移动，移至墙高的高度，如图12-15所示。

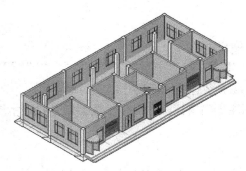

图12-14　创建楼板对象

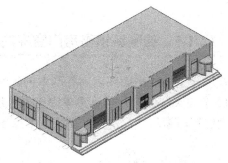

图12-15　复制并移动楼板

5）对楼板执行"加洞"命令，在相应楼梯处用AutoCAD的"矩形"命令绘制一个矩形对象。此时双击复制后的楼板，根据命令栏提示选择"加洞（A）"后再选择矩形对象，其效果如图12-16所示。

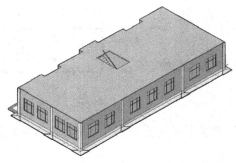

图12-16　楼板加洞效果

6）在 TArch 2013 屏幕菜单中选择"楼梯其他 | 散水"命令，在弹出的"散水"对话框中设置参数，根据命令栏提示选择整体建筑，按〈Enter〉键，其效果如图 12-17 所示。

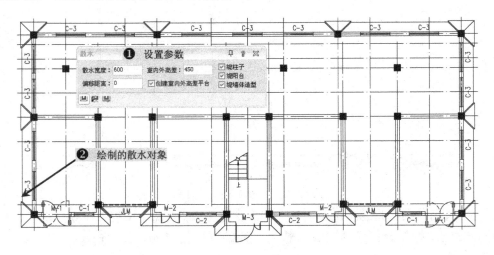

图 12-17　创建散水对象

7）至此，城镇街房建筑的台阶、楼板和散水对象绘制完毕，按〈Ctrl+S〉组合键进行保存。

 12.1.5　绘制城镇街房门窗标注和其他标注

首层楼整体的平面图附属件基本创建完毕，接下来对其进行尺寸以及其他标注。

1）在 TArch 2013 屏幕菜单中选择"尺寸标注 | 门窗标注"命令，根据命令栏提示选择门外侧进行门窗尺寸标注，如图 12-18 所示。

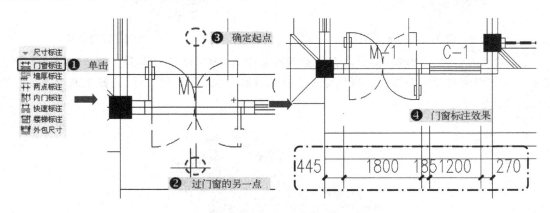

图 12-18　门窗标注

2）按照与上一步同样的方法，对其他门窗进行标注，效果如图 12-19 所示。

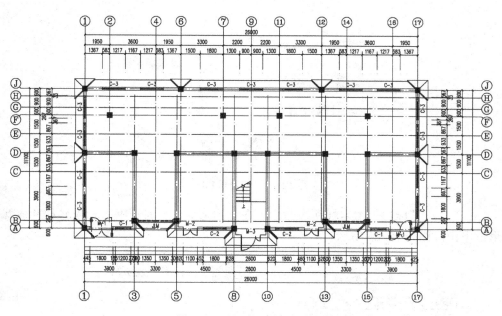

图 12-19 门窗尺寸标注效果

3）在 TArch 2013 屏幕菜单中选择"符号标注｜标高标注"命令，在"标高标注"对话框中勾选"手工输入"复选框，输入标高值，将其放置到指定位置，如图 12-20 所示。

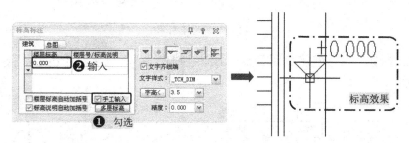

图 12-20 标高标注

4）选择"符号标注｜剖切符号"命令，根据命令栏提示在指定位置确定剖切起点和终点，指定剖切的方向，如图 12-21 所示。

图 12-21 剖切符号

5）在 TArch 2013 屏幕菜单中选择"符号标注｜画指北针"命令，在指定位置插入，如图 12-22 所示。

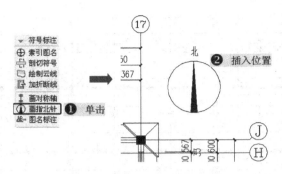

图 12-22　创建指北针

6）选择"符号标注｜图名标注"命令，在"图名标注"对话框中输入名称并放置到平面图形右下角，如图 12-23 所示。

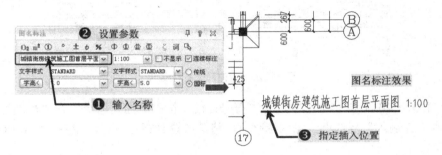

图 12-23　图名标注

7）至此，城镇街房建筑施工图首层平面图绘制完毕，如图 12-24 所示，按〈Ctrl+S〉组合键进行保存。

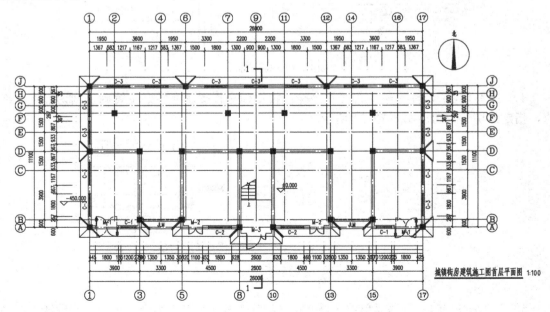

图 12-24　别墅住宅建筑施工图首层平面图

12.2　城镇街房建筑施工图二层平面图的绘制

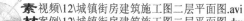

素　视频\12\城镇街房建筑施工图二层平面图.avi
材　案例\12\城镇街房建筑施工图二层平面图.dwg

　　由于都是同样一住宅楼对象，城镇街房施工图二层与一层结构基本相同，因此，在绘制时只需要打开前面绘制的一层平面图，在它的基础上进行部分修改，即可完成二层平面图，其效果如图 12-25 所示。

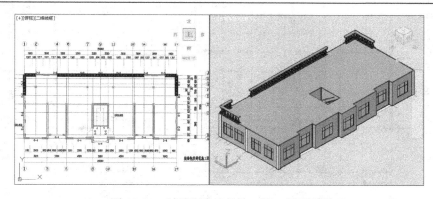

图 12-25　城镇街房建筑施工图二层平面图

　　二层平面图的具体绘制步骤如下。

　　1）在 TArch 2013 屏幕菜单中选择"文件｜打开"命令，找到"案例\12\城镇街房建筑施工图首层平面图.dwg"文件并打开，然后将该文件另存为"案例\12\城镇街房建筑施工图二层平面图.dwg"文件。

　　2）将打开图形中的标注等图层对象关闭，并将台阶、散水、指北针和相应的门窗墙体删除，如图 12-26 所示。

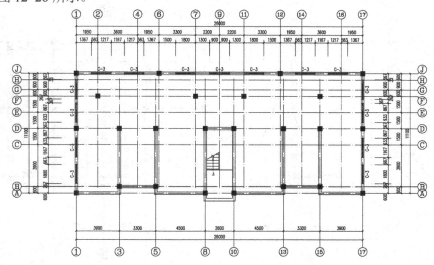

图 12-26　关闭图层并删除相应的块

3）在上一步的相应位置添加窗户。在 TArch 2013 屏幕菜单中选择"门窗│门窗"命令，在弹出的对话框中将窗的编号设置为"C-4"，其窗高为 2000，窗宽为 2000，窗台高为900，然后在相应位置插入窗，其效果如图 12-27 所示。

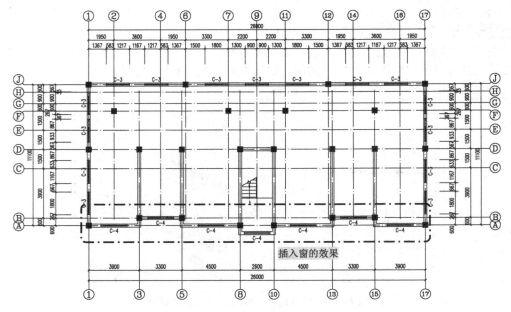

图 12-27 添加窗户

4）在指定位置插入相应的门。在 TArch 2013 屏幕菜单中选择"门窗│门窗"命令，在弹出的对话框中选择"插门"按钮，设置相应的参数，然后插入指定位置，如图 12-28 所示。

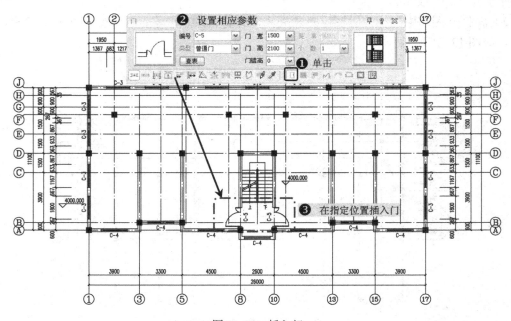

图 12-28 插入门

5）对插入的门和窗执行"尺寸标注｜门窗标注"命令，根据命令栏提示绘制通过相应门窗的一条直线，如图 12-29 所示。

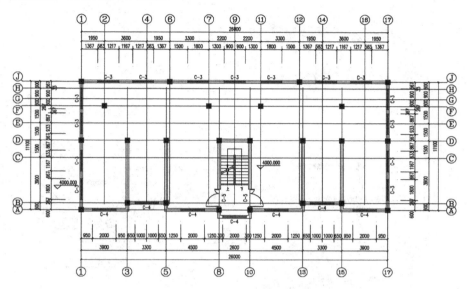

图 12-29　修改楼梯层类型

6）双击一层楼梯，弹出"双跑楼梯"对话框，将"首层"调整为"中间层"，如图 12-30 所示。

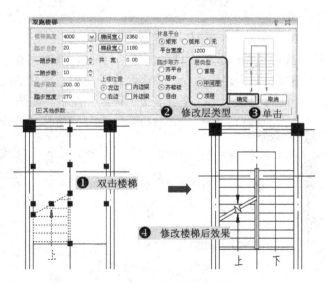

图 12-30　修改楼梯层类型

7）选择"符号标注｜标高标注"命令，在弹出的对话框中输入二层标高数值，再插入到相应位置处，如图 12-31 所示。

8）在 E 与 2 轴号拐角墙绘制一条路径曲线，并将该曲线按墙高度移动至墙高位置。在 TArch 2013 屏幕菜单中选择"三维造型｜造型对象｜栏杆库"命令，在弹出的"天正图库管理系统"对话框中选择相应的栏杆样式，选择"路径排列"命令，根据命令栏提示操作，如图 12-32 所示。

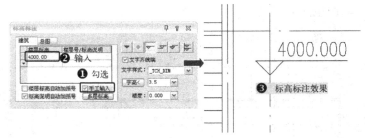

图 12-31　标高标注

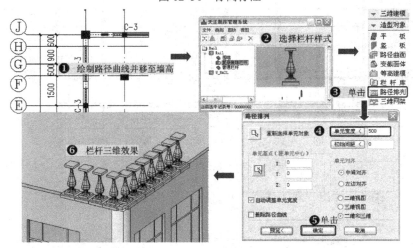

图 12-32　创建栏杆

9）将相同的路径曲线移至新创建的栏杆，高度为 1100。此时，在 TArch 2013 屏幕菜单中选择"三维造型 | 造型对象 | 路径曲面"命令，在弹出的"路径曲面"对话框中选择相应的路径并从图库中选择曲面截面样式，最后单击"确定"按钮，如图 12-33 所示。

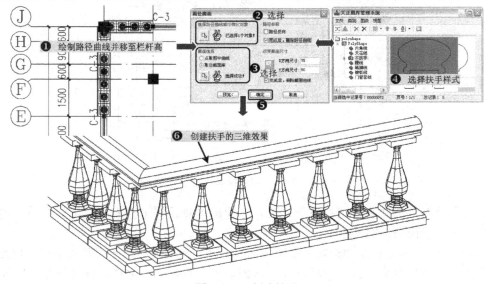

图 12-33　创建扶手

10）利用同样的方法在其他相应位置创建栏杆和扶手，其效果如图 12-34 所示。

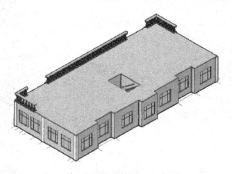

图 12-34 创建其他栏杆和扶手

11）双击图名标注，将它改为"城镇街房建筑施工图二层平面"，如图 12-35 所示。至此，城镇街房建筑二层平面图的绘制完毕，直接按〈Ctrl+S〉组合键进行保存。

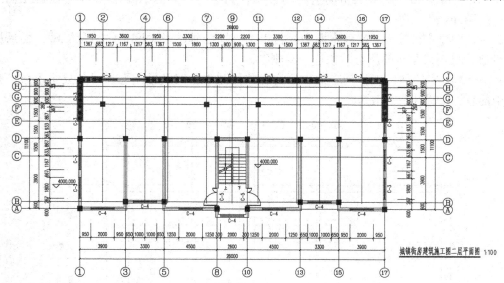

图 12-35 城镇街房建筑施工图二层平面图

软件
技能

12.3 城镇街房建筑施工图三至七层平面图的绘制

素 视频\12\城镇街房建筑施工图三至七层平面图.avi
材 案例\12\城镇街房建筑施工图三至七层平面图.dwg

绘制城镇街房建筑施工图三至七层平面图的步骤是：绘制轴网、墙体，插入相应的柱子、门窗和楼梯，最后进行门窗标注，从而完成三至七层平面图的绘制，其效果如图 12-36 所示。

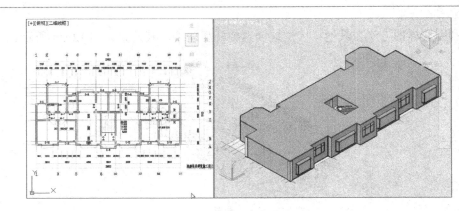

图 12-36　城镇街房建筑施工图三至七层平面图

　　1）在 TArch 2013 屏幕菜单中选择"文件 | 打开"命令，找到"案例\12\城镇街房建筑施工图二层平面图.dwg"文件并打开，将该文件另存为"案例\12\城镇街房建筑施工图三至七层平面图.dwg"文件。

　　2）在"图层控制"下拉列表框中，将当前视图中轴网及轴网标注对象隐藏，然后框选所有对象，将当前显示的所有对象选中并删除。

　　3）在"图层控制"下拉列表框中，将当前视图中轴网及轴网标注对象显示出来，当前视图中的轴网如图 12-37 所示。

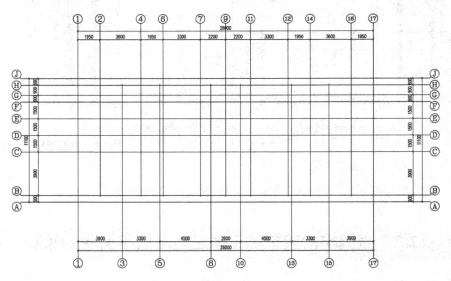

图 12-37　显示的轴网

　　4）在 TArch 2013 屏幕菜单中选择"墙体 | 绘制墙体"命令，在弹出的"绘制墙体"对话框中设置参数，墙体高设置为 3000，并按〈F8〉键开启正交模式，在指定位置绘制墙体，并在指定轴网相交位置插入"标准柱"，创建完成效果如图 12-38 所示。

　　5）在 TArch 2013 屏幕菜单中选择"墙体 | 倒斜角"命令，根据命令栏提示输入倒斜角两段墙体距离数值为 600，再选择相应的墙体，如图 12-39 所示。

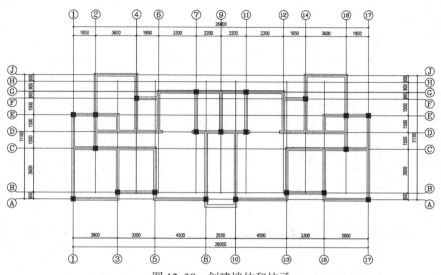

图 12-38 创建墙体和柱子

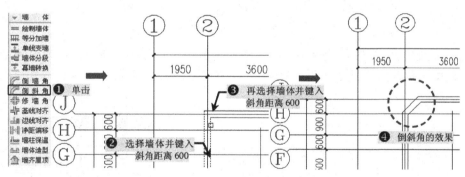

图 12-39 倒斜角

6）根据表 12-4 所示的门窗尺寸，在图中相应位置插入门窗，完成效果如图 12-40 所示。

表 12-4 门窗表

类　　型	设 计 编 号	洞口尺寸/mm	数　　量	备　　注
普通门	M-5	1000×2100	2	
	M-6	850×2100	6	
	M-7	900×2100	6	
	M-8	1300×2100	2	
普通窗	C-5	1100×1500	2	
	C-6	700×1500	6	
	C-7	2000×1500	2	
	C-9	1000×1500	2	
	C-11	2000×1500	3	
凸窗	C-8	2200×1500	2	
	C-10	2000×1500	2	
	C-12	3000×1500	2	

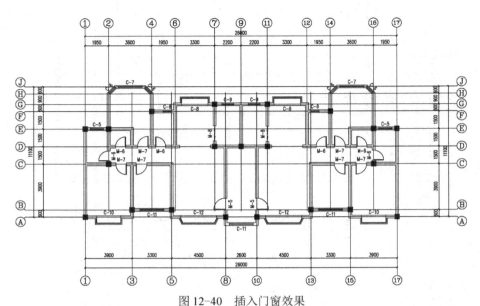

图 12-40　插入门窗效果

7）在 TArch 2013 屏幕菜单中选择"楼梯其他｜双跑楼梯"命令，在弹出的"双跑楼梯"对话框中设置参数，并插入图中相应位置，如图 12-41 所示。

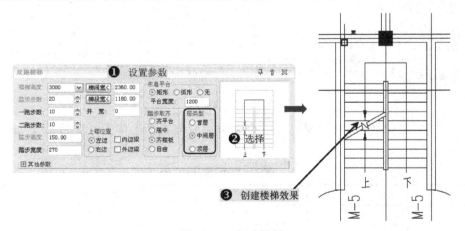

图 12-41　创建楼梯

8）在 TArch 2013 屏幕菜单中选择"尺寸标注｜门窗标注"命令，根据命令栏提示选择门外侧进行门窗尺寸标注。门窗标注的方法已在前面进行过介绍，这里不再赘述了，其完成效果如图 12-42 所示。

9）在 TArch 2013 屏幕菜单中选择"符号标注｜标高标注"命令，在"标高标注"对话框中勾选"手工输入"复选框，输入标高值，再插入到指定位置，如图 12-43 所示。

10）对所有的图执行"恢复可见"命令，对门窗尺寸标注进行调整或修改。

11）在屏幕菜单中选择"符号标注｜图名标注"命令，在图形的正下方进行图名标注，如图 12-44 所示。至此，城镇街房建筑施工图三至七层平面图绘制完毕，直接按〈Ctrl+S〉组合键进行保存。

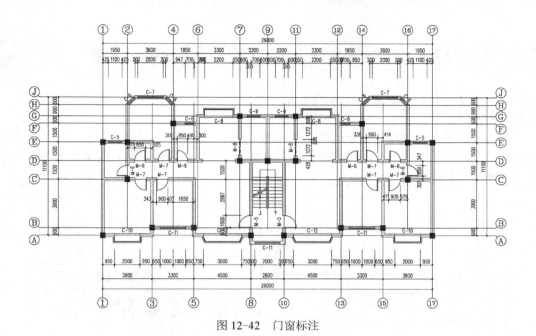

图 12-42　门窗标注

图 12-43　标高标注

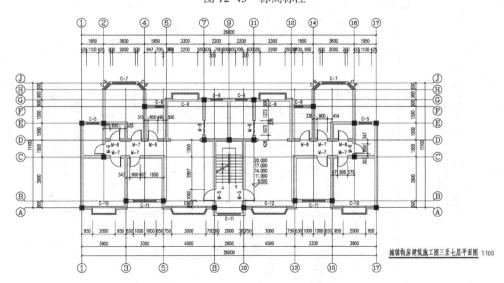

图 12-44　城镇街房建筑施工图三至七层平面

12.4 城镇街房建筑施工图顶层平面图的绘制

> **素** 视频\12\城镇街房建筑施工图顶层平面图.avi
> **材** 案例\12\城镇街房建筑施工图顶层平面图.dwg

  城镇建筑施工图顶层与三至七层的结构基本相同，因此，在绘制其平面图时只需要打开前面绘制的三至七平面图，在它的基础上进行部分修改，即可完成顶层平面图的绘制，其效果如图 12-45 所示。

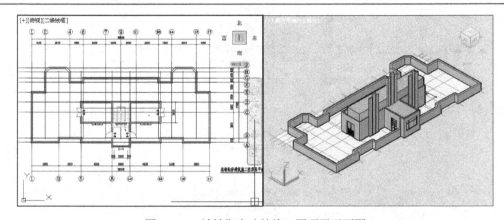

图 12-45 城镇街房建筑施工图顶层平面图

  1）正常启动天正建筑 TArch 2013 软件，找到"案例\12\城镇街房建筑施工图三至七层平面图.dwg"文件并打开，然后将该文件另存为"案例\12\城镇街房建筑施工图顶层平面图.dwg"文件。

  2）在打开图形中将相应的图层对象关闭或隐藏，并将相应的门、窗、尺寸标注和相应墙体删除，如图 12-46 所示。

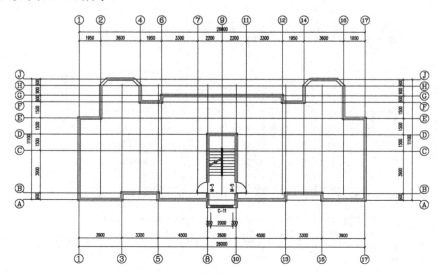

图 12-46 关闭隐藏图层和删除对象

3）双击楼梯对象，弹出"双跑楼梯"对话框，将"中间层"调整为"顶层"，如图 12-47 所示。

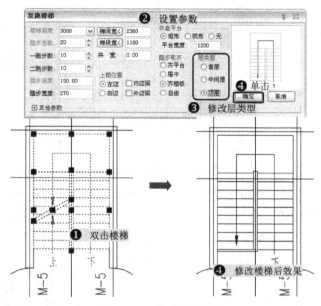

图 12-47 修改楼梯效果

4）框选相应的墙体，按〈Ctrl+1〉组合键打开"特性"控制面板，将墙高设置高度为 1200，按〈Enter〉键，如图 12-48 所示。

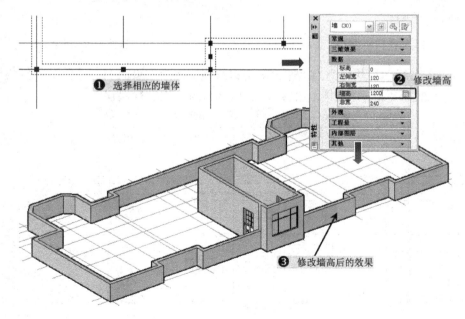

图 12-48 改墙效果

5）在 TArch 2013 屏幕菜单中选择"墙体｜绘制墙体"命令，在指定位置创建墙体，并 插入相应的普通门，其效果如图 12-49 所示。

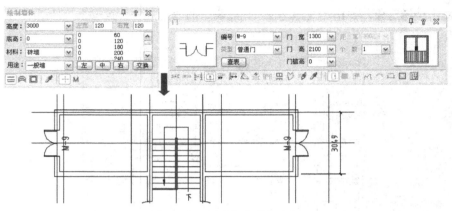

图 12-49　创建相应的墙和门

6）在创建好的两个墙体房间上方与楼梯间上方创建平板，厚度为 100，并将楼板移至与墙高相同 2900，其效果如图 12-50 所示。

7）在指定位置创建一个厚度为 1200 的平板，然后创建 3 个高度分别为 6000、6500、6000 的平板，并摆放在相应位置，其效果如图 12-51 所示。

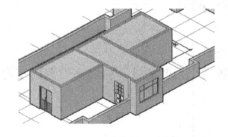

图 12-50　创建相应的楼板

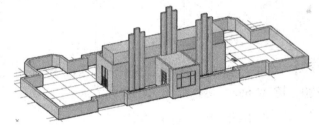

图 12-51　创建相应的平板

8）双击图名标注将其修改为"城镇街房建筑施工图顶层平面图"，如图 12-52 所示。至此，顶层平面图效果创建完毕，直接按〈Ctrl+S〉组合键进行保存。

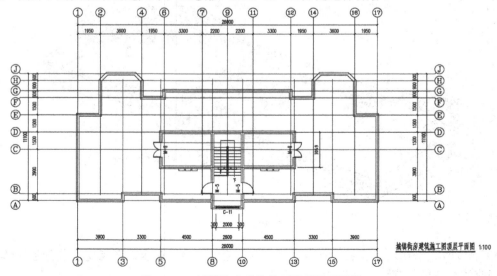

图 12-52　城镇街房建筑施工图顶层平面图

12.5 城镇街房建筑施工图的工程管理

素 视频\12\城镇街房建筑施工图工程管理.avi
材 案例\12\城镇街房建筑施工图工程管理.tpr

　　绘制城镇街房建筑施工图工程管理文件时，打开"文件布图"菜单下的"工程管理"命令，新建工程文件，将文件添加到平面图菜单下，并设置楼层号和层高等操作，其效果如图 12-53 所示。

图 12-53　城镇街房建筑施工图工程管理

　　1）创建完成所有平面图后，在 TArch 2013 屏幕菜单中选择"文件管理 | 工程管理"命令，在"工程管理"面板中单击下拉列表，在下拉列表中选择"新建工程"命令，设置工程文件为"案例\12\城镇街房建筑工程管理.tpr"，然后进行保存，如图 12-54 所示。

图 12-54　创建别墅住宅建筑工程文件

　　2）在创建完成的"城镇街房建筑工程管理"面板中的"平面图"子类别上右击，在弹出的快捷菜单中选择"添加图纸"命令，在弹出的"选择图纸"对话框中按住〈Ctrl〉键，同时多选路径"案例\12"下的首层平面、二层平面图、三至七层平面和顶层平面图对象，然后单击"打开"按钮将其添加到"平面图"子类别中，如图 12-55 所示。

图 12-55　添加平面图

　　3）在添加平面图完成后，在"城镇街房工程管理"面板的"楼层"栏中将光标置于最后一列单元格中，单击"选择标准层"按钮，打开"选择标准层图形文件"对话框，选择"城镇街房建筑一层平面图"；单击"打开"按钮，再设置其楼层号为 1，层高为 4000，如

图 12-56 所示。

图 12-56　设置楼层参数

4）按照与上一步同样的方法，对其他平面图进行添加并设置层高与层号等，如图 12-57 所示。

5）到此，城镇街房建筑工程管理已完成，这时读者可在"工程管理"面板中的下拉列表框中选择"保存工程"命令来保存该工程，如图 12-58 所示。

图 12-57　设置楼层表

图 12-58　保存工程

软件
技能

12.6　城镇街房建筑正立面图的绘制

素 视频\12\城镇街房建筑正立面图.avi
材 案例\12\城镇街房建筑正立面图.dwg

　　在城镇街房建筑的工程管理文件创建完成后，即可根据要求来创建城镇街房子建筑的立面图等其他立面图，以及剖面图和三维模型图等。本案例将讲解创建正立面图的创建，其正立面图效果如图 12-59 所示。

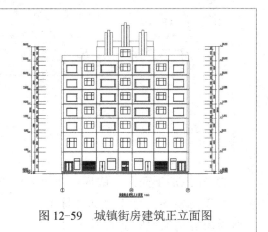

图 12-59　城镇街房建筑正立面图

1）在 TArch 2013 屏幕菜单中选择"文件管理 | 工程管理"命令，打开"工程管理"面板，在"平面图"中双击"城镇街房建筑工程首层平面图"文件将其打开，再按照同样的方法将其他平面图文件依次打开，其效果如图 12-60 所示。

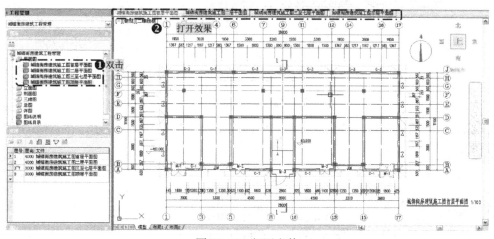

图 12-60　打开文件

2）在"工程管理"面板的"楼层"栏中单击"建筑立面"按钮，根据命令栏提示选择"正立面（F）"选项，同时选择平面图中的 1、10 和 17 号轴线，弹出"立面生成设置"对话框，将正立面图保存为"案例\12\城镇街房建筑正立面图.dwg"文件，然后单击"保存"按钮，系统将会自动生成立面图，如图 12-61 所示。

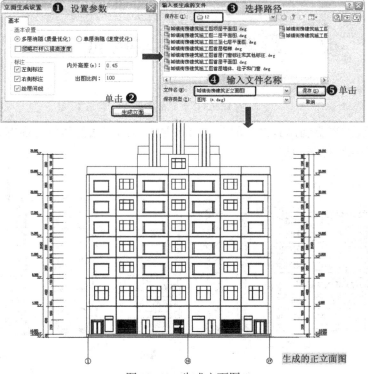

图 12-61　生成立面图

3）在天正 TArch 2013 屏幕菜单中选择"符号标注｜图名标注"命令，在弹出的对话框中输入"城镇街房建筑正立面图"，并放置于图形下侧的正中位置处，如图 12-62 所示。

图 12-62　图名标注

4）至此，城镇街房建筑楼正立面图已经创建完成，如图 12-63 所示。按〈Ctrl+S〉组合键进行保存。

图 12-63　正立面图效果

5）读者如果还需要创建其他立面图，可按照同样的方法创建背立面图、左立面图和右立面图，其效果如图 12-64 所示。

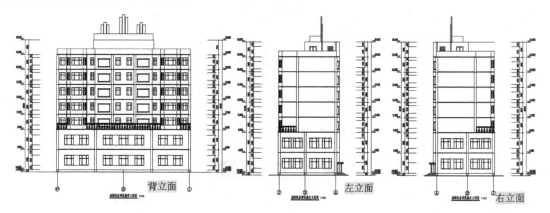

图 12-64　其他立面图效果

12.7 城镇街房建筑 1-1 剖面图的绘制

素视频\12\城镇街房建筑 1-1 剖面图.avi
材案例\12\城镇街房建筑 1-1 剖面图.dwg

在城镇街房建筑的工程管理文件创建完成后，即可根据要求来创建城镇街房建筑的剖面图。需要先在指定的平面图层上创建剖切符号，在"工程管理"面板上单击生成剖面按钮，选择相应的剖切符号。本案例将讲解创建 1-1 剖切符号的剖面，其效果如图 12-65 所示。

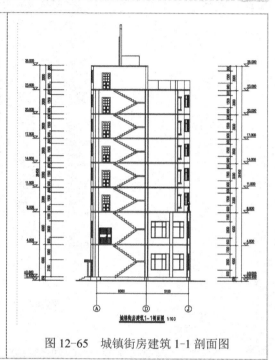

图 12-65 城镇街房建筑 1-1 剖面图

1）切换到"城镇街房建筑施工图首层平面图.dwg"文件，在"工程管理"面板中"楼层"栏内单击"建筑剖面"按钮 ，根据命令栏提示选择剖切符号，再选择轴号，在弹出的"剖面生成设置"对话框中设置参数，随后保存为"案例\12\城镇街房建筑 1-1 剖面图.dwg"文件，如图 12-66 所示。

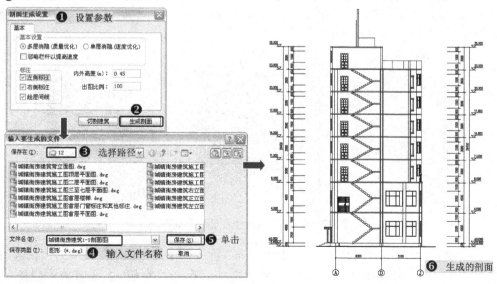

图 12-66 生成剖面

2）在天正 TArch 2013 屏幕菜单中选择"符号标注 | 图名标注"命令，在弹出的对话框中输入"城镇街房建筑 1-1 剖面图"，并放置于图形下侧的正中位置处，如图 12-67 所示。至此，城镇街房建筑 1-1 剖面图绘制完毕，按〈Ctrl+S〉组合键进行保存。

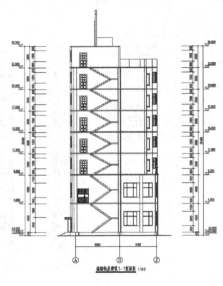

图 12-67　1-1 剖面图效果

12.8　城镇街房建筑三维模型的绘制

素视频\12\城镇街房建筑三维模型.avi
材案例\12\城镇街房建筑三维模型.dwg

在城镇街房建筑的工程管理文件创建完成后，可根据要求来创建城镇街房建筑的三维模型图，需要在"工程管理"面板上单击生成三维模型按钮。本案例将讲解创建三维模型的创建，其效果如图 12-68 所示。

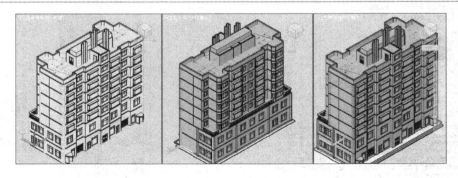

图 12-68　城镇街房建筑三维模型效果

生成三维模型图形的步骤为：在"工程管理"面板中单击"楼层"栏中的"三维组合建筑模型"按钮，根据命令栏提示将生成的文件保存为"案例\12\城镇街房建筑三维模型.dwg"文件，这时，系统会自动生成三维模型效果图，如图 12-69 所示。

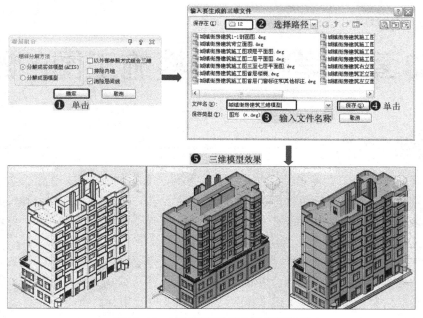

图 12-69　城镇街房建筑三维模型效果

12.9　城镇街房建筑工程门窗表的生成

素 视频\12\城镇街房建筑门窗总表的生成.avi
材 案例\12\城镇街房建筑门窗总表.dwg

在创建完成城镇街房建筑工程图后，为了对建筑的门窗附件进行统一管理与查询，可生成建筑门窗总表。在 TArch 2013 的"工程管理"面板中的"楼层"栏中单击"门窗总表"按钮 ，系统会自动搜索该工程的所有门窗参数并放入到表格中。将该表保存为"案例\12\城镇街房建筑门窗总表.dwg"文件，如图 12-70 所示。

门窗表

类型	设计编号	洞口尺寸(mm)	数量					采集采用				备注
			1	2	3~7	8	合计	图集名称	页次	选用型号		
普通门	C-5	1500X2100		2			2					
	JLM	2700X2100	2				2					
	M-1	1800X2100	2				2					
	M-2	1100X2100	2				2					
	M-3	1500X2100	1				2					
	M-5	1000X2100			2X5=10	2	12					
	M-6	850X2100			6X5=30		30					
	M-7	900X2100			6X5=30		30					
	M-8	1300X2100			2X5=10		10					
	M-9	1300X2100				2	2					
普通窗	C-1	1200X2300	2				2					
	C-2	1800X2300	2				2					
	C-3	1800X2000	15	15			30					
	C-4	2000X2000		7			7					
	C-5	1100X1500			2X5=10		10					
	C-6	700X1500			6X5=30		30					
	C-7	2000X1500			2X5=10		10					
	C-9	1000X1500			2X5=10		10					
	C-11	2000X1500			3X5=15	1	16					
凸窗	C-8	2200X1500			2X5=10		10					
	C-10	2000X1500			2X5=10		10					
	C-12	3000X1500			2X5=10		10					

图 12-70　城镇街房建筑门窗总表

第13章 学校教学楼施工图的绘制

本章导读

　　学校的建筑设计除了要遵守国家有关定额、指标、规范和标准外，还要在总体环境的规划布置，教学楼的平面与空间组合形式，以及材料、结构、构造、施工技术和设备的选用等方面，恰当地处理好功能、技术与艺术三者的关系。同时要考虑青少年好奇、好动和缺乏经验的特点，充分注意安全。

　　在本章中，主要讲解了某教学楼施工图样的绘制，包括首层平面图、二至四层平面图和屋顶平面图，再新建工程管理文件，并设置楼层参数，然后以此来生成立面图、剖面图和三维模型图；最后对整个教学楼施工图来生成门窗表以及进行图样的布局。

主要内容

　　📖 掌握一层平面图的绘制
　　📖 掌握二至四层平面图的绘制方法
　　📖 掌握顶层平面图的绘制发放
　　📖 掌握工程管理文件的创建
　　📖 掌握立面图、剖面图和三维模型图的创建方法
　　📖 掌握门窗表的生成与图样的布局方法

效果预览

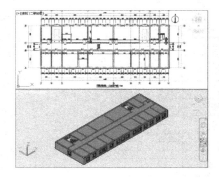
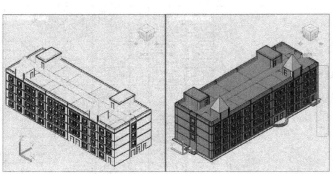

13.1 学校教学楼一层平面图的绘制

素材 视频\13\学校教学楼一层平面图的绘制.avi
案例\13\学校教学楼一层平面图.dwg

　　本实例旨在帮助学生绘制教学楼一层平面图：新建文件，并绘制轴网及轴网标注操作；绘制墙体和柱子对象；分别在指定的墙体上绘制门窗对象，以及门口线及门窗套对象；绘制左右两侧的双跑楼梯对象，以及其他几处台阶；对门窗进行标注和标高，以及进行指北针和图名的标注。其效果如图 13-1 所示。

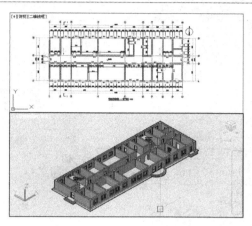

图 13-1　学校教学楼一层平面图

13.1.1　绘制学校教学楼一层平面图轴网

　　绘制学校教学楼施工图施工图一层平面图时，可根据绘图的先后顺序按照表 13-1 所示的轴网数据进行相应轴网的创建。

表 13-1　轴网参数

上、下开间	3600　3600　9000　9000　6000　3000　3600　3300　3300
左、右进深	6000　2640　6000

　　1）正常启动天正建筑 TArch 2013 软件，系统将自动创建一个 dwg 空白文档，选择"文件｜另存为"菜单命令，将该文档另存为"案例\13\学校教学楼一层平面图.dwg"文件，如图 13-2 所示。

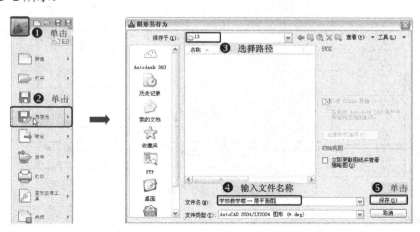

图 13-2　保存文件

2）在 TArch 2013 屏幕菜单中选择"轴网柱子 | 绘制轴网"命令，在弹出的"绘制轴网"对话框中按表 13-1 所示的尺寸绘制相应的轴网，如图 13-3 所示。

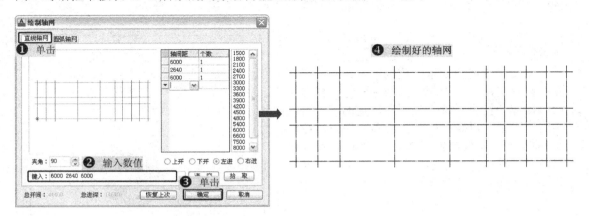

图 13-3　创建轴网

3）在 TArch 2013 屏幕菜单中选择"轴网柱子 | 轴网标注"命令，在弹出的"轴网标注"对话框中选择"双侧标注"单选按钮，并在水平方向上指定起始轴和终止轴线，按〈Enter〉键标注水平轴网对象，如图 13-4 所示。

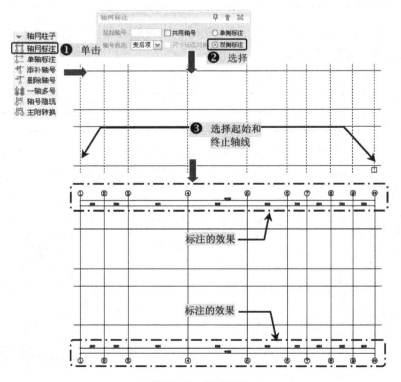

图 13-4　水平标注

4）按照与上一步同样的方法，在轴网左右侧标注尺寸和轴号，随后选择起始和终止轴线后，并按〈Enter〉键，其效果如图 13-5 所示。

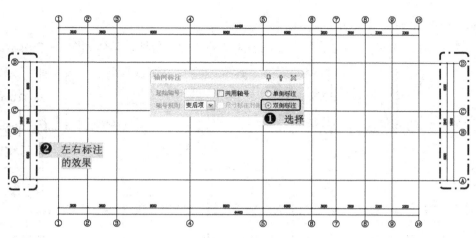

图 13-5 轴网标注

5）至此，学校教学楼施工图的轴网对象绘制完毕，按〈Ctrl+S〉组合键进行保存。

13.1.2 绘制学校教学楼墙体和柱子

轴网创建完后，接下来创建墙体和柱子，并直接在墙体的基础上插入柱子，具体步骤如下。

1）在 TArch 2013 屏幕菜单中选择"墙体 | 绘制墙体"命令，在弹出的"绘制墙体"对话框中设置参数，设置材料为"砖墙"，用途为"一般墙"，左宽和右宽均为 180，墙体高度为 3000，底高为 0，并按〈F8〉键开启正交模式，随后捕捉相应的轴线交点绘制墙体，如图 13-6 所示。

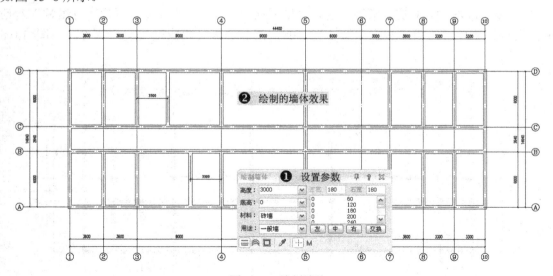

图 13-6 绘制墙体

2）在 TArch 2013 屏幕菜单中选择"轴网柱子 | 角柱"命令，根据命令栏提示选择需要加角柱的墙角，弹出"转角柱参数"对话框，材料选择"钢筋混凝土"，设置长度 A 和长度

B 为 600，宽度 A 和宽度 B 为 450，单击"确定"按钮。

3）按照与上一步相同的方法，为建筑的 4 个外角创建角柱，具体如图 13-7 所示。

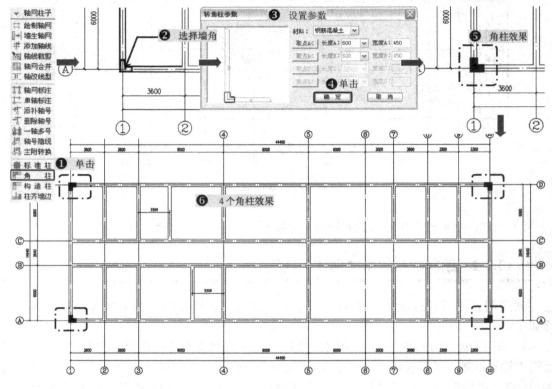

图 13-7　绘制角柱

4）在 TArch 2013 屏幕菜单中选择"轴网柱子 | 标准柱"命令，弹出"标准柱"对话框，设置相应柱子的横向和纵向尺寸为 500，然后插入到相应轴线交点位置，如图 13-8 所示。

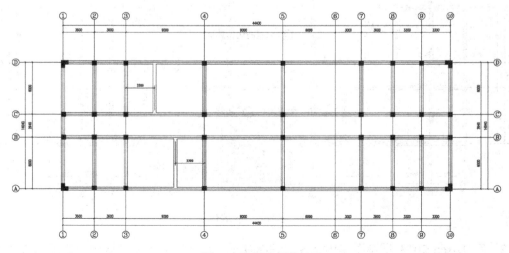

图 13-8　创建标准柱

5）在 TArch 2013 屏幕菜单中选择"墙体 | 墙柱保温"命令，根据命令栏提示选择需要加保温层墙体的一层，在所绘制的图形中选择相应的墙体，其效果如图 13-9 所示。

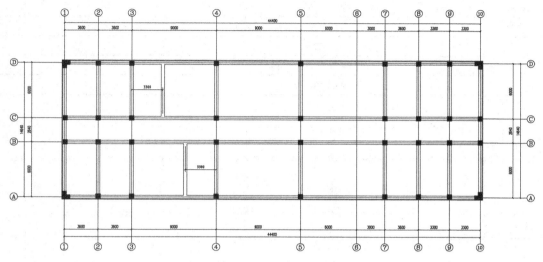

图 13-9 绘制墙体保温层

 13.1.3 绘制学校教学楼门窗和门窗套

1）在 TArch 2013 屏幕菜单中选择"门窗 | 门窗"命令，弹出"门"对话框，单击"普通门"按钮，设置相应的参数，在 5、6 轴线最下侧的墙体上插入两个编号 M-1 的门，如图 13-10 所示。

图 13-10 创建门对象

2）根据与上一步同样的方法，依照表 13-2 所示的尺寸，在相应位置插入其他门和窗，其效果如图 13-11 所示。

表 13-2 门窗表

类型	设计编号	洞口尺寸/mm	数量	备注
普通门	M-1	1500×2100	5	
	M-2	1000×2100	14	
	M-3	1000×2100	3	

（续）

类型	设计编号	洞口尺寸/mm	数量	备注
门连窗	MLC	1500×2100	1	
普通窗	C-1	1500×1500	24	窗台高800
洞口	MD-1	1500×2200	3	
	MD-2	1480×2200	1	
	MD-3	1000×2100	1	

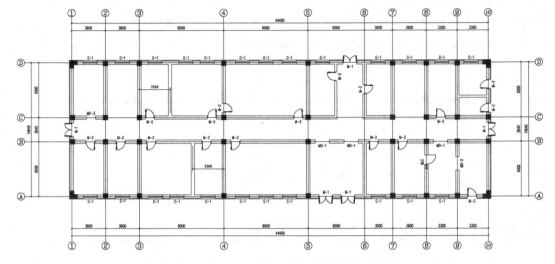

图 13-11　创建其他门窗对象

3）选择"门窗｜门窗工具｜门口线"命令，在弹出的"门口线"对话框中选择"单侧"单选按钮，再选择需要门口线的门，按〈Enter〉键结束选择，最后在图形中选择需要加门口线所在的一侧，如图 13-12 所示。

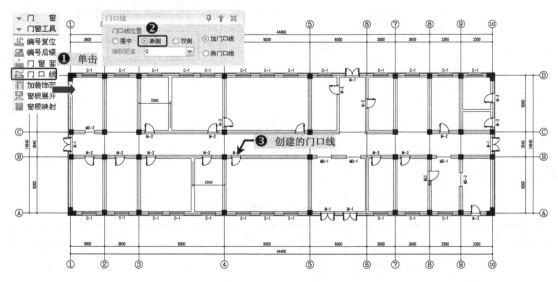

图 13-12　创建门口线

4）选择"门窗｜门窗工具｜门窗套"命令，弹出"门窗套"对话框，设置伸出墙长度 A 为 220，门窗套宽度 W 为 160，材料设为同相邻墙体，选择相应的门窗对象，再选择门窗套所在的墙体一侧，如图 13-13 所示。

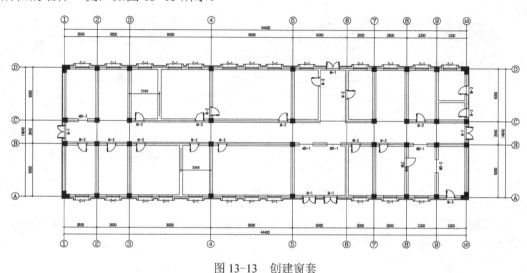

图 13-13　创建窗套

5）在 TArch 2013 屏幕菜单中选择"尺寸标注｜门窗标注"命令，对室内外门窗等进行标注，其效果如图 13-14 所示。

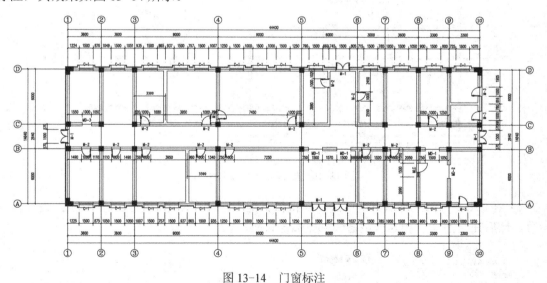

图 13-14　门窗标注

6）至此，学校教学楼施工图的门窗和门窗套对象绘制完毕，按〈Ctrl+S〉组合键进行保存。

　13.1.4　绘制学校教学楼楼梯和其他构件

在墙体、门窗等绘制完成后，对教学楼的楼梯进行创建，操作步骤如下。

1）在 TArch 2013 屏幕菜单中选择"楼梯其他｜双跑楼梯"命令，在弹出的"双跑楼梯"对话框中设置参数，并在 2 和 3 号轴线之间创建楼梯，如图 13-15 所示。

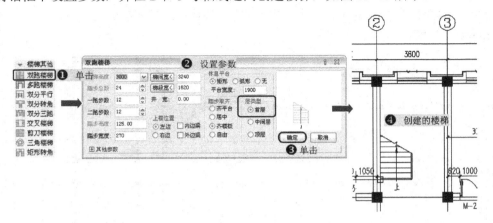

图 13-15　创建双跑楼梯

2）以相同的方式，在平面图右侧 7 和 8 号轴线之间创建另一个楼梯间的双跑楼梯，并旋转楼梯方向，如图 13-16 所示。

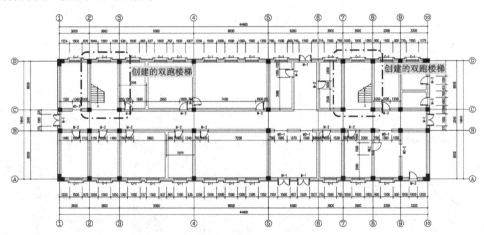

图 13-16　创建另一个双跑楼梯

3）在 TArch 2013 屏幕菜单中选择"楼梯其他｜台阶"命令，选择弧形台阶，设置台阶参数，然后在平面图 5 和 6 号轴之间创建弧形台阶，如图 13-17 所示。

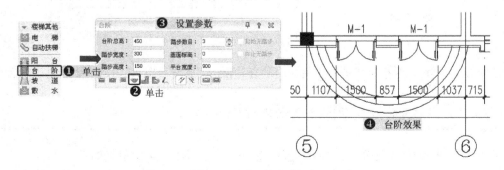

图 13-17　创建弧形台阶

4）根据与上一步相同的方法，在平面图中其他位置创建矩形台阶，其效果如图 13-18 所示。

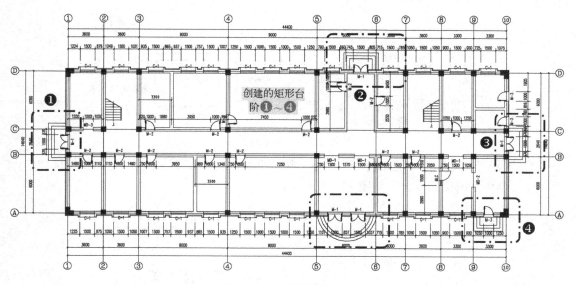

图 13-18　创建矩形台阶

5）在 TArch 2013 屏幕菜单中选择"楼梯其他｜散水"命令，在弹出的"散水"对话框设置参数，再根据命令栏提示选择整体建筑，按〈Enter〉键，其效果如图 13-19 所示。

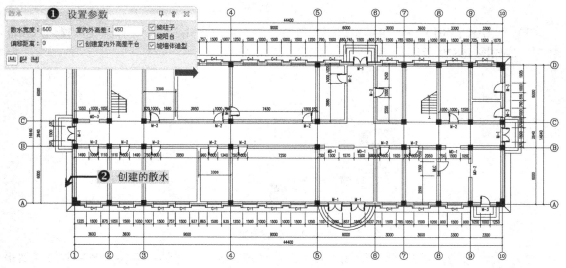

图 13-19　创建楼板对象

6）至此，学校教学楼楼梯和其他构件对象绘制完毕，按〈Ctrl+S〉组合键进行保存。

 13.1.5　绘制学校教学楼图名标注和其他标注

首层楼整体的平面图附属件基本创建完毕，接下来将对其进行尺寸以及其他标注。

1）在 TArch 2013 屏幕菜单中选择"符号标注 | 标高标注"命令，在"标高标注"对话框中勾选"手工输入"复选框，然后输入标高值，再插入到指定位置即可，如图 13-20 所示。

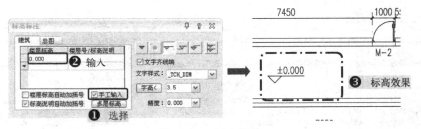

图 13-20　标高标注

2）选择"符号标注 | 剖切符号"命令，根据命令栏提示在 2、3 轴号之间指定剖切起点和终点，再指定剖切的方向，如图 13-21 所示。

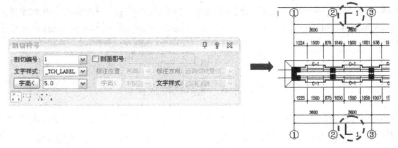

图 13-21　剖切符号

3）在 TArch 2013 屏幕菜单中选择"符号标注 | 画指北针"命令，在指定位置插入指北针符号，如图 13-22 所示。

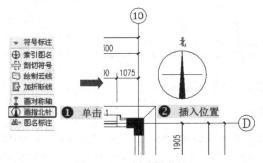

图 13-22　创建指北针

4）选择"符号标注 | 图名标注"命令，在"图名标注"对话框中输入名称并放置到平面图形中下方，如图 13-23 所示。

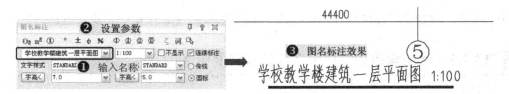

图 13-23　图名标注

5）至此，"学校教学楼施工图施工图首层平面图"绘制完毕，如图 13-24 所示，直接按〈Ctrl+S〉组合键进行保存。

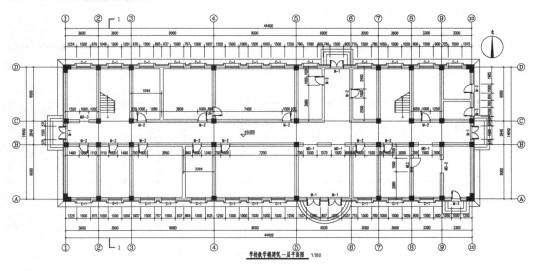

图 13-24 学校教学楼建筑施工图一层平面

软件技能 13.2 学校教学楼二至四层平面图的绘制

素材 视频\13\学校教学楼二至四层平面图的绘制.avi
案例\13\学校教学楼-二至四层平面图.dwg

在绘制学校教学楼二至四层平面图时，打开前面绘制好的一层平面图对象，并将其另存为新的文件；将多余的散水、台阶、指北针等对象删除；添加一些门窗对象；绘制楼板及开启楼梯洞口，修改楼梯为"中间层"楼梯对象；最后对其进行标高、图名的标注。其效果如图 13-25 所示。

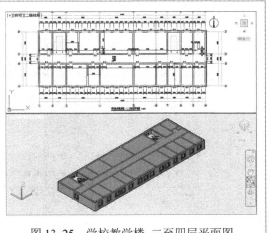

图 13-25 学校教学楼-二至四层平面图

二至四层平面图与首层平面图结构基本相同，对其一层平面图进行编辑修改即可，其具体绘制步骤如下。

1）在 TArch 2013 屏幕菜单中选择"文件 | 打开"命令，找到"案例\13\学校教学楼-一层平面图.dwg"文件并打开；再选择"文件 | 另存为"命令，将该文件另存为"案例\13\学校教学楼-二至四层平面图.dwg"文件。

2）将标注等图层对象关闭，并将台阶、散水、指北针和相应的门窗删除，如图 13-26 所示。

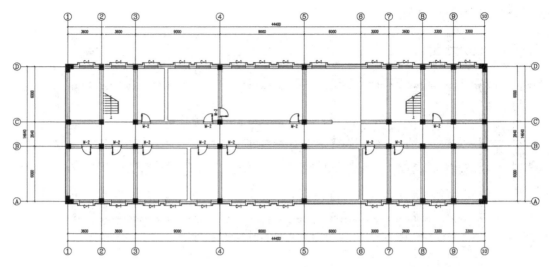

图 13-26　关闭图层并删除相应的块

3）在上一步相应的位置添加窗户。在 TArch 2013 屏幕菜单中选择"门窗｜门窗"命令，设置相应的参数，并选择相应位置插入门窗，然后进行门窗标注，如图 13-27 所示。

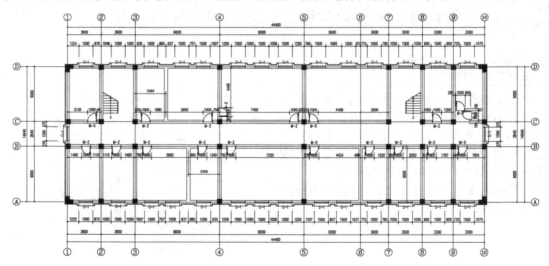

图 13-27　添加门窗及标注

4）在 TArch 2013 屏幕菜单中选择"房间屋顶｜搜屋顶线"命令，根据命令栏提示框选整体建筑物，然后输入外皮距离数值为 0。

5）在屏幕菜单中选择"三维建模｜造型对象｜平板"命令，选择封闭曲线，输入板厚为 100，并将绘制好的平板沿 Z 轴移动 2900。

6）选择"矩形"命令，在两个楼梯位置绘制两个矩形对象。双击楼板对象，在命令栏提示栏中选择"加洞（A）"选项，再选择楼梯处的矩形对象，从而对楼梯进行添加洞口的操作，如图 13-28 所示。

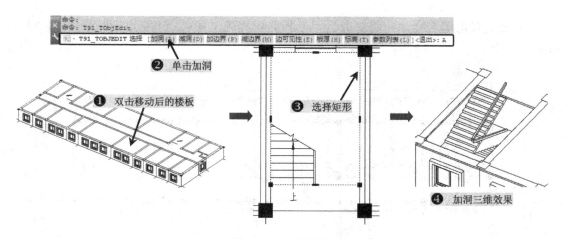

图 13-28　加洞效果

7）双击左右两侧的楼梯对象，在弹出的"双跑楼梯"对话框中将"首层"调整为"中间层"，如图 13-29 所示。

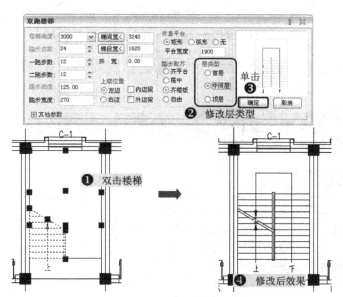

图 13-29　修改楼梯层类型

8）选择"符号标注｜标高标注"命令，在对话框中输入二至四层标高数值，再插入到相应位置处，如图 13-30 所示。

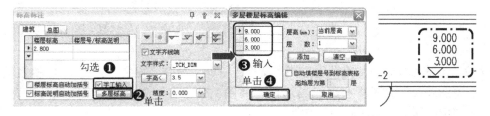

图 13-30　标高标注

9）最后双击图名标注，将它改为"学校教学楼施工图-二至四层平面"，如图 13-31 所示。

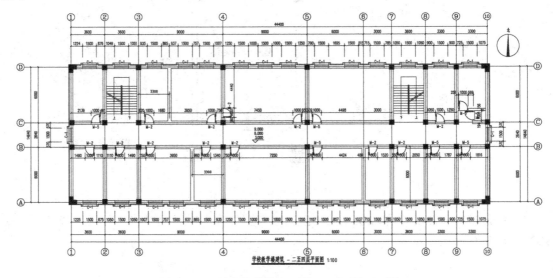

图 13-31　学校教学楼施工图-二至四层平面图

10）至此，学校教学楼-二至四层平面图的绘制完毕，按〈Ctrl+S〉组合键进行保存。

13.3　学校教学楼顶层平面图的绘制

素视频\13\学校教学楼顶层平面图的绘制.avi
材案例\13\学校教学楼-顶层平面图.dwg

学校教学楼顶层平面图可在二至四层平面图的基础上进行修改绘制。打开前面绘制好的二至四层平面图文件并另存为顶层平面图；将多余的墙体、门窗等对象删除；选择四周的墙体和柱子对象，并通过"特性"面板的方式来修改墙高为 110；绘制屋顶平面图的底板对象以及攒尖屋顶对象。其效果如图 13-32 所示。

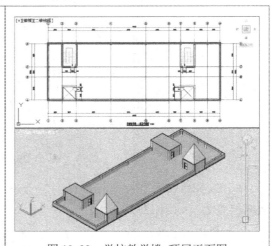

图 13-32　学校教学楼-顶层平面图

1）在 TArch 2013 屏幕菜单中选择"文件 | 打开"命令，找到"案例\13\学校教学楼-二至四层平面图.dwg"文件并打开；再选择"文件 | 另存为"命令，将该文件另存为"案例\13\学校教学楼-顶层平面图.dwg"文件。

2）将图形中的标注等图层对象关闭或隐藏，并将角窗和相应墙体删除，如图 13-33 所示。

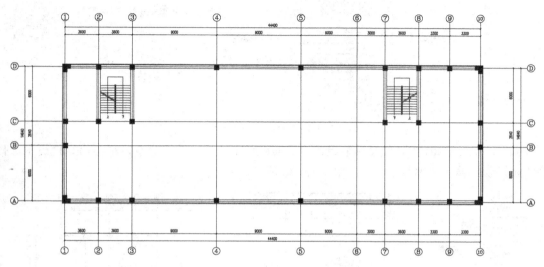

图 13-33 关闭隐藏图层和删除对象

3）双击创建楼层的楼梯，弹出"双跑楼梯"对话框，将"中间层"调整为"顶层"，如图 13-34 所示。

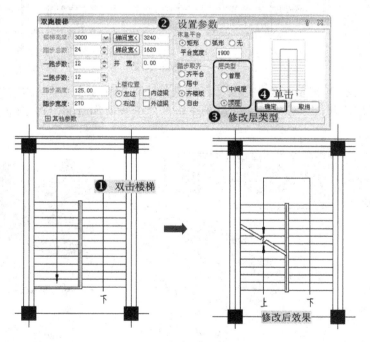

图 13-34 修改楼梯效果

4）选中图中墙体，按〈Ctrl+1〉组合键打开"特性"面板，在该面板中设置墙体高为 1100，并按〈Enter〉键确定。随后按同样的方法将柱高改为 1100，其效果如图 13-35 所示。

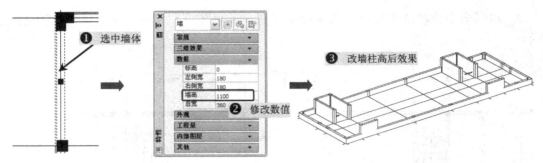

图 13-35　改墙柱高效果

5）在 TArch 2013 屏幕菜单中选择"房间屋顶 | 搜屋顶线"命令，根据命令栏提示选择整体建筑物，输入距离数值为 0，如图 13-36 所示。

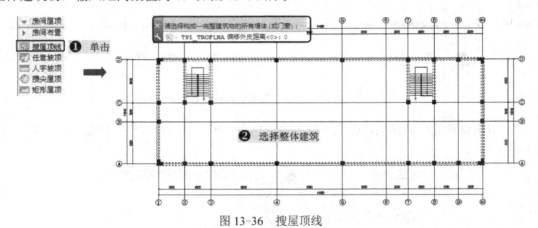

图 13-36　搜屋顶线

6）在 TArch 2013 屏幕菜单中选择"三维建模 | 造型对象 | 平板"命令，根据命令栏提示选择外侧绘制好的封闭多线对象，再输入平板的厚度数值为 100，按〈Enter〉键，其效果如图 13-37 所示。

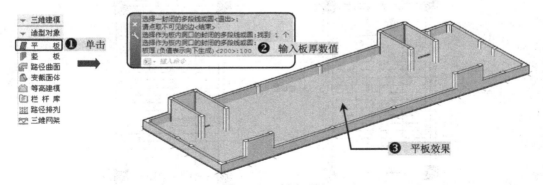

图 13-37　创建平板

7）使用 AutoCAD 的"矩形"命令在两个楼梯间位置分别绘制同楼梯洞口大小的矩形对象。

8）双击楼梯对象，选择"加洞(A)"选项，从而在该楼梯上添加两个楼梯间洞口。

9）在 TArch 2013 屏幕菜单中选择"墙体 | 绘制墙体"命令，在指定位置创建墙体，并

插入相应的普通门，其效果如图 13-38 所示。

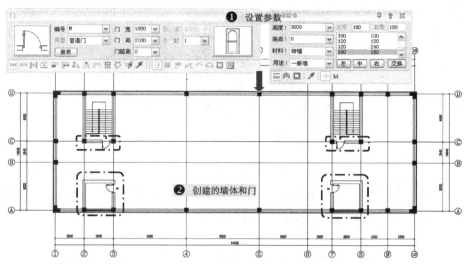

图 13-38 创建相应的墙和门

10）在楼梯间位置的两个墙体房间上方创建平板，厚度为 100，并且将楼板向上移动 3000，与墙高齐平，其效果如图 13-39 所示。

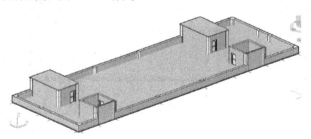

图 13-39 创建相应的楼板

11）在后创建的两个房间添加攒尖屋顶。在 TArch 2013 屏幕菜单中选择"房间屋顶｜攒尖屋顶"命令，在弹出的"攒尖屋顶"对话框中设置参数，在指定位置插入屋顶，如图 13-40 所示。

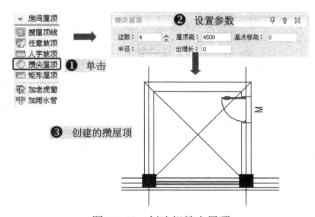

图 13-40 创建相赞尖屋顶

12）根据与上一步同样的步骤，创建另一个攒尖屋顶。将两个创建完成的攒尖屋顶移动至墙高位置，其三维效果如图13-41所示。

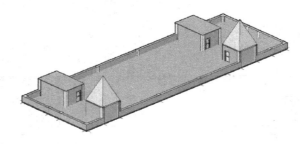

图13-41　创建攒尖屋顶三维效果

13）双击图名标注将其修改为"学校教学楼-顶层平面图"。至此，顶层平面图创建到此完毕，如图13-42所示。直接按〈Ctrl+S〉组合键进行保存。

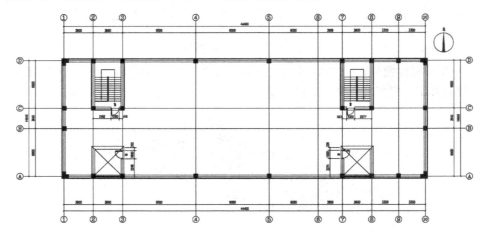

图13-42　学校教学楼-顶层平面图

13.4　学校教学楼卫生间洁具布置

素材　视频\13\一层卫生间平面布置图的绘制.avi
案例\13\学校教学楼首层-卫生间布置图.dwg

　　打开一层平面图文件并另存为卫生间布置图；使用"图形切割"命令将首层平面图中要作为卫生间的区域进行切割，并设置切割线效果；添加附加轴号，并在此轴线上绘制120宽的墙体；在指定的卫生间区域布置小便器、大便器，以及洗手盆对象，并进行隔板及隔断的布置；对门窗进行尺寸标注，并执行"改变比例"命令；最后对其进行图名的标注。其效果如图13-43所示。

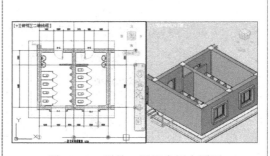

图13-43　学校一层卫生间布置图

1）正常启动天正建筑 TArch 2013 软件，在菜单选择"文件｜打开"命令，找到"案例\13\学校教学楼–一层平面图.dwg"文件并打开；再选择"文件｜另存为"菜单命令，将该文档另存为"案例\13\学校教学楼首层–卫生间布置图.dwg"文件。

2）在 TArch 2013 屏幕菜单中选择"文件布图｜图形切割"命令，在当前绘图左下角1～3 号轴线区域中框选需要布置洁具的部分图形，并指定图形的插入位置，如图 13-44所示。

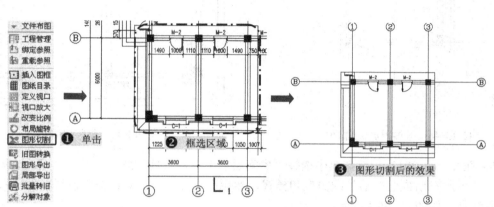

图 13-44　图形切割

3）双击切割图的边框，在弹出的"编辑切割线"对话框中单击"设折断边"按钮，分别单击要切割的两条边，并设置折断目录为 1，单击"确定"按钮，如图 13-45 所示。

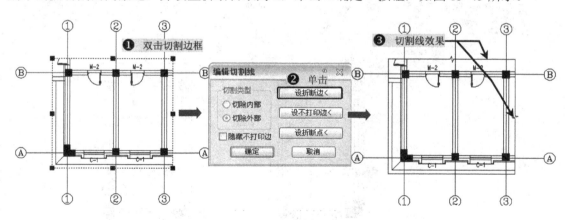

图 13-45　设折段边

4）在 TArch 2013 屏幕菜单中选择"轴网柱子｜添加轴号"命令，按照命令栏提示选择以 B 轴为基准，向下偏移距离 1500，生成的轴线为附加轴线且不重新排轴号，按〈Enter〉键结束，其效果如图 13-46 所示。

5）在 TArch 2013 屏幕菜单中选择"墙体｜绘制墙体"命令，在上一步生成的轴线上绘制两段长为 1500 的墙体，同时设此墙的左宽和右宽均为 60，如图 13-47 所示。

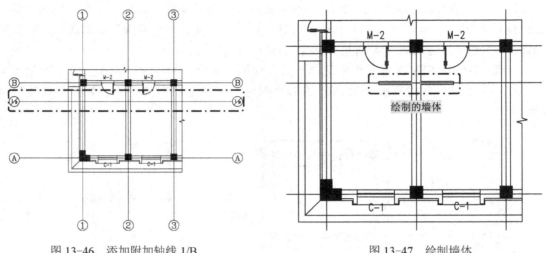

图 13-46　添加附加轴线 1/B　　　　　　　　图 13-47　绘制墙体

6）在 TArch 2013 屏幕菜单中选择"房间屋顶 | 布置洁具"命令，打开"天正洁具"对话框，通过此对话框选择洁具的类型和样式，然后在打开的相应对话框中设置参数，即可沿墙布置洁具，如图 13-48 所示。

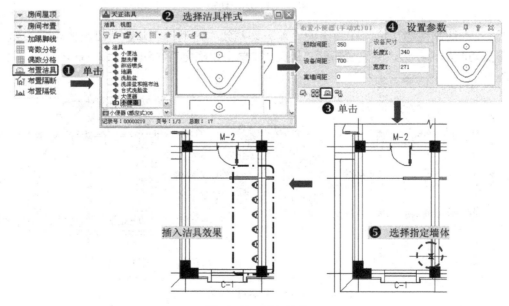

图 13-48　插入洁具

7）按照与上一步同样的方法布置其他的洁具，其效果如图 13-49 所示。

8）在 TArch 2013 屏幕菜单中选择"房间屋顶 | 房间布置 | 布置隔断/隔板"命令，分别通过洁具单击两点，通过两点连线选中洁具，再分别设置隔板长度和隔断门宽度，完成隔断的绘制，具体如图 13-50 所示。

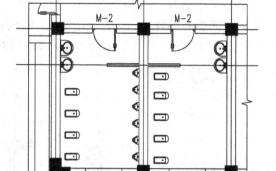

图 13-49　布置其他洁具

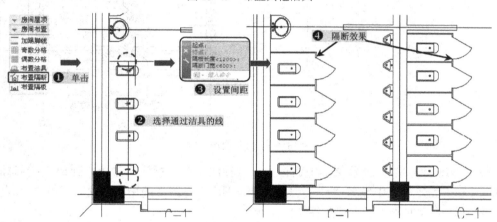

图 13-50　布置隔断

9）在 TArch 2013 屏幕菜单中选择"尺寸标注｜逐点标注"命令，对轴线与轴线之间的距离和门窗间尺寸等进行标注，其效果如图 13-51 所示。

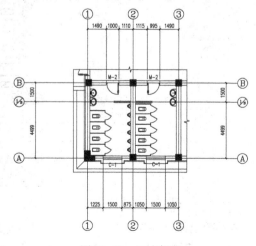

图 13-51　逐点标注

10）在 TArch 2013 屏幕菜单中选择"文件布图｜改变比例"命令，根据命令行提示输入新的比例为 1：50，选择卫生间整体图样，按〈Enter〉键结束选择，系统将自动提供原有的比例为 100，把读者选择的卫生间图样生成 1：50 的图形，如图 13-52 所示。

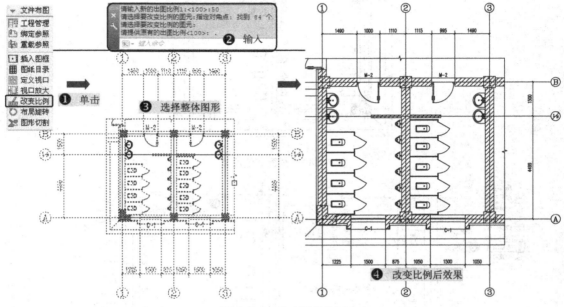

图 13-52　修改图形比例

11）在 TArch 2013 屏幕菜单中选择"符号标注｜图名标注"命令，弹出"图名标注"对话框，在文字文本框中输入"一层卫生间布置图"，在图形的中下方选取一个插入点，生成图名标注，生成的步骤及图形如图 13-53 所示。

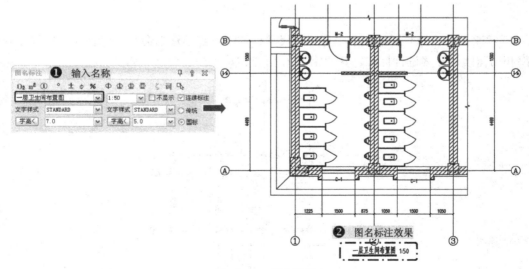

图 13-53　图名标注

12）至此，一层卫生间布置图已绘制完毕，按〈Ctrl+S〉组合键进行保存。注意，这里只介绍一层卫生间的布置，其他层与一层的卫生间基本相同，所以不一一介绍。

13.5　学校教学楼施工图的工程管理

素材　视频\13\学校教学楼工程管理的创建.avi
案例\13\学校教学楼工程管理.tpr

在创建学校教学楼施工图工程管理文件时，通过前面的操作步骤，选择"文件布图｜工程管理"命令新建工程文件，将前面绘制的平面图文件添加到"平面图"类别下，再设置楼层号、层高，以及指定的平面图文件，然后将所创建的工程管理文件进行保存。其效果如图 13-54 所示。

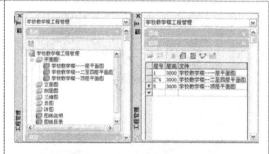

图 13-54　学校教学楼施工图工程管理

1）创建完成所有平面图后，在天正 TArch 2013 屏幕菜单中选择"文件布图｜工程管理"命令，在"工程管理"面板中单击下拉列表，在下拉列表中选择"新建工程"命令，设置工程的文件为"案例\13\学校教学楼工程管理.tpr"文件，然后进行保存，如图 13-55 所示。

图 13-55　创建学校教学楼工程文件

2）在创建完成的"学校教学楼工程管理"面板的"平面图"子类别上右击，在弹出的快捷菜单中选择"添加图纸"命令，弹出"选择图纸"对话框，按住〈Ctrl〉键，同时多选"案例\13"文件夹下的一层平面、二至四层平面图和顶层平面图对象，然后单击"打开"按钮将其添加到"平面图"子类别中，如图 13-56 所示。

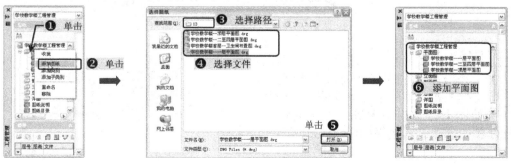

图 13-56　添加平面图

3）在添加平面图完成后，在"学校教学楼工程管理"面板中的"楼层"栏，设置其楼层号为1，层高为3000，再将光标置于最后一列单元格中，单击"选择标准层"按钮，打开"选择标准层图形文件"对话框，再选择"学校教学楼施工图-一层平面图"，单击"打开"按钮，如图 13-57 所示。

图 13-57　设置楼层参数

4）按照与上一步同样的方法，对其他平面图进行添加并设置层高与层号等，如图 13-58 所示。

5）至此，学校教学楼工程管理已绘制完成，在"工程管理"面板中的下拉列表框中选择"保存工程"命令来保存该工程，如图 13-59 所示。

图 13-58　设置楼层表　　　　　　　　图 13-59　保存工程

13.6　学校教学楼正立面图的创建

素材　视频\13\学校教学楼正立面图的创建.avi
案例\13\学校教学楼-正立面图.dwg

在学校教学楼的工程管理文件创建完成后，即可根据要求创建学校教学楼的立面图，以及剖面图和三维模型图等。本案例将讲解正立面图的创建，其效果如图 13-60 所示。

图 13-60　学校教学楼-正立面图

1）接着前面所创建好的工程管理文件，在"平面图"子类别下分别双击所有的平面图文件，使所有的平面图文件在当前文档中打开，其效果如图 13-61 所示。

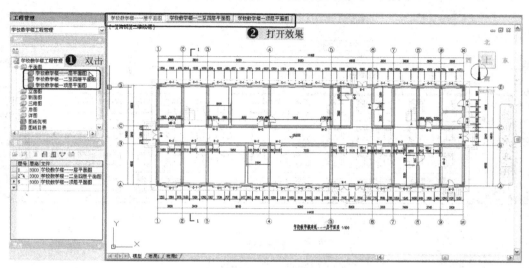

图 13-61　打开文件

2）将一层平面图文件切换为当前文件，在"工程管理"面板的"楼层"栏中单击"建筑立面"按钮 ，根据命令栏提示，选择"正立面（F）"选项，同时选择平面图中的 1、5 和 10 号轴线，弹出"立面生成设置"对话框，将正立面图保存为"案例\13\学校教学楼-正立面图.dwg"文件，然后单击"保存"按钮，系统将会自动生成立面图，如图 13-62 所示。

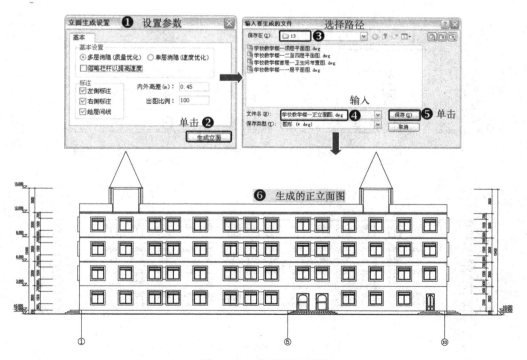

图 13-62　生成正立面图

3）在 TArch 2013 屏幕菜单中选择"符号标注 | 图名标注"命令，在弹出的对话框中输入"学校教学楼-正立面图"，并放置于图形下侧的正中位置处，如图 13-63 所示。

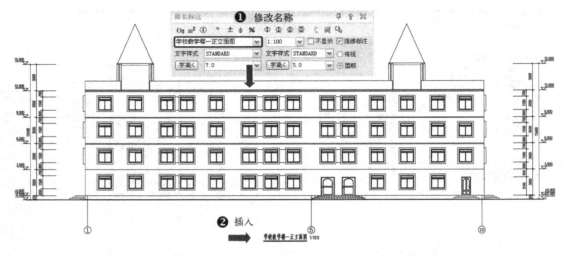

图 13-63　正立面图效果

4）至此，学校教学楼施工图正立面图已经创建完成，直接按〈Ctrl+S〉组合键进行保存。

5）读者如果还需要创建其他立面图，可按照同样的方法创建背立面图、左立面图和右立面图，其效果如图 13-64 所示。

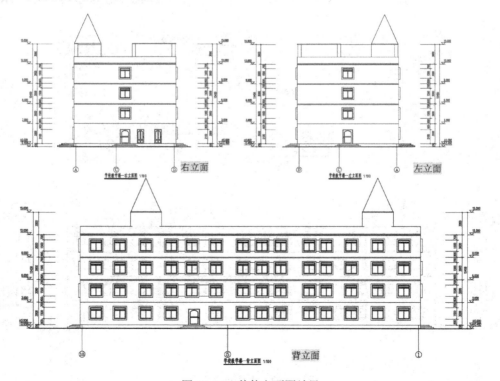

图 13-64　其他立面图效果

13.7　学校教学楼 1-1 剖面图的创建

素 视频\13\学校教学楼 1-1 剖面图的创建.avi
材 案例\13\学校教学楼-1-1 剖面图.dwg

　　创建剖面图与创建立面图的方法类似，只需要在前面创建好的工程管理文件后，单击"建筑剖面"按钮 ，选择首层平面图的剖切号和轴号对象，然后设置参数，生成立面图，最后在图形的正下方进行图名的标注。其效果如图 13-65 所示。

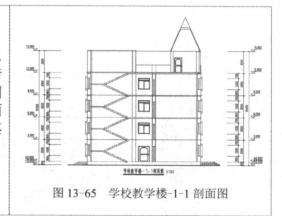

图 13-65　学校教学楼-1-1 剖面图

　　1）切换到"学校教学楼-一层平面图.dwg"文件，在"工程管理"面板的"楼层"栏内单击"建筑剖面"按钮 图，根据命令栏提示选择剖切符号和轴号，在弹出的"剖面生成设置"对话框中设置参数，最后保存为"案例\13\学校教学楼-1-1 剖面图.dwg"文件，如图 13-66 所示。

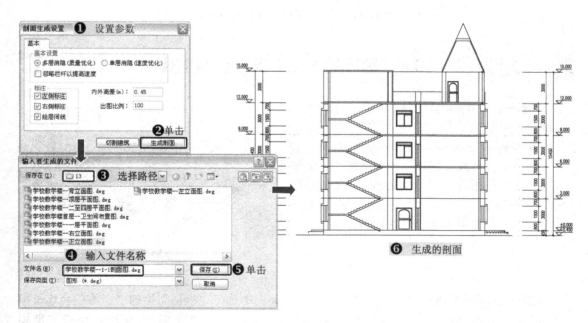

图 13-66　生成剖面

2）在天正 TArch 2013 屏幕菜单中选择"符号标注|图名标注"命令，在弹出的对话框中输入"学校教学楼-1-1 剖面图"，并放置于图形下侧的正中位置处。

3）至此，学校教学楼-1-1 剖面图绘制完毕，如图 13-67 所示。直接按〈Ctrl+S〉组合键进行保存。

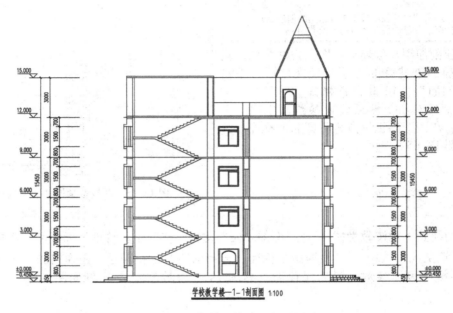

图 13-67　学校教学楼-1-1 剖面图效果

软件技能

13.8　学校教学楼三维模型的生成

DWG

素材 视频\13\学校教学楼三维模型的创建.avi
案例\13\学校教学楼三维模型.dwg

在学校教学楼的工程管理文件创建完成后，即可根据要求来创建学校教学楼的三维模型图：在"工程管理"面板上单击"生成三维模型"按钮 ，然后设置生成三维模型文件的路径及名称。其效果如图 13-68 所示。

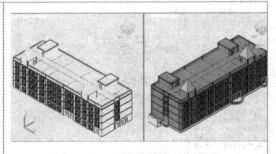

图 13-68　学校教学楼三维模型

在生成三维模型图形时，可在"工程管理"面板中选择"楼层"栏的"三维组合建筑模型"按钮 ，按照命令栏提示操作，将生成的文件保存为"案例\13\学校教学楼三维模型.dwg"文件，这时，系统会自动生成三维模型效果图，如图 13-69 所示。

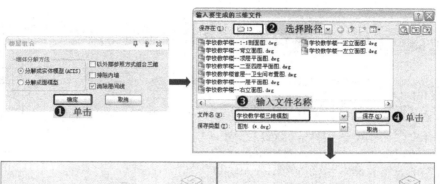

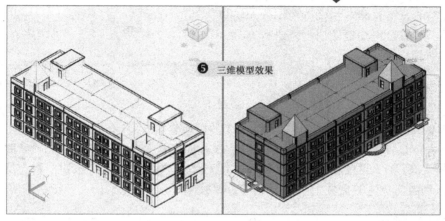

图 13-69 学校教学楼三维模型效果

13.9 学校教学楼门窗表的生成

软件技能

素材 视频\13\学校教学楼门窗表的生成.avi
案例\13\学校教学楼-门窗表.dwg

在创建完成学校教学楼工程图后,为了对建筑的门窗附件进行统一管理与查询,可在天正"工程管理"面板中"楼层"栏中单击"门窗总表"按钮█,系统会自动搜索该工程的所有门窗参数并放入到表格中,再将该表保存为"案例\13\学校教学楼-门窗表.dwg"文件,如图 13-70 所示。

门窗表

类型	设计编号	洞口尺寸(mm)	数量				图集选用			备注
			1	2~4	5	合计	图集名称	页次	选用型号	
普通门	M	1000X2100			4	4				
	M-1	1500X2100	5			5				
	M-2	1000X2100	14	12X3=36		50				
	M-3	1000X2100	3			3				
	M-5	1000X2100		7X3=21		21				
门连窗	MLC	1500X2100	1			1				
普通窗	C-1	1500X1500	24	30X3=90		114				
洞口	MD-1	1500X2200	3			3				
	MD-2	1480X2200	1			1				
	MD-3	1000X2100	1			1				

图 13-70 学校教学楼门窗总表

软件
技能

13.10　学校教学楼图样的布局与输出

素 视频\13\学校教学楼图样布局.avi
材 案例\13\学校教学楼图样布局.dwg

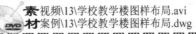

学校教学楼的每个图样文件分别保存在一个单独文件中，为了使该图样能够布局在同一个文件中，可以创建一个新的文件，将此工程中的所有图形对象复制到新的文件中，再分别插入图框，然后设置图框的属性并进行布局，其效果如图 13-71 所示。

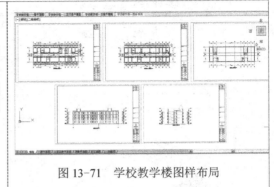

图 13-71　学校教学楼图样布局

1）在 TArch 2013 系统中，新建"案例\13\学校教学楼-图样布局.dwg"文件。

2）在 AutoCAD 菜单中选择"插入 | DWG 参照"命令，在弹出的"选择参照文件"对话框中选择"案例\13\学校教学楼-首层平面图"文件，单击"打开"按钮，将一层平面图文件参照插入到当前新建的文件中，如图 13-72 所示。

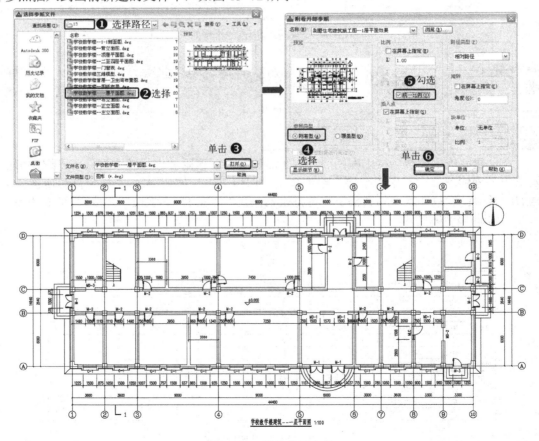

图 13-72　插入参照文件

3）按照上一步的操作方法插入其他的参照文件，其效果如图13-73所示。

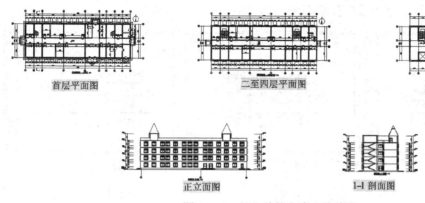

图13-73 插入其他参照文件效果

4）在 TArch 2013 屏幕菜单中选择"文件布图 | 插入图框"命令，在弹出的"插入图框"对话框中选择A3横式图幅，如图13-74所示。

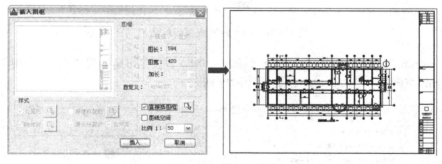

图13-74 插入图框

5）双击插入的图框，将弹出"增强特性编辑器"对话框，这时读者可根据需要对其进行修改操作，然后单击"确定"按钮，如图13-75所示。

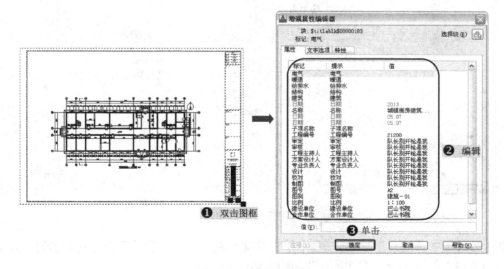

图13-75 编辑标题栏

6）使用 AutoCAD 的"复制"命令，将上一步编辑过的图框对象分别复制到其他参照插入的文件之上，使图框分别"盖"住平面图，其效果如图 13-76 所示。

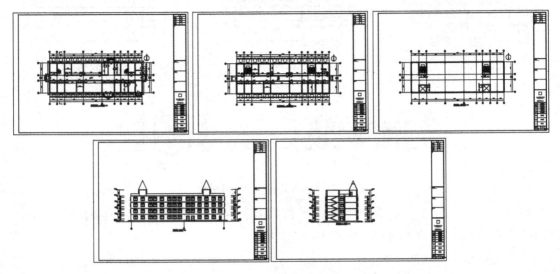

图 13-76　插入图框及编辑标题栏

7）在 TArch 2013 屏幕菜单中选择"插入 | 布局 | 创建布局向导"命令，按照提示依次选择 A3 图纸、无标题栏和无视口，如图 13-77 所示。

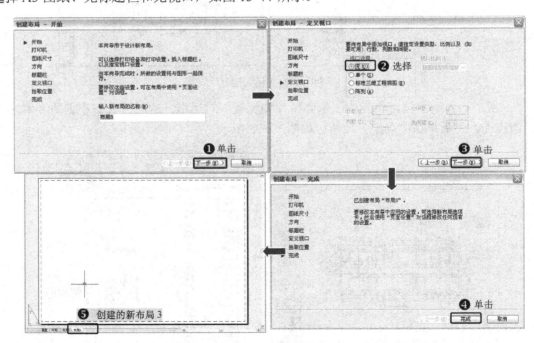

图 13-77　创建新布局

8）然后在"布局一""布局二"中单击鼠标右键，选择"删除"命令将其删除，将新创建的"布局 3"改名为"首层平面图"，如图 13-78 所示。

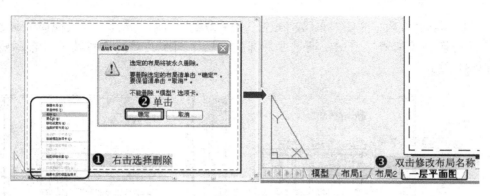

图 13-78　删除布局并修改布局名称

9）右击"一层平面图"标签，在弹出的快捷菜单中选择"移动或复制"命令，这时会出现"移动或复制"对话框，勾选"创建副本"复选框，再按照图 13-79 所示的步骤操作。

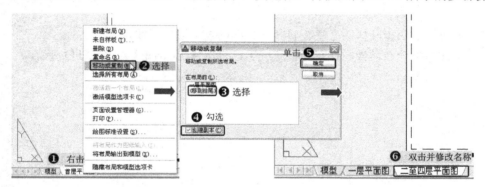

图 13-79　布局复制与修改

10）按照上一步的方法进行更名布局操作，然后切换到"模型"窗口，其效果如图 13-80 所示。

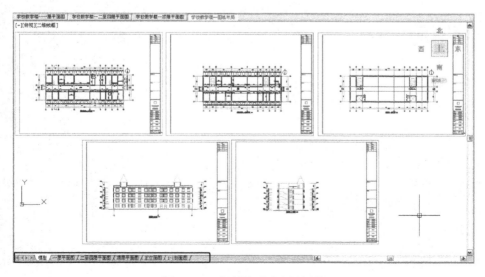

图 13-80　复制并更改布局标签

11）切换到"首层平面图"布局，在空白处单击鼠标右键，选择"定义视口"命令，此时系统会切换到"模型"窗口，通过鼠标捕捉一层平面图的对角点对其进行布局操作，如图 13-81 所示。

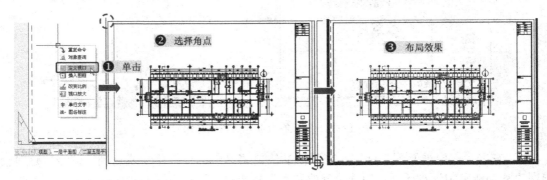

图 13-81　定义视口

12）按照与上一步同样的方法，将其他平面图定义视口操作。

13）至此，学校教学楼图样布局就完成了，直接按〈Ctrl+S〉组合键进行保存。